"十二五"职业教育国家规划教材
经全国职业教育教材审定委员会审定
文秘类专业

常用软件操作训练（第二版）

Changyong Ruanjian Caozuo Xunlian

刘桢 主 编
彭云 副主编

高等教育出版社·北京

内容简介

本书是“十二五”职业教育国家规划教材，参照行政事务助理专业行业标准结合文秘岗位工作实际与中等职业学校行政事务助理专业教学实践编写而成。

本书主要内容包括：文字处理 Word 2010、电子表格 Excel 2010、演示文稿 PowerPoint 2010、数据库管理 Access 2010、图像处理 Photoshop CS6 和网页制作 Dreamweaver CS5。全书内容围绕常用软件操作训练课程教学目标，强调实用性和操作性，采用情境引入、任务驱动的编写方式，体现“做中学，做中教”的教学理念。

本书可作为中等职业学校行政事务助理专业教材，也可作为相关从业人员自学用书。

图书在版编目（CIP）数据

常用软件操作训练 / 刘桢主编. -- 2版. -- 北京 : 高等教育出版社，2022.6
文秘类专业
ISBN 978-7-04-057784-6

Ⅰ. ①常… Ⅱ. ①刘… Ⅲ. ①软件工具-中等专业学校-教材 Ⅳ. ①TP311.561

中国版本图书馆CIP数据核字(2022)第013557号

策划编辑 苏 杨　责任编辑 李宇峰　特约编辑 于 露　封面设计 李卫青
版式设计 杜微言　责任校对 吕红颖　责任印制 韩 刚

出版发行 高等教育出版社
社 址 北京市西城区德外大街 4 号
邮政编码 100120
印 刷 运河（唐山）印务有限公司
开 本 889 mm×1194 mm 1/16
印 张 19.25
字 数 380 千字
购书热线 010-58581118
咨询电话 400-810-0598
网 址 http://www.hep.edu.cn
http://www.hep.com.cn
网上订购 http://www.hepmall.com.cn
http://www.hepmall.com
http://www.hepmall.cn
版 次 2016 年 2 月第 1 版
2022 年 6 月第 2 版
印 次 2022 年 6 月第 1 次印刷
定 价 43.80 元

物 料 号 57784-00

出版说明

教材是教学过程的重要载体，加强教材建设是深化职业教育教学改革的有效途径，是推进人才培养模式改革的重要条件，也是推动中高职协调发展的基础性工程，对促进现代职业教育体系建设，提高职业教育人才培养质量具有十分重要的作用。

为进一步加强职业教育教材建设，2012年，教育部制订了《关于“十二五”职业教育教材建设的若干意见》(教职成〔2012〕9号)，并启动了“十二五”职业教育国家规划教材的选题立项工作。作为全国最大的职业教育教材出版基地，高等教育出版社整合优质出版资源，积极参与此项工作，“计算机应用”等110个专业的中等职业教育专业技能课教材选题通过立项，覆盖了《中等职业学校专业目录》中的全部大类专业，是涉及专业面最广、承担出版任务最多的出版单位，充分发挥了教材建设主力军和国家队的作用。2015年5月，经全国职业教育教材审定委员会审定，教育部公布了首批中职“十二五”职业教育国家规划教材，高等教育出版社有300余种中职教材通过审定，涉及中职10个专业大类的46个专业，占首批公布的中职“十二五”国家规划教材的30%以上。我社今后还将按照教育部的统一部署，继续完成后续专业国家规划教材的编写、审定和出版工作。

高等教育出版社中职“十二五”国家规划教材的编者，有参与制订中等职业学校专业教学标准的专家，有学科领域的领军人物，有行业企业的专业技术人员，以及教学一线的教学名师、教学骨干，他们为保证教材编写质量奠定了基础。教材编写力图突出以下五个特点:

1. 执行新标准。以《中等职业学校专业教学标准(试行)》为依据，服务经济社会发展和产业转型升级。教材内容体现产教融合，对接职业标准和企业用人要求，反映新知识、新技术、新工艺、新方法。

2. 构建新体系。教材整体规划、统筹安排，注重系统培养，兼顾多样成才。遵循技术技能人才培养规律，构建服务于中高职衔接、职业教育与普通教育相互沟通的现代职业教育教材体系。

3. 找准新起点。教材编写图文并茂，通顺易懂，遵循中职学生学习特点，贴近工作过程、技术流程，将技能训练、技术学习与理论知识有机结合，便于学生系统学习和掌握，符合职业教育的培养目标与学生认知规律。

4. 推进新模式。改革教材编写体例，创新内容呈现形式，适应项目教学、案例教学、情景教学、工作过程导向教学等多元化教学方式，突出"做中学，做中教"的职业教育特色。

5. 配套新资源。秉承高等教育出版社数字化教学资源建设的传统与优势，教材内容与数字化教学资源紧密结合，纸质教材配套多媒体、网络教学资源，形成数字化、立体化的教学资源体系，为促进职业教育教学信息化提供有力支持。

为更好地服务教学，高等教育出版社还将以国家规划教材为基础，广泛开展教师培训和教学研讨活动，为提高职业教育教学质量贡献更多力量。

高等教育出版社
2015年5月

第二版前言

本书是“十二五”职业教育国家规划教材。本书贯彻《教育部关于“十二五”职业教育教材建设的指导意见》精神，实现中高等职业教育教材内容有机衔接和贯通，结合《中等职业学校专业目录》(2010)对本专业人才培养的要求，结合行政事务助理岗位工作实际与中等职业学校行政事务助理专业教学实践编写而成，注重培养学生的实践操作能力和综合职业技能。

本书的编写思路：

在平时教学工作及用人单位对岗位需求的基础上形成的以任务引领形式进行编写，主要有以下三点：

1. 以工作任务为线索组织知识，围绕知识设计任务，使任务和知识点相辅相成、有机结合。

2. 通过工作任务理解知识内容，通过任务强化学生操作能力的培养。每个工作任务都由任务目标、任务情境、任务解析、实践操作、知识链接、拓展训练、任务评价七部分组成，有助于学生对任务及知识点的理解和掌握。

3. 突出工作任务的典型性和针对性，案例之间相互联系，组合在一起能形成完整知识体系，融于知识中。

本书编写的特色：

1. 按工作任务组织教学内容

由任务目标和任务情境的提出，再到任务解析、实践操作、知识链接、拓展训练、任务评价共七部分，结构符合学生的学习心理和学习规律，强调学生技能的培养，突出技能训练，实现“做中学，做中教”。

2. 情境浸入式编写模式

采用由线到面的工作任务情境浸入式编写模式，每一个单一操作即为线，(如在实践操作中的每一个操作)，若干操作形成的一个综合实例即为面，情境浸入的编写模式由线到面，使学生更为深入、全面地掌握知识和技能。

3. 项目的选取与专业岗位要求耦合性强

项目的选取与专业岗位要求对应对接，本书精心设计、选择有代表性和典型性的案例，并引入实际工作真实项目任务，将知识和案例有机结合，同时达到学以致用的目的。

本书由武汉市财贸学校刘桢主编并负责修订。各项目的内容编写充分体现了产教融合的特点，在典型素材案例上，吸取行业企业专家、学者意见，充分体现了跟专业岗位对接的实践运用，在这里衷心感谢无域创意文化有限公司的大力支持。

编　者

2021年8月

第一版前言

本书是“十二五”职业教育国家规划教材，依据教育部《中等职业学校办公室文员专业教学标准》，并参照办公室文员专业行业标准结合文员和秘书岗位工作实际与中等职业学校办公室文员专业教学实践编写而成。

本书的编写思路：

在平时教学工作及用人单位对岗位需求的基础上形成的按任务引领模式编写，主要体现在以下几点：

1. 以工作任务为线索组织知识，围绕知识设计任务，使任务和知识点相辅相成、有机结合。

2. 通过工作任务理解知识内容，通过任务强化学生操作能力的培养。每个工作任务都由“任务目标”“任务情境”“任务解析”“实践操作”“知识链接”“拓展训练”“任务评价”七部分组成，有助于学生对任务及知识点的理解和掌握。

3. 突出工作任务的典型性和针对性，确保案例之间相互关联，组合在一起能形成完整知识体系融于知识中。

本书的编写特色：

1. 按工作任务组织教学内容

由“任务目标”和“任务情境”的提出，再到“任务解析”“实践操作”“知识链接”“拓展训练”“任务评价”，这种结构符合学生的学习心理，强调学生技能的培养，突出技能训练，实现“做中学，做中教”。

2. 情境浸入式编写模式

采用由线到面的工作任务情境浸入式编写模式，每一个单一操作即为线（如在实践操作中的每一个操作），若干操作形成的一个综合实例即为面，情境浸入的编写模式有效地实现了由线到面的表现。

3. 项目的选取与专业岗位要求耦合性强

项目的选取与专业岗位要求对应对接，精心设计、选择有代表性和典型性的案例，并引入实际工作真实项目任务，将知识和案例有机结合，同时达到学以致用的目的。

学时分配表（供参考）

项目	内容	学时
1	文字处理Word 2010	22
2	电子表格Excel 2010	20
3	演示文稿PowerPoint 2010	12
4	数据库管理Access 2010	8
5	图像处理Photoshop CS6	16
6	网页制作Dreamweaver CS5	12
合计		90

本书由武汉市财贸学校刘桢主编并负责统稿，彭云为副主编；参加编写的人员有：武汉市财贸学校詹珊丽、付鹏、肖琪、丰永春；武汉市第二中学郑芳；武汉市财贸学校李刚、李卫薇。

由于计算机技术日新月异，发展迅猛，因此计算机类的教材内容应不断及时更新和完善，我们期望使用本书的广大师生对教材中存在的问题提出建议和意见，以便我们进一步的完善本教材内容。读者建议可反馈至zz-dzyj@pub.hep.cn。

编　者

2015年6月

目录

项目1
文字处理Word 2010

项目概述

Word 2010文字处理被广泛应用于各种办公和日常事务处理中。针对办公人员岗位的需求，熟悉Word 2010的各项基本操作；掌握页面布局、保存与打印、图片与SmartArt格式化文档、图形、艺术字和表格的使用、长文档的编辑、目录、邮件与文档的安全和超级链接等技巧和方法，提高对Word的综合应用能力。

项目分解

任务1　制作会议通知
任务2　让项目计划书版面清晰亮丽
任务3　制作求职申请表
任务4　制作员工生日贺卡
任务5　制作信封与信函
任务6　制作公司员工手册

任务1 制作会议通知

任务目标

通过本任务的学习，你将学会如下操作方法：

1. 设置新建和输入文档
2. 设置页面格式
3. 设置字体、字号
4. 设置段落格式
5. 设置保存和打印文档

任务情境

公司工会，要召开一次职工代表大会，为能更好地做好本次大会的准备工作，特向公司各部门下发通知，此时工会要办公室王秘书拟制一份“关于召开公司职工代表大会的通知”，如图1-1所示。

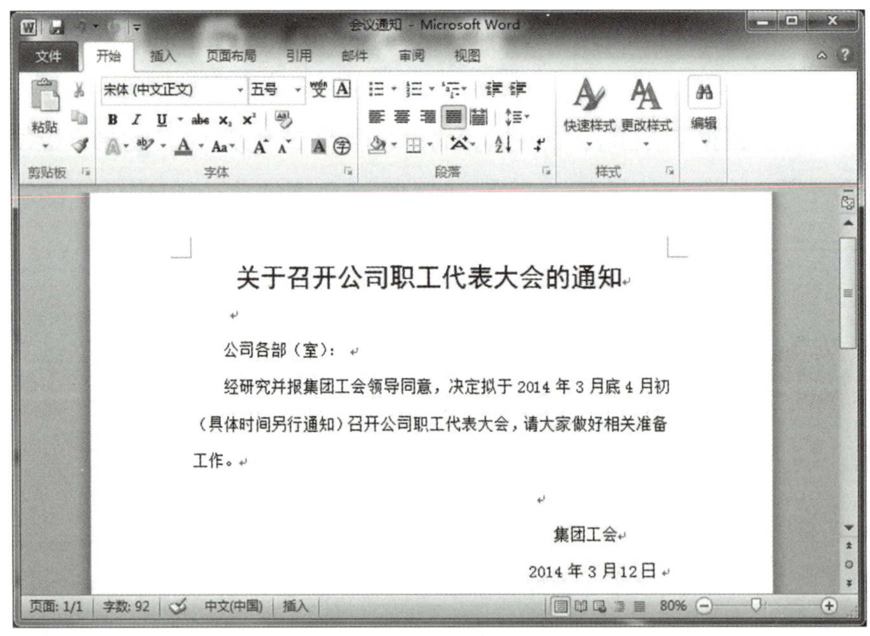

图1-1 “关于召开公司职工代表大会的通知”样文

任务解析

在制作会议通知时首先要新建文档，会议通知通常按照A4纸张进行排版打印，所以要设置文档的纸张大小，然后输入具体的会议通知内容，内容输入完毕后，为使整个页面更加美观，还需要对文档的字体、字号及段落进行调整，最后保存文档，并进行打印。

实践操作

训练1 新建文档

新建文档是使用Word编辑文档的第一步，那么在制作会议通知时首先就得先新建文档。启动Word 2010，系统将自动新建一个名为“文档1”的空白文档，用户可直接使用此文档进行编辑操作，也可根据需要新建其他文档。

步骤：选择“文件”→“新建”命令，在打开的“新建文档”对话框的“模板”栏中保持默认选择“空白文档”选项，然后单击“创建”按钮，如图1-2所示。

小技巧

在Word 2010工作界面中按“Ctrl+N”快捷键，可快速创建新文档。

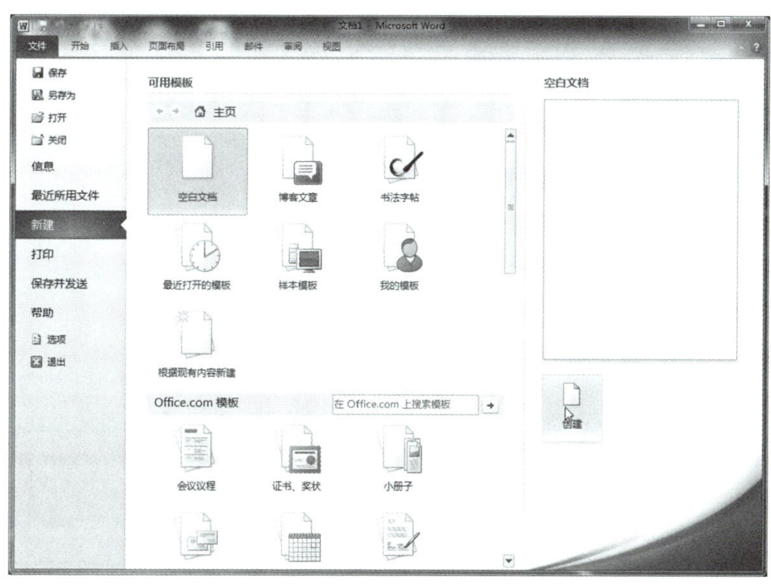

图1-2 新建空白文档

训练2 设置页面

步骤：会议通知通常按照A4纸张进行排版打印，所以在输入文本之前需要进行页面设置，页面设置方法为：选择“页面布局”→“纸张大小”→“A4”命令，如图1-3所示。

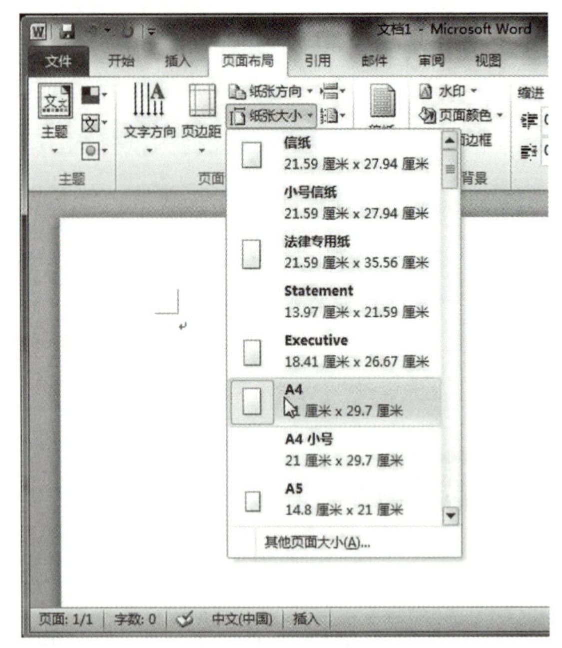

图1-3　设置页面

训练3　输入文本

步骤1： 在空白编辑区输入会议通知文本，将光标定位到刚才新建文档的开始位置，由于需要在文档中央输入“关于召开公司职工代表大会的通知”，这里将鼠标光标移到文档上方的中央，当其变为Ｉ形时双击，将文本插入点快速定位到文档的中央。

步骤2： 切换到所需的中文输入法，输入“关于召开公司职工代表大会的通知”文字。

步骤3： 按“Enter”键换行，文本插入光标将自动移动到下一行的中间位置，如图1-4所示。

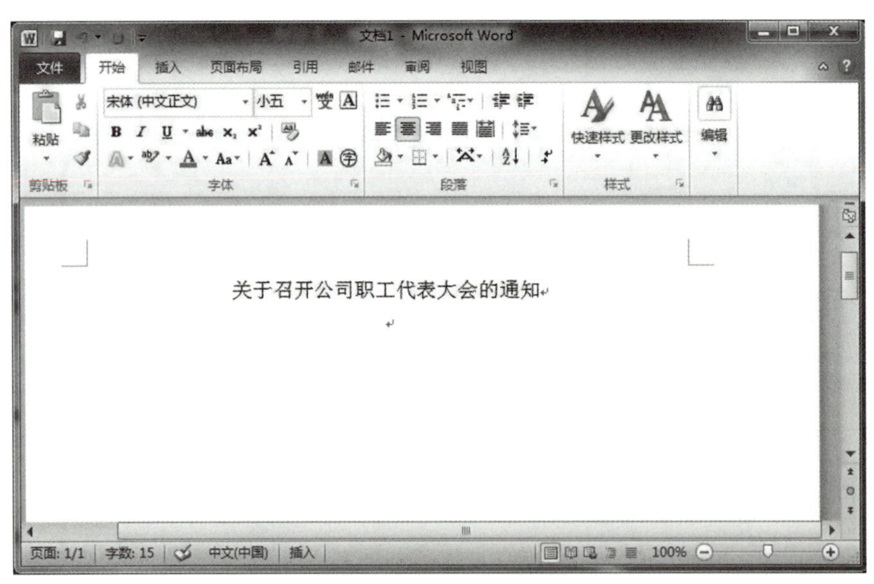

图1-4　输入文本

步骤4： 将鼠标光标移到文档左侧，双击，将文本插入点快速定位到该位置。

步骤5： 依次输入通知样章中的具体文字内容和标点符号，当输入文本多于右侧页边距时，将自动换行，如图1-5所示。

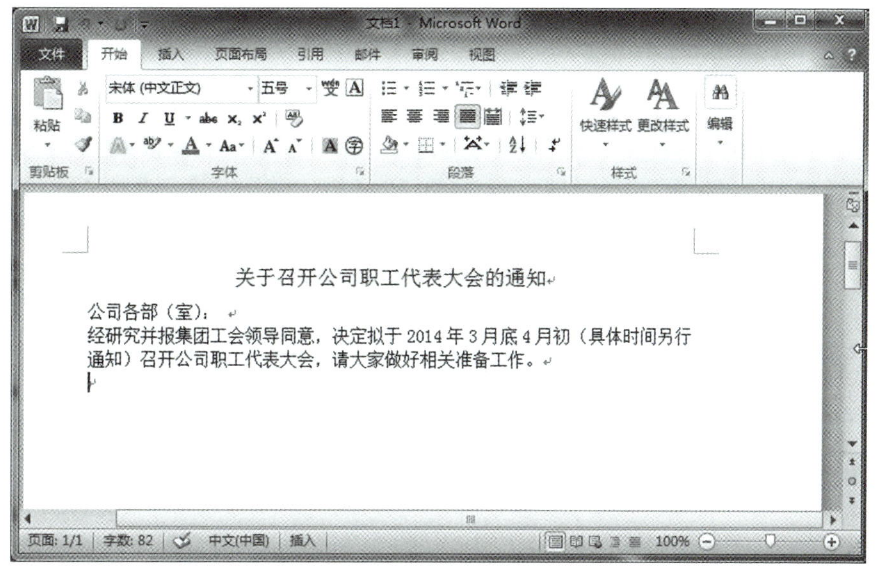

图 1-5　输入会议通知具体内容

步骤6：使用相同的方法输入其他内容，将鼠标光标移动到下一行的最右侧，当其变为形状时双击，将文本插入点定位到通知文本下一行最右侧，然后输入会议通知的落款和日期，如图 1-6 所示。

> 小技巧
>
> 插入日期和时间
>
> 在文档中需要输入落款日期和时间时，可通过插入日期和时间的功能来完成操作，方法是选择“插入”→“文本”命令，单击“日期和时间”按钮。

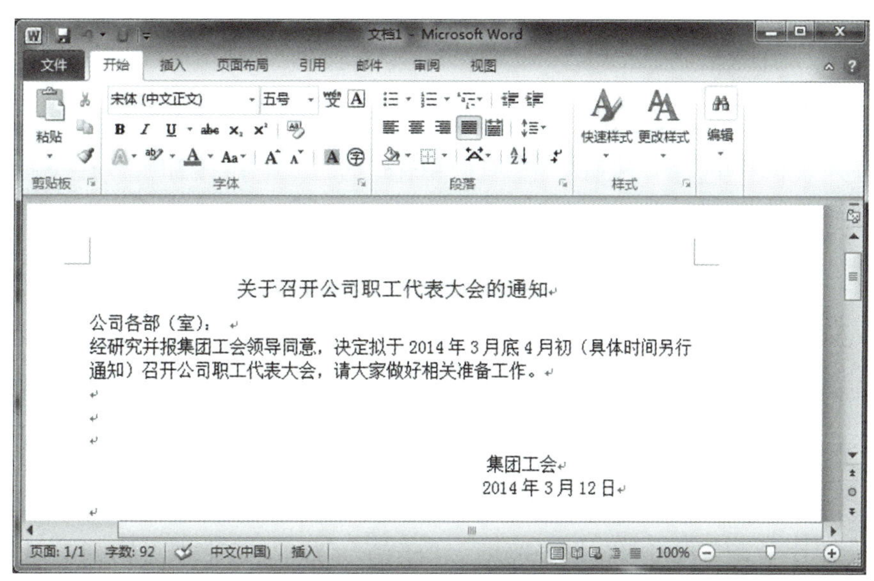

图 1-6　“关于召开公司职工代表大会的通知”文档效果

训练4　设置字体和字号

对文字进行字体设置时，必须先选中要设置的文字对象，然后进行相应的设置操作。

步骤1：选择“开始”→“字体”工具组快速设置文本的格式。图1-7所示为“字体”工具组按钮。

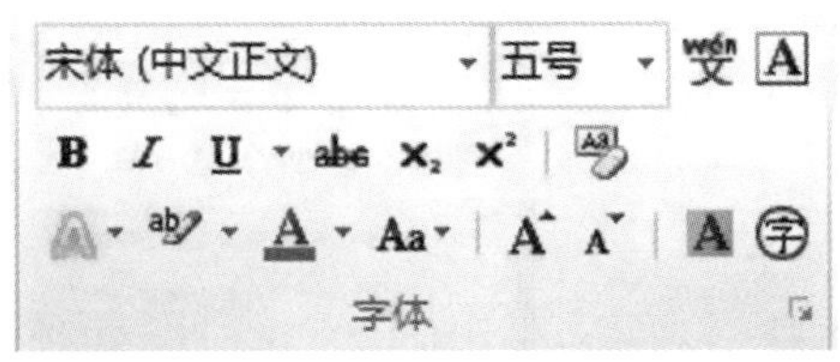

图1-7　“字体”工具组

步骤2：选择标题文本“通知”，在“字体”工具组中单击宋体下拉按钮，在下拉列表框中选择“黑体”选项；单击五号下拉按钮，在下拉列表框中选择“二号”选项，如图1-8所示。

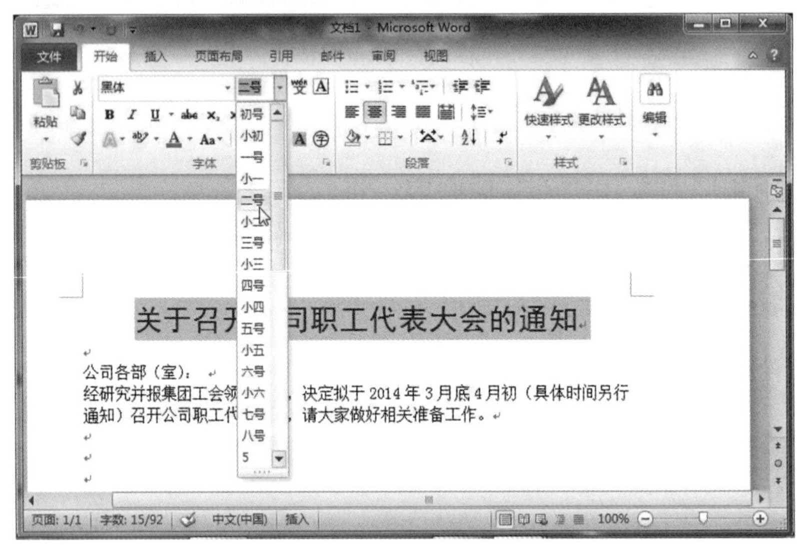

图1-8　设置标题字体、字号

步骤3：选择正文到落款的所有文字，在“字体”工具组中单击宋体下拉按钮，在下拉列表框中选择“宋体”选项；单击五号下拉按钮，在下拉列表框中选择“四号”选项，如图1-9所示。

训练5　设置文本段落格式

步骤1：会议通知文档要进行首行缩进和行间距的调整，操作方法为：选择“开始”→“段落”工具组快速设置文本的段落格式，图1-10所示为“段落”工具组按钮。

步骤2：设置首行缩进2个文字：打开“段落”对话框，在“缩进”栏的“特殊格式”下拉列表框中选择“首行缩进”选项，“磅值”为“2字符”，如图1-11所示。

步骤3：设置通知文本行和行间距：在弹出的“段落”对话框中，设置“间距”栏的“行距”为“20磅”，单击“确定”按钮确认设置，如图1-11所示。

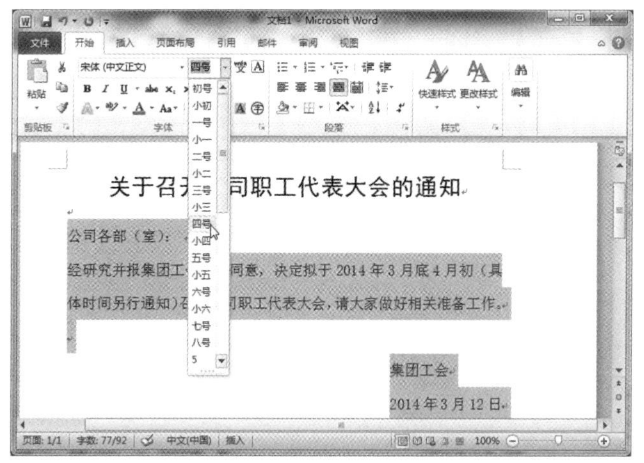

图1-9 设置正文字体、字号

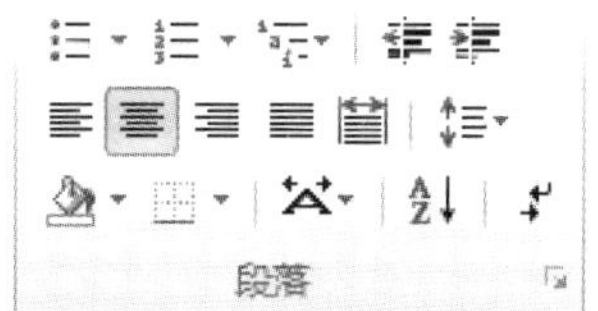

图1-10 “段落”工具组

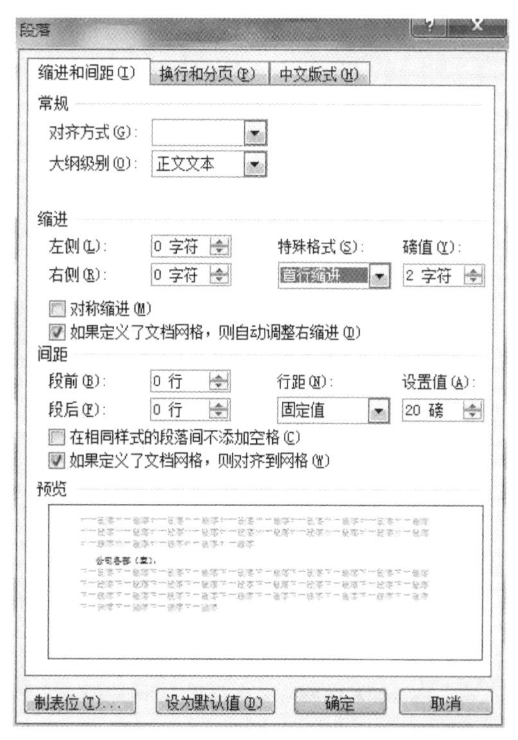

图1-11 设置正文内容段落

训练6 保存文档

步骤1：编辑完成的会议通知文档应该进行保存，操作方法为：选择“文件”→“保存”命令，在“文件名”文本框中输入“会议通知”，单击“保存”按钮，如图1-12和图1-13所示。

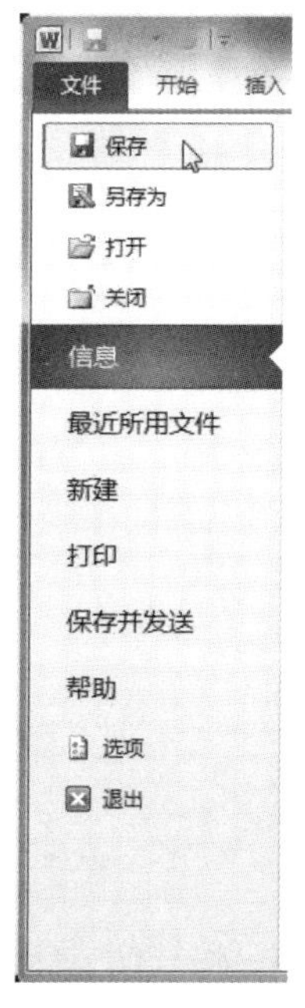

图1-12 “保存”命令

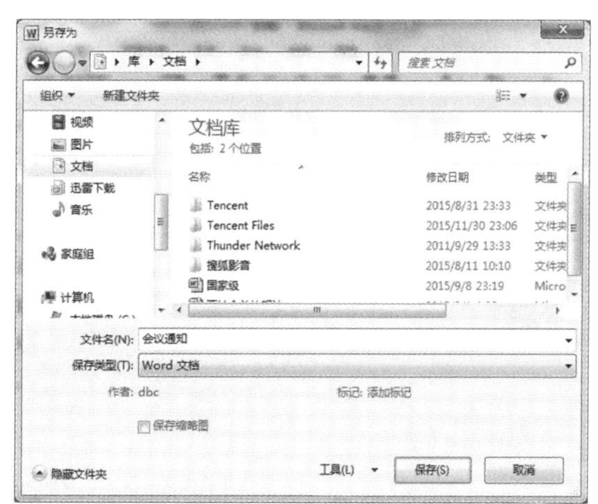

图1-13 输入文档文件名

步骤2：返回Word工作界面可以看到标题栏中文档名称已改为“会议通知”。

小技巧

设置自动保存时间

除了手动设置保存Word外，Word还可以设置在规定时间内自动保存文档。其方法是选择“文件”→“选项”命令，弹出“Word选项”对话框，选择左侧的“保存”选项卡，在右侧的“自定义文档保存方式”窗格中选中“保存自动恢复信息时间间隔”复选框，在“分钟”数值框中输入保存的间隔时间，单击“确定”按钮即可。

训练7　打印文档

步骤1：如需打印会议通知，操作方法为：选择“文件”→“打印”命令，打开打印设置界面，如图1-14所示。

步骤2：在“打印”对话框的“设置”栏中选择“打印当前页面”单选按钮，设置完成后，单击“确定”按钮，即可进行文档的打印，如图1-15所示。

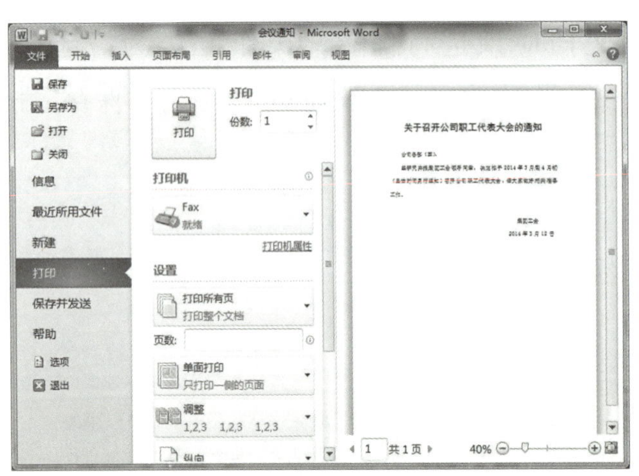

图1-14　“打印”命令

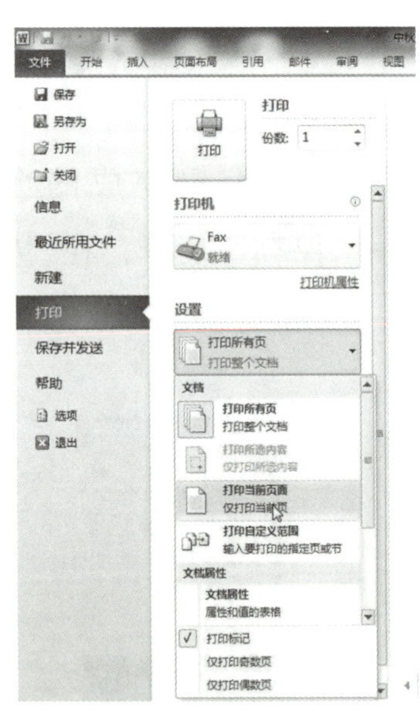

图1-15　设置打印页面

知识链接

1. 字符格式

（1）字体　字体就是指字符的形体，常用的中文字体有宋体、仿宋体、楷体、黑体、隶书等，西文字体有Times New Roman等。

（2）字号　字号是指字符的大小，常用的字号范围从初号到八号，初号字比八号字大得多。也可以用“点数”作为字符大小的计量标准。通常情况下，默认字号是五号。

2. 页面设置

（1）“页边距”选项卡　页边距是指页面四周空白区域，在页边距区域也可根据需要，在上、下、左、右页边距的默认值上进行修改。如果打印的文档需要装订，还要设置装订线的位置和边距。

（2）“纸张”选项卡　在“纸张”选项卡中，可以设定打印纸的纸型（即大小）、纸张来源等。常见的纸型有A4、A5、B5、16开、32开等，用户还可以自定义纸张大小。

拓展训练

通过制作会议通知文档，我们已经能比较熟练地进行Word的基本操作，下面我们就来挑战一下，对照样文要求，制作一份公司“考勤制度”文档。样文如图1-16所示。

制作要求：

（1）新建一个Word文档。

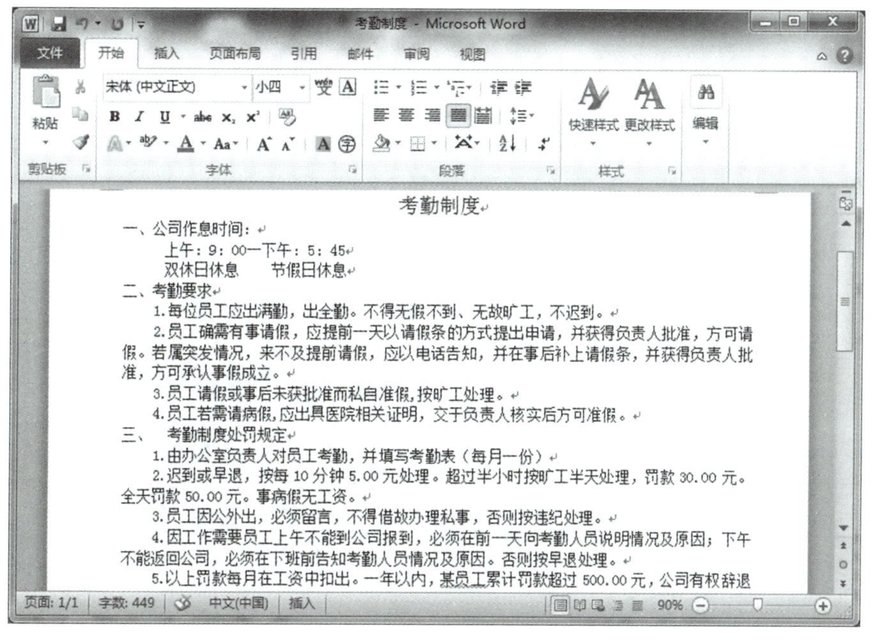

考勤制度

一、公司作息时间：

上午：9：00—下午：5：45

双休日休息　　节假日休息

二、考勤要求

1.每位员工应出满勤，出全勤。不得无假不到、无故旷工，不迟到。

2.员工确需有事请假，应提前一天以请假条的方式提出申请，并获得负责人批准，方可请假。若属突发情况，来不及提前请假，应以电话告知，并在事后补上请假条，并获得负责人批准，方可承认事假成立。

3.员工请假或事后未获批准而私自准假,按旷工处理。

4.员工若需请病假,应出具医院相关证明，交于负责人核实后方可准假。

三、　考勤制度处罚规定

1.由办公室负责人对员工考勤，并填写考勤表（每月一份）

2.迟到或早退，按每 10 分钟 5.00 元处理。超过半小时按旷工半天处理，罚款 30.00 元。全天罚款 50.00 元。事病假无工资。

3.员工因公外出，必须留言，不得借故办理私事，否则按违纪处理。

4.因工作需要员工上午不能到公司报到，必须在前一天向考勤人员说明情况及原因；下午不能返回公司，必须在下班前告知考勤人员情况及原因。否则按早退处理。

5.以上罚款每月在工资中扣出。一年以内，某员工累计罚款超过 500.00 元，公司有权辞退

图1-16　公司“考勤制度”样文

（2）将页面设置为“A4”。

（3）对照样文，输入所有文字。

（4）设置标题文字为“宋体”，大小为“二号”，正文文字设置为“楷体”，大小为“四号”。

（5）设置每段的首行文字缩进“2个字符”，行间距设置为“最小值”、“25磅”。

（6）保存文件，文件名为“公司考勤制度”。

任务评价

考核项目	考核标准	分值	自评分	小组评分	综合得分
文档的新建	使用“新建”命令创建文档的方法	5			
	使用快捷键创建文档的方法	5			
页面设置	页面布局的纸张大小的调整	5			
文本输入	光标定位的使用方法	10			
	文本和标点符号的输入	5			
	日期与时间的输入	10			
字体、字号的设置	字体的设置方法是否正确	10			
	字号的设置是否正确	10			
段落设置	首行缩进的使用	10			
	行间距的设置	10			
保存文档	使用“保存”命令保存文档	5			
	设置自动保存时间	5			
打印文档	使用“打印”命令打印文档，特别是“页面范围”“打印机”“副本份数”等参数的设置使用	10			
总分		100			
努力方向：		建议：			

任务2 让项目计划书版面清晰亮丽

任务目标

通过本任务的学习，你将学会如下操作方法：

1. 设置页面
2. 设置表格样式和SmartArt图形
3. 设置目录
4. 设置页码和页眉

任务情境

时下网购火热，且大学生就业形势严峻，公司领导看此形势，决定启动新一轮人才培养计划，由培训部撰写“网店人才培训项目计划”，如图1-17所示。

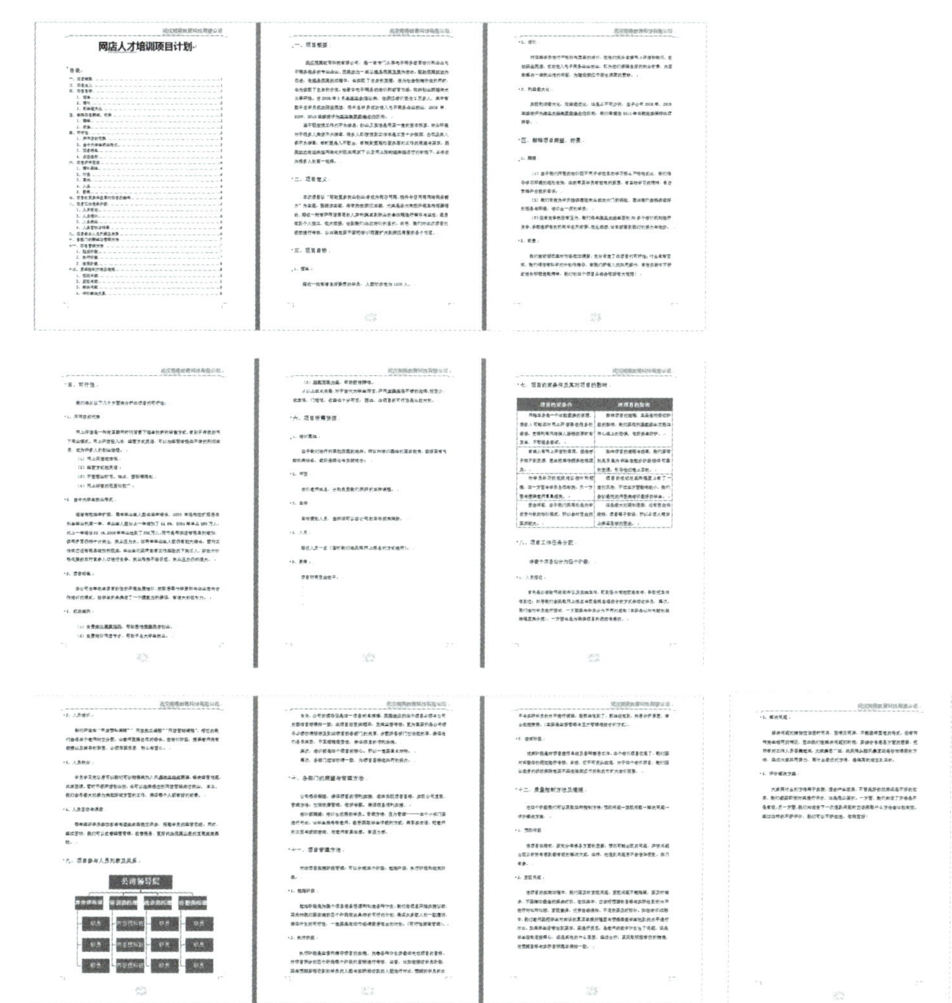

图1-17 “网店人才培训项目计划”样文

任务解析

制作项目计划书时首先新建文档，项目计划书通常按照A4纸张进行排版打印，项目计划书里会涉及表格、图形、图片，可以用图形或图片工具进行美化设置，为使项目计划书清晰明了，需对项目计划书设置页码和目录，之后进行打印。

实践操作

训练1　设置页面

步骤1： 用“新建”命令创建一个空白文档，操作方法为：选择“文件”→“新建”命令，在打开的“新建文档”对话框的“模板”栏中保持默认选择“空白文档”选项，然后单击“创建”按钮。

步骤2： 项目计划书通常按照A4纸张进行排版打印，所以在输入文本之前需要进行页面设置，页面设置方法为：选择“页面布局”→“纸张大小”→“A4”命令，如图1-18所示。

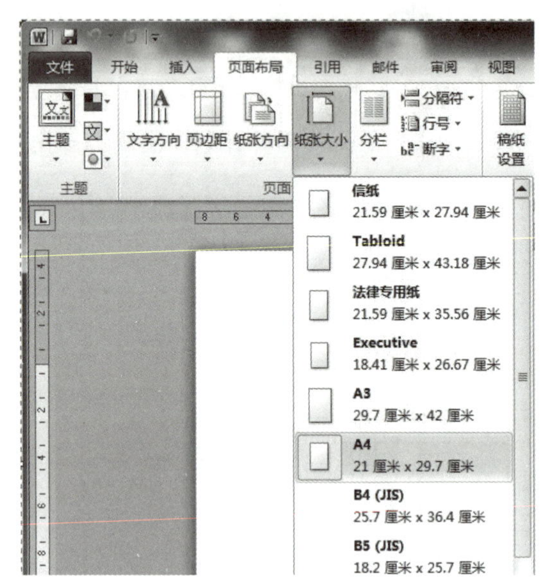

图1-18　设置页面

步骤3： 项目计划书并无确切页面要求，可以使用默认页面设置，也可根据内容需要自定义页边距，自定义边距设置方法为：选择“页面布局”→“自定义边距”选项，弹出页面设置对话框，在“页边距”选项卡中，自行设置页边距，其他数据使用默认值，单击“确定”按钮完成设置。

训练2　设置表格样式和SmartArt图形

步骤1： 输入项目计划的标题“网店人才培训项目计划”，设置文字格式为“微软雅黑”“一号”“加粗”“居中”。

步骤2： 输入项目计划书正文，设置正文字体为“宋体”“小四”，设置段落格式，如图1-19所示。

步骤3： 在“七、项目约束条件及其对项目的影响”后面插入表格，操作方法为：选择“插入”→“表格”→“插入表格”命令，在方格内拖动鼠标，拖出一个2×5表

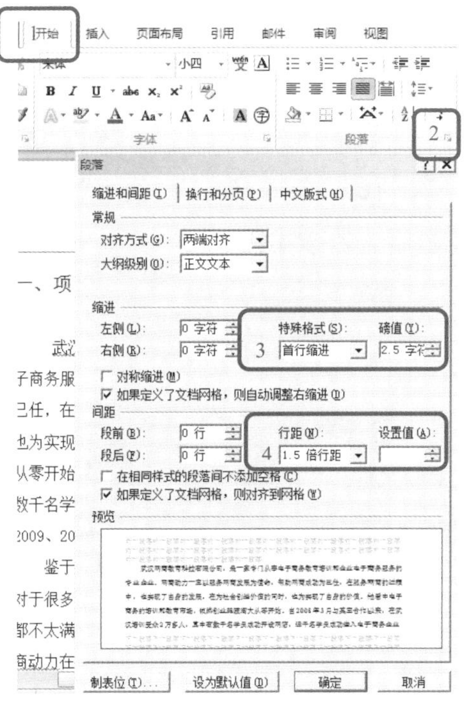

图1-19 设置段落格式

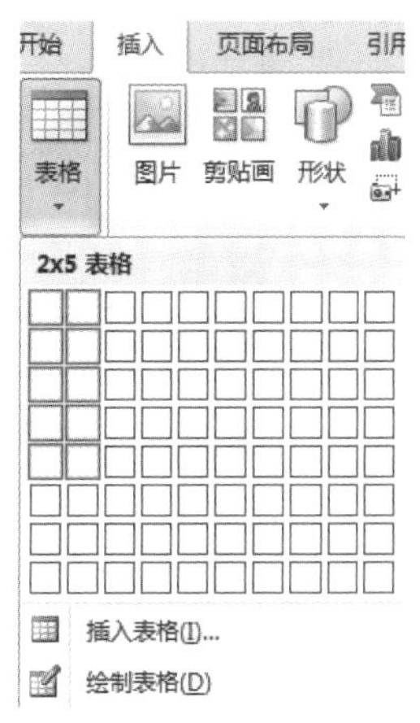

图1-20 插入表格

格，如图1-20所示。

步骤4：设置表格样式，操作方法为：单击表格左上角⊞按钮，全选表格，工具栏上出现“表格工具”选项卡，选择“表格工具”→“设计”→“表格样式”，快速套用Word中预设好的样式“内置”→“浅色列表-强调文字颜色1”，由于该样式没有内置框线，需全选表格，选择“表格工具”→“设计”→“表格样式”→“边框”→“边框和底纹”，打开“边框和底纹”对话框，设置外框线为“1.5磅”，内框线为“0.5磅”，如图1-21所示。

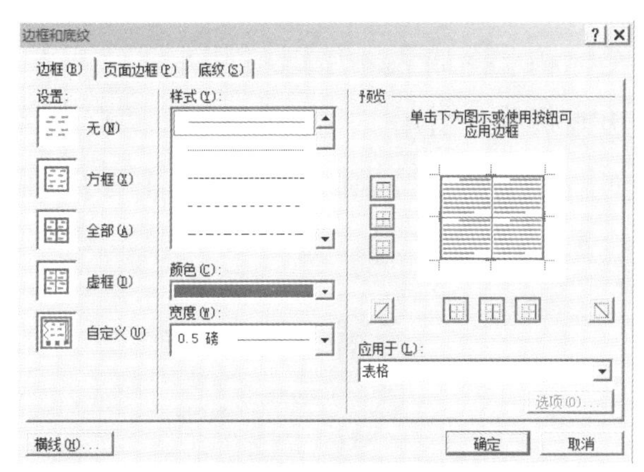

图1-21 设置表格框线

步骤5：设置SmartArt图形，操作方法为：光标移至标题“九、项目参与人员列表及关系”下，选择“插入”→“插图”→“SmartArt”命令，打开“选择SmartArt图形”对话框，选择“层次结构”→“组织结构图”命令；然后单击“确定”按钮，得到基础图形，选择“SmartArt”→“设计”→“创建图形”→“添加形状”选项，如图1-22所示，按照样文添加形状，输入文字，调整形状大小，最终达成样文效果。

训练3　设置目录

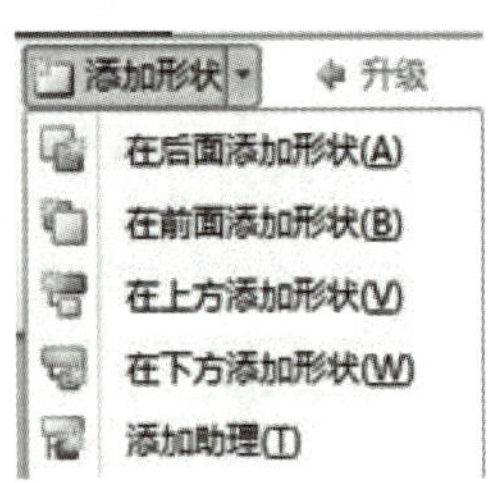

图1-22　设计SmartArt图形

步骤1： 对文档标题进行等级排序，具体方法如图1-23所示，选中第一层次的标题如“一、项目概要”，选择“引用”→“目录”→“添加文字”，在“添加文字”下拉菜单中选择“1级”，选择完成之后，在文档标题前面会出现类似■的标记。

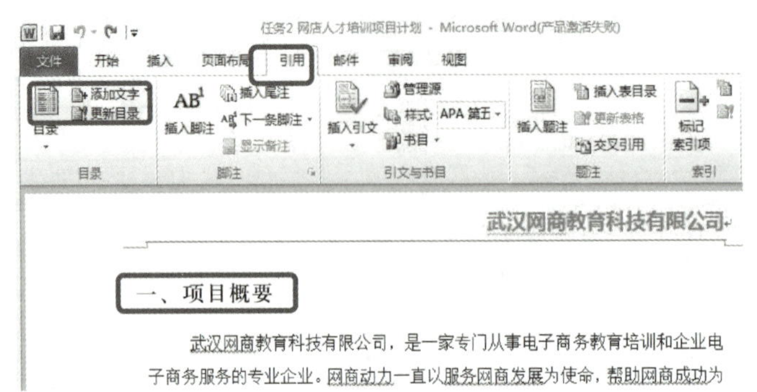

图1-23　文档标题等级排序

步骤2： 选中第二层次的标题如“1.招生”，按步骤1方法，在“添加文字”下拉菜单中选择“2级”。

步骤3： 插入目录，操作方法为：光标移至标题“网店人才培训项目计划”下方，选择功能菜单“引用”→“目录”→“自动目录1”，如图1-24所示，则在文档标题下方自动添加了目录。

小提示

根据文档的实际情况选择1、2、3级，文档的分级不要太多，以免目录变得很冗长而不够简明。

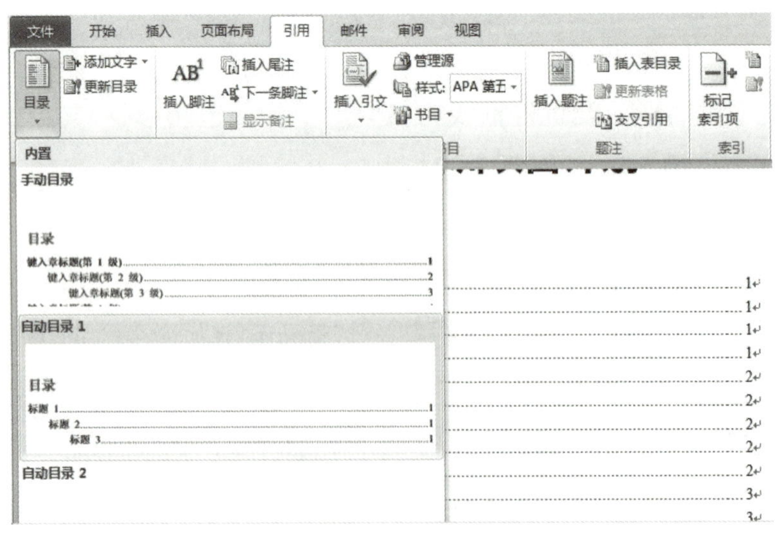

图1-24　插入目录

步骤4：更新目录。若添加完目录之后，又对文档进行了修改，则可以在修改完成之后，再选择“引用”→“目录”→“更新目录”选项；或直接选中整个目录，在出现的目录外框上选择“更新目录”→“更新整个目录”选项，单击“确定”按钮，如图1-25所示。

小技巧

目录模式

“手动目录”需要手动输入每章节的标题，“自动目录”则可以自动添加目录。

训练4 设置页码

一份正规的论文或报告一般都有封面、目录和正文，通常要在正文处插入页码，即正文页码标注为第1页，封面、目录页不显示且不计入页码。此操作需要对目录页和正文页进行不同设置，因此需要用到分节设置。

步骤1：设置分节。操作方法为：光标移至需插入页码的第一页第一个字前面，选择“页面布局”→“页面设置”→“分隔符”→“分节符”→“下一页”选项，即分节设置成功，如图1-26所示。

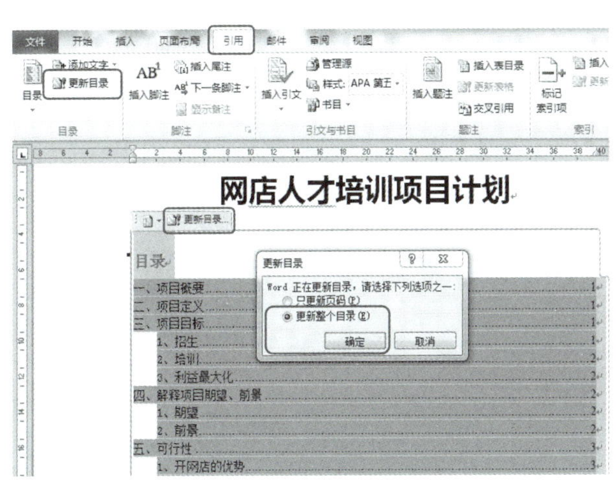

图1-25 插入目录

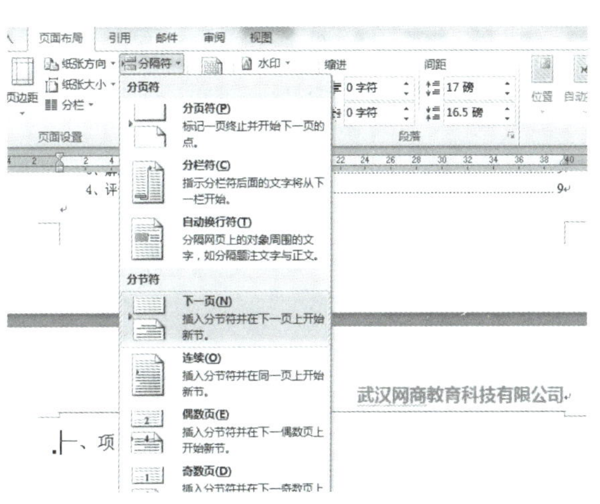

图1-26 设置分节符

步骤2：插入页码。操作方法为：选择“插入”→“页码”→“页面底端”→“马赛克2”选项，即插入页码，同时新增“页眉和页脚工具”功能选项卡，选择“设计”→“导航”→“链接到前一条页眉”选项，使它处于灰色状态，单击“关闭页眉和页脚”按钮，然后依次选择“插入”→“页码”→“设置页码

小提示

在设置分节后，若多出了一页空白页，把光标移到刚多出来的那一页的最前面，按Delete键删除，即删掉目录页和正文页之间的空白页。

格式”选项，在弹出的“页码格式”对话框中选择“页码编号”→“起始页码”选项，最后单击“确定”按钮，如图1-27所示。

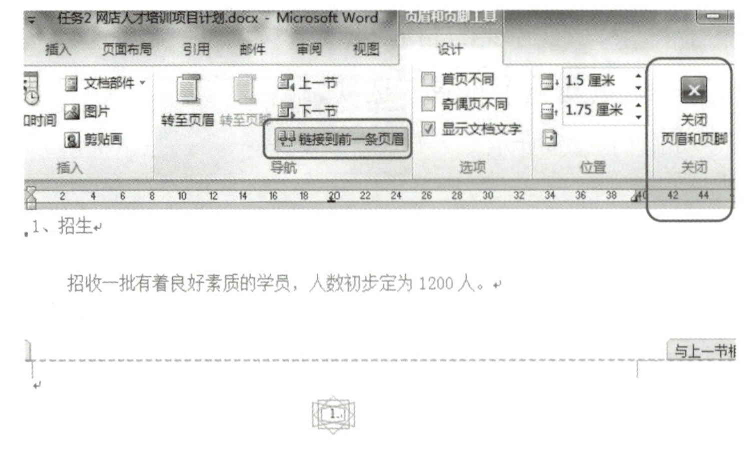

图1-27　设置插入页码

步骤3：选择目录页，按照训练3中步骤4的方法更新目录，在弹出的“更新目录”对话框中选择“只更新页码”，单击“确定”按钮。

步骤4：设置页眉。操作方法为：双击页面顶端，进入页眉编辑区，输入公司名称“武汉网商教育科技有限公司”，设置格式为“微软雅黑”“四号”“加粗”“文本右对齐”，然后选择“页眉和页脚工具”→“设计”→“关闭”→“关闭页眉和页脚”选项。

知识链接

SmartArt图形

1. 概念

SmartArt 图形是信息和观点的视觉表示形式。可以通过从多种不同布局中进行选择来创建 SmartArt 图形，从而快速、轻松、有效地传达信息。

2. 布局

SmartArt 图形提供了九大类布局。为 SmartArt 图形选择布局时，自问一下需要传达什么信息以及是否希望信息以某种特定方式显示。由于可以快速轻松地切换布局，因此可以尝试不同类型的不同布局，直至找到一个最适合对信息进行图解的布局为止。

如果找不到所需的准确布局，可以在 SmartArt 图形中添加和删除形状以调整布局结构。

选择一个布局时，会显示占位符文本（如“[文本]”）。不会打印占位符文本。可以用自己的内容替代占位符文本。请注意，只要不删除包含占位符文本的形状，它们通常都会显示和打印。

小提示

若SmartArt图形看起来不够生动，可以切换到包含子形状的不同布局，或者应用不同的SmartArt样式或颜色变体。

拓展训练

通过制作网店人才培训项目计划，我们已经比较熟悉Word对标书、项目设计书、论文等公文版式的操作，下面我们就来挑战一下，对照样文要求，制作一份“网商科技公司大学生扶持项目－华农乐淘格子铺创业计划书”文档。样文如图1-28所示。

制作要求：

（1）新建一个Word文档。

（2）将页面设置为“A4”，自定义边距为上、下各2.5 cm，左、右各2.8 cm。

（3）设置封面。选择“插入”→“页”→“封面”→“瓷砖型”，按照封面提示，

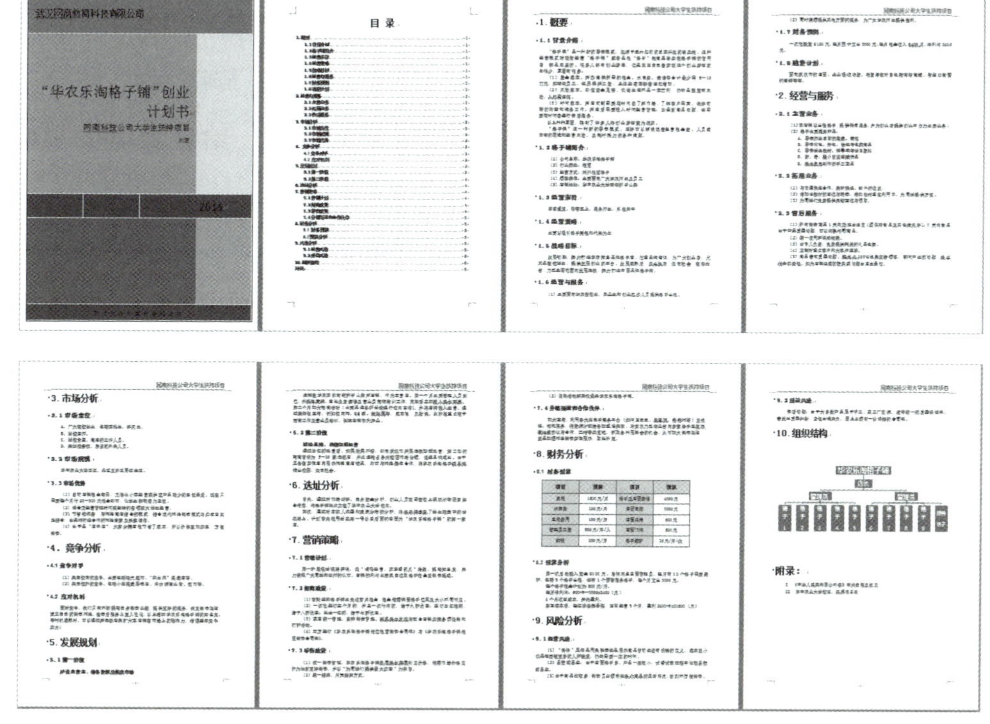

“华农乐淘格子铺”创业计划书

目录

1. 概要

2. 经营与服务

3. 市场分析

4. 竞争分析

5. 发展规划

6. 选址分析

7. 营销策略

8. 财务分析

9. 风险分析

10. 组织结构

附录：

图1-28 “华农乐淘格子铺创业计划书”样文

对照样文，按照封面上的提示填写公司名称、主标题名称、副标题名称、作者、时间、公司地址等项目。

（4）设置文字格式。除标题以外正文文字格式设为“宋体”“小四号”，段落格式为“首行缩进”→“2字符”。

（5）设置表格样式。在“8.1财务预算”下做财务预算表，插入一个6行4列的表；设置“边框”颜色为“蓝色”，外框线为“2.25磅”、内框线为“1磅”；第一行“底纹”为“蓝色，强调文字颜色1，淡色60%”，第一、三列中2~6行“底纹”设置为“白色，背景1，深色15%”。

（6）对照样文设置SmartArt图形。图中文字格式设置为“微软雅黑”，一级文字“四号”，二级、三级文字“18号”，四级文字“14号”。

（7）设置标题格式。设置方法为：“标题1”格式，选择“开始”→“样式”→“标题1”，右击选择“修改”→“修改样式”，设置格式为“宋体”“二号”，单击左下角“格式”按钮，选择“段落”，在弹出的“段落”对话框中，设置间距“段前：17磅”“段后：16.5磅”、设置行距为“多倍行距：2.41”。用同样方法设置“标题2”格式为“宋体”“三号”，“段落”设置为间距“段前：13磅”“段后：13磅”、设置行距为“多倍行距：1.73”。

（8）设置标题等级，如“1.概要”设为1级，“1.1背景介绍”设为2级，后面标题等级依次设置。

（9）设置目录。在封面和正文页之间留出一页空白页给目录页备用。光标移至预留给目录页的空白页上，选择“引用”→“目录”→“自动目录1”，插入目录。

（10）设置分节。在正文页第一个字符前插入光标，设置分节符。

（11）设置页码。从正文开始序号1，封面和目录无页码。给设置好的页码选择自己喜欢的样式。

（12）更新目录。选择“更新目录”→“只更新页码”。

（13）设置页眉。封面和目录无页眉，正文上标注页眉“网商科技公司大学生扶持项目”，设置格式为“微软雅黑”“四号”“加粗”“文本右对齐”。

（14）保存文件，文件名为：“网商科技扶持华农乐淘格子铺创业计划书”。

任务评价

考核项目	考核标准	分值	自评分	小组评分	综合得分
页面设置	自定义页边距	5			
表格样式	会合理运用预设表格样式	5			
	根据需要正确调整边框和底纹	10			
SmartArt图形	正确选用合适的布局	5			
	对布局进行结构调整并美化	10			
插入目录	快速创建目录	10			
	根据需要更新目录	5			
插入页码	正确设置分页符	5			
	正确插入页码	10			
	设置页码样式	10			
设置页眉	封面、目录和正文设置页眉不同	10			
	设置单元格底纹颜色	10			
	会合理运用预设表格样式	5			
总分		100			
努力方向：		建议：			

任务3 制作求职申请表

任务目标

通过本任务的学习，你将学会如下操作方法：

1. 页面设置中自定义边距
2. 设置页眉页脚
3. 新建表格
4. 调整表格布局
5. 设置表格样式并美化

任务情境

公司要招一批新员工，人力资源部为了快速准确地获取有效信息，找到适合自己单位的员工，决定统一制作“武汉网商教育科技有限公司求职申请表”发放给面试员工填写，如图1-29所示。

武汉网商教育科技有限公司

求 职 申 请 表

申请部门：______

姓名		性别		出生年月		年龄		照片
身高		体重		健康状况		民族		
婚否		学历		联系电话				
毕业学校				所学专业				
户口所在地				现在住址				
申请第一职位			申请第二职位			薪酬要求		
家庭主要成员或相关联系人	姓名	关系	年龄	工作单位			联系电话	
学习简历（中学起）	学习时间（何年至何年）			学校名称			所获证书	
工作简历	工作时间（何年至何年）			单位名称			职务	薪资
专业技能	计算机水平			所会软件				
	有否驾照			外语水平				
	其他技能							
自我评述								
备注	本申请所填写内容均属实情，如有虚构或隐瞒，自动辞职，不要求补偿。 填表时间：___年___月___日　签名：______							

图1-29 “武汉网商教育科技有限公司求职申请表”样文

任务解析

在制作求职申请表时，首先新建文档，求职申请表通常按照A4纸张进行排版打印，所以要设置文档的纸张大小，输入标题后新建表格，为使求职表清晰明了，需要对表格的布局进行调整，然后设计表格样式并美化，最后进行打印。

实践操作

训练1　自定义边距

新建文档是使用Word编辑文档的第一步，那么我们在制作求职申请表时首先要先新建文档。在Word 2010启动后，系统将自动新建一个名为“文档1”的空白文档，用户可直接使用进行文档编辑操作，也可根据需要新建其他文档。

步骤1： 选择“文件”→“新建”命令，在弹出的“新建文档”对话框中的“模板”栏中保持默认选择“空白文档”选项，然后单击“创建”按钮，如图1-30所示。

步骤2： 求职申请表通常按照A4纸张进行排版打印，所以在输入文本之前需要进行页面设置，页面设置方法为：选择“页面布局”→“纸张大小”→“A4”选项。

步骤3： 由于求职申请表所设计内容较多，需要自定义页边距，自定义边距设置方法为：选择“页面布局”→“自定义边距”选项，弹出“页面设置”对话框，在“页边距”选项卡中，按框线中数据设置页边距，其他数据使用默认设置，单击“确定”按钮完成设置，如图1-31示。

图1-30　新建空白文档

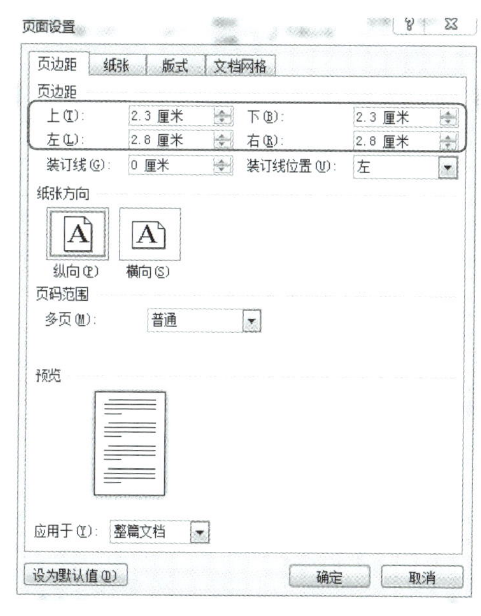

图1-31　自定义边距

训练2　设置页眉页脚

为统一风格样式，公司名称或标志一般设于页眉页脚中固定不变，代表公司文件，令文档使用中更正式。

步骤1： 在文档顶端双击，进入页眉编辑状态，标志页眉的虚线上方即为页眉编辑区，同时工具栏上新增“页眉和页脚工具”栏，如图1-32所示。

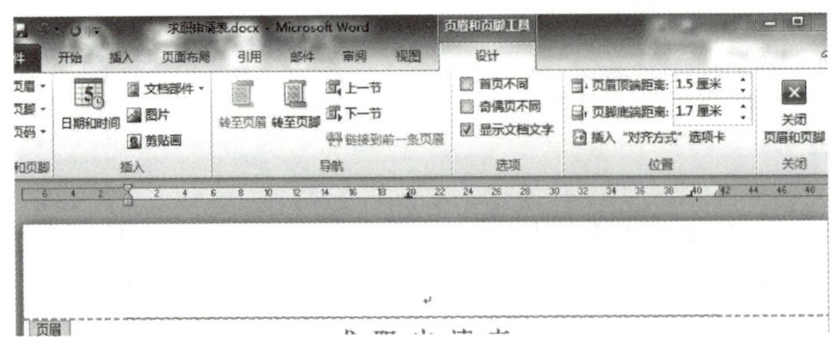

图1-32　页眉编辑区

步骤2：光标在步骤1的双击过程中已进入到页眉编辑区，只要在此输入公司名称“武汉网商教育科技有限公司”，设置好文字格式，选择“页眉和页脚工具”→“设计”→“关闭”→“关闭页眉和页脚”，即完成了页眉的设置，如图1-33所示。

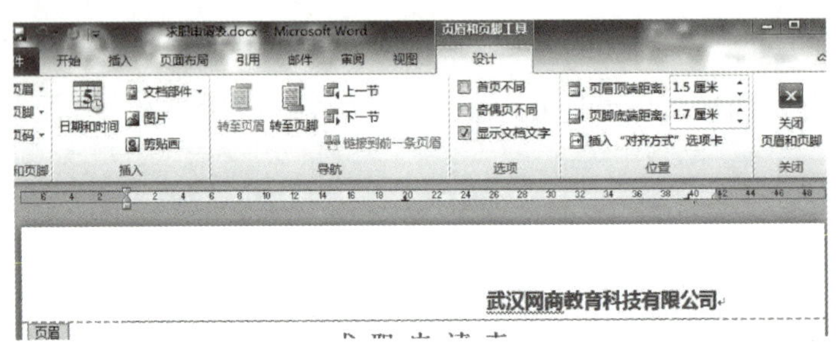

图1-33　设置页眉

步骤3：如需设置页脚，在完成步骤1后，选择“页眉和页脚工具”→“导航”→“转至页脚”，即可依步骤2方法完成页脚的设置。

小技巧

快速设置页眉页脚风格

在页眉和页脚编辑状态，可通过选择“页眉和页脚工具”→“设计”→“页眉和页脚”→“页眉”或“页脚”选项，在弹出的下拉菜单中选择Word 2010预设好的风格样式，快速套用在页眉页脚设置中。

训练3　新建表格

步骤1：在新建表格前，输入表标题“求职申请表”，选择“开始”→“字体”设置文字格式为“宋体”“小二”“加粗”，之后选择“开始”→“段落”，设置标题“居中”；然后换行输入“申请部门”，设置字号为“小四”；接下来用空格键在“申请部门”后空出一部分距离并选中，选择“开始”→“字体”→“下划线”设置出填写内容区域，如图1-34所示。

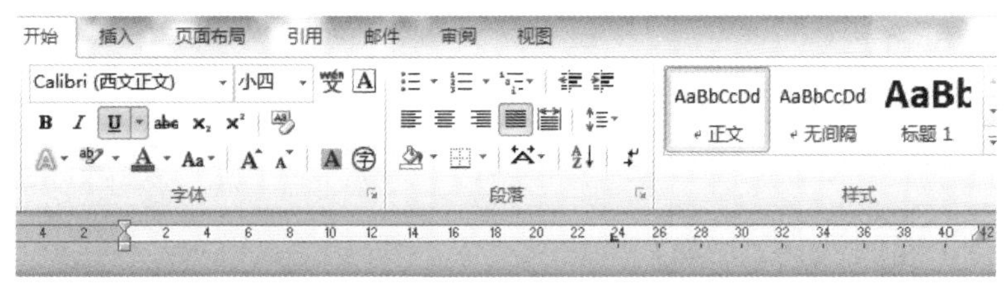

武汉网商教育科技有限公司

求 职 申 请 表

申请部门：__________

图1-34　设置表标题及表头

步骤2：光标移至“申请部门”下一行，即选择好插入表格的位置。选择“插入”→“表格”→“插入表格”命令，在弹出的“插入表格”对话框中设置“表格尺寸”→“列数”及“行数”为9列24行，单击“确定”按钮即新建出一个基础表格，如图1-35所示。

求 职 申 请 表

申请部门：__________

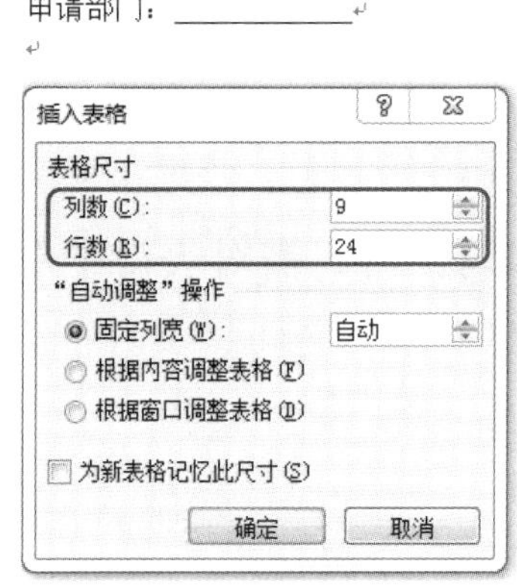

图1-35　新建基础表格

训练4　调整表格布局

步骤1：为页面布局充实，可设置表格行高，操作方法为：单击表格左上方全选按钮⊞，选择“表格工具”→“布局”→“单元格大小”→“表格行高”，设置行高为“0.8厘米”，如图1-36所示。

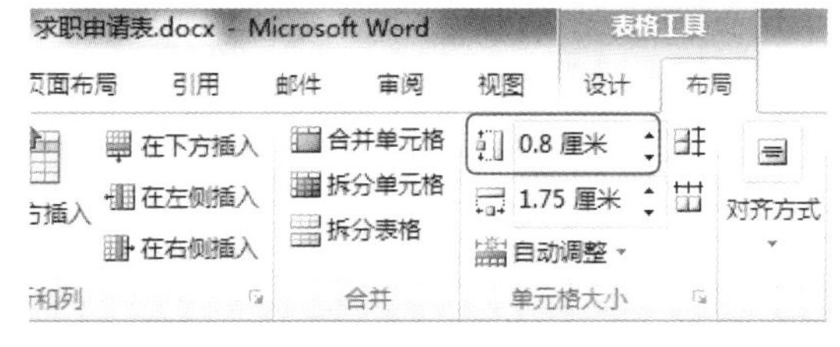

图1-36　设置表格行高

小技巧

设置表格行高或列宽

调整行高时，将光标放置在要拖动的行线上，光标变成形状时，按住鼠标拖动，可调整与行线相邻行的行高。

调整列宽时，将光标放置在要拖动的列线上，光标变成形状时，按住鼠标拖动，可调整与列线相邻列的列宽。

步骤2： 为输入文字美观，需调整表格对齐方式，操作方法为：单击表格左上方全选按钮，选择“表格工具”→“布局”→“对齐方式”→“水平居中”，如图1-37所示。

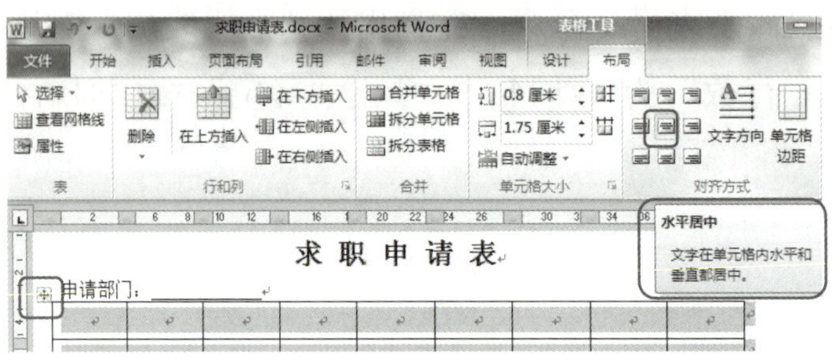

图1-37 设置表格对齐方式

步骤3： 输入文字，为了合理利用表格填写内容，需对表格中部分单元格做出合并，操作方法为：选中需合并的单元格，选择“表格工具”→“布局”→“合并单元格”，如图1-38所示，得到如图1-39所示效果。

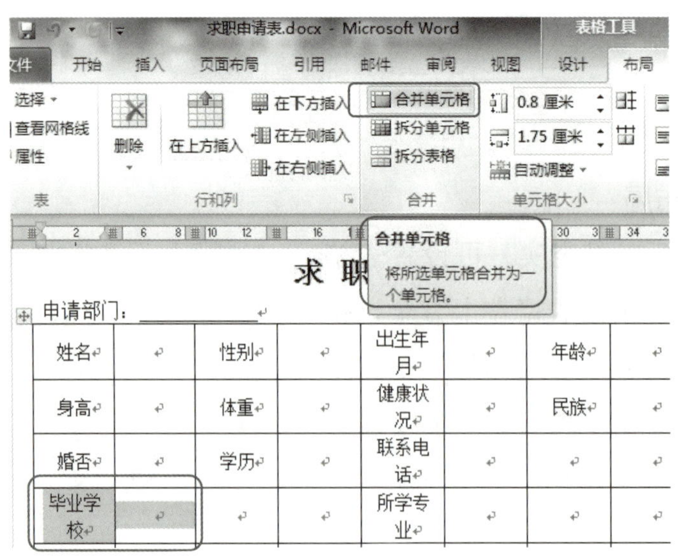

图1-38 设置合并单元格前

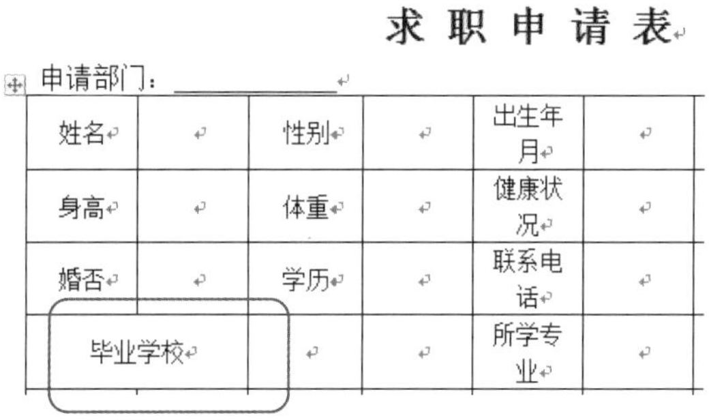

求职申请表
申请部门：
姓名
性别
出生年月
身高
体重
健康状况
婚否
学历
联系电话
毕业学校
所学专业

图1-39　设置合并单元格后

步骤4：为了合理利用表格填写内容，需对表格中部分单元格做出拆分，操作方法为：选中需拆分单元格，选择“表格工具”→“布局”→“合并”→“拆分单元格”，在弹出的“拆分单元格”对话框中设置参数为列“3”、行“1”，如图1-40所示。选中所需单元格，再次合并得最终效果，如图1-41所示。

求职申请表.docx - Microsoft Word
表格工具
开始
插入
页面布局
引用
邮件
审阅
视图
设计
布局
删除
在上方插入
在下方插入
在左侧插入
在右侧插入
合并单元格
拆分单元格
拆分表格
0.8 厘米
3.51 厘米
自动调整
行和列
合并
单元格大小
求职申请表
申请部门：
姓名
身高
婚否
毕业学校
年龄
民族
拆分单元格
列数(C)：3
行数(R)：1
拆分前合并单元格(M)
确定
取消

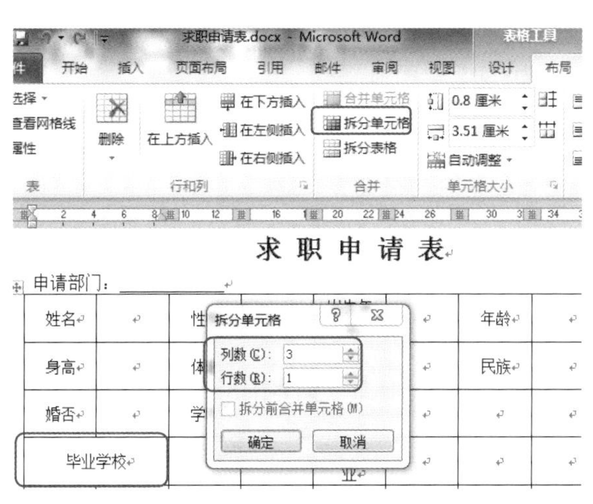

图1-40　设置拆分单元格

求职申请表
申请部门：
姓名
性别
出生年月
身高
体重
健康状况
婚否
学历
联系电话
毕业学校
所学专业

图1-41　再次合并单元格后

将剩余单元格按需要进行合并拆分，操作方法同步骤3、步骤4。

步骤5：调整文字书写方向，操作方法为：选中需调整方向单元格，单击“表格工具”→“布局”→“对齐方式”→“文字方向”，改变文字为竖排版，如图1-42所示，得到如图1-43所示效果。

用步骤5的方法设置剩余需要竖排的文字。

训练5　设置表格样式并美化

步骤1：设置表格边框，操作方法为：单击表格左上方全选按钮⊞，选择“表格工具”→“设计”→“表格样式”→“边框”→“边框和底纹”，弹出“边框和底纹”对

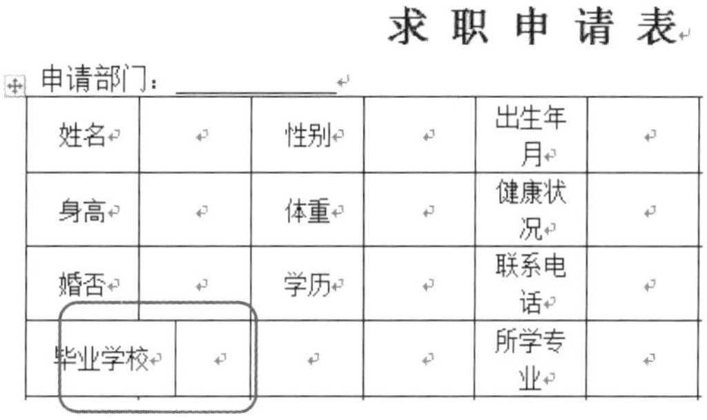

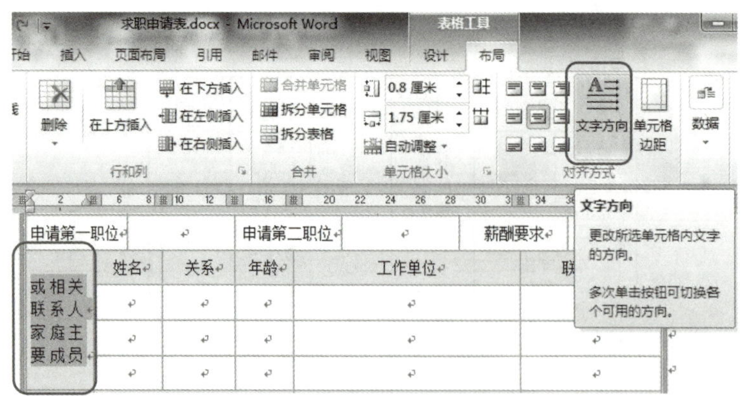

图1-42　设置文字竖排版

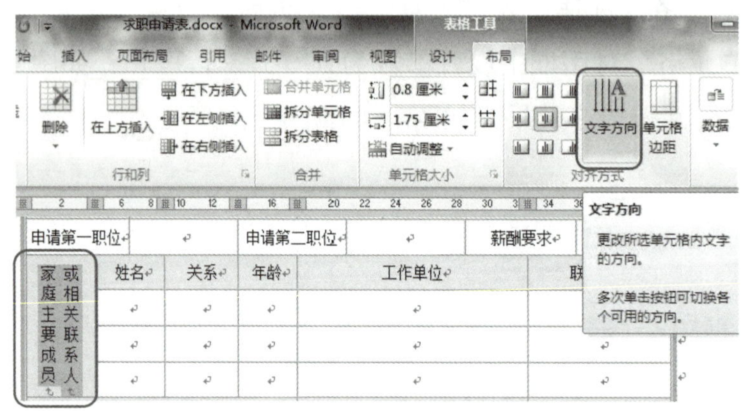

图1-43　文字竖排版后效果

话框，选择“边框”→“设置”→“自定义”，在“样式”中选择相应线条样式，单击“颜色”下拉按钮▾，在下拉菜单中选择“标准色”→“浅蓝”，“宽度”选择“3磅”为外框线，“1磅”为内框线，单击“确定”按钮即可，如图1-44所示。

步骤2：设置表格颜色，操作方法为：选中需要填充颜色的单元格，选择“表格工具”→“设计”→“表格样式”→“边框”→“边框和底纹”，弹出“边框和底纹”对话框，选择“底纹”→“填充”，单击“填充”下拉按钮▾，在下拉菜单中选择“主题颜色”→“蓝色，强调文字颜色1，淡色80%”，单击“确定”按钮即可，如图1-45所示。

按步骤1、步骤2对表格设置相应框线及单元格颜色。

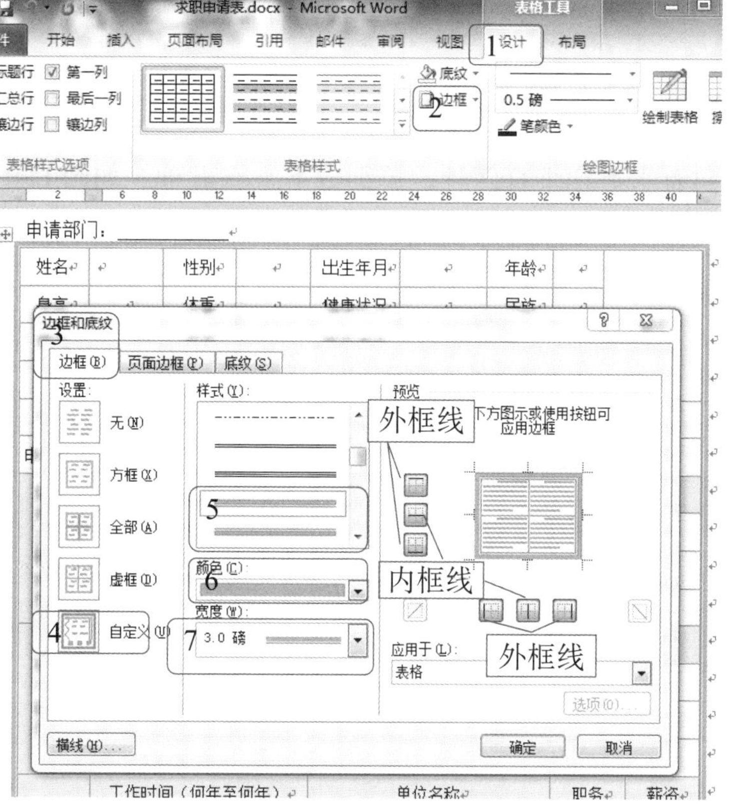

图1-44　设置表格框线

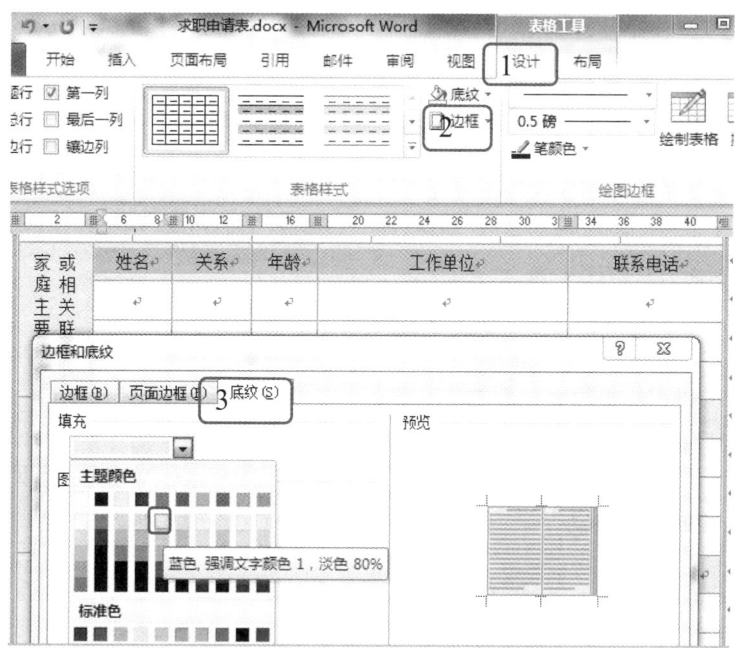

图1-45　设置单元格颜色填充

知识链接

1. 对齐方式

（1）文字方向有水平和垂直两种，单细分下来有五种，如图1–46所示。其中“方向”选项里，最上和最下一行为文字方向水平，中间三个样式为文字方向垂直，选择任一一种样式，将在右边窗口预览到其效果。

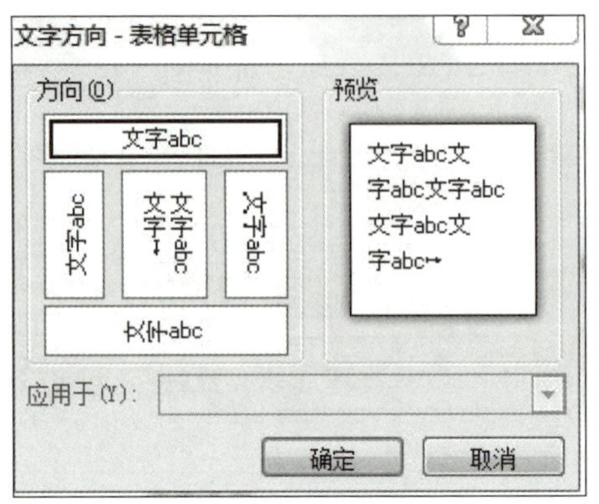

图1–46　文字方向

（2）表格中文字相对于表的对齐方式有九种。

当文字水平时，对齐方式按钮样式如图1–47所示。按从上到下、从左到右依次为：靠上两端对齐、靠上居中对齐、靠上右对齐、中部两端对齐、水平居中、中部右对齐、靠下两端对齐、靠下居中对齐、靠下右对齐。

当文字垂直时，对齐方式按钮样式如图1–48所示。按从上到下、从左到右依次为：靠左两端对齐、中部两端对齐、靠右两端对齐、中部左对齐、中部居中、中部右对齐、靠下左对齐、靠下居中、靠下右对齐。

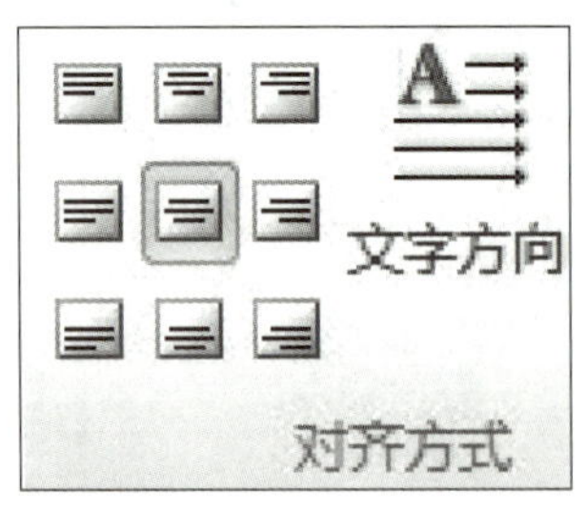

图1–47　文字水平对齐

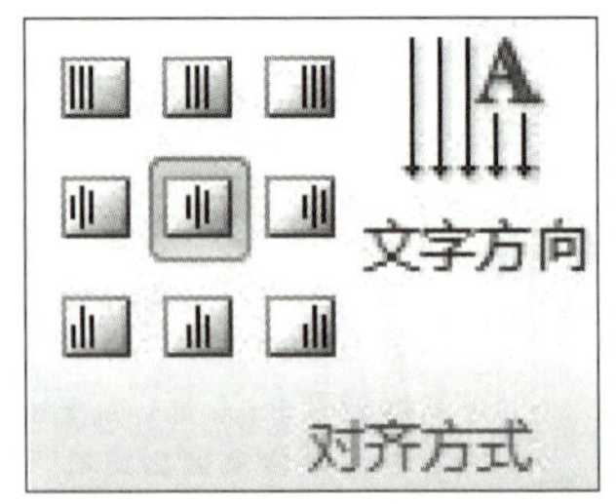

图1–48　文字垂直对齐

2. 自动套用表格样式

Word 2010中提供了许多表格样式，全选表格，选择“设计”→“表格样式”可以看到预设好的表格样式，如图1–49所示，使用这些表格样式可以快速美化表格。

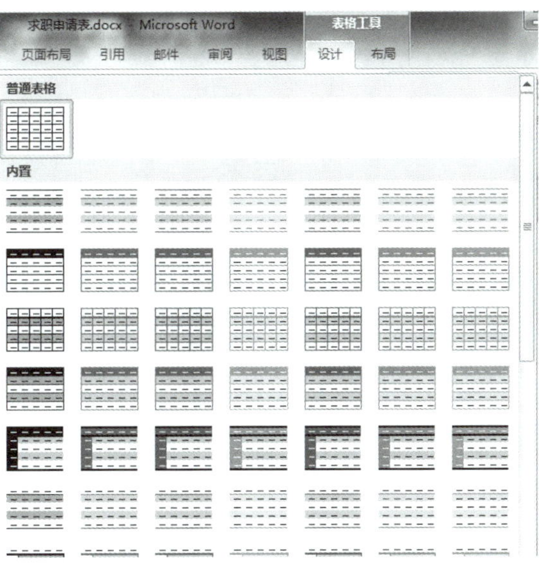

图1-49　表格预设样式

拓展训练

通过制作求职申请表，已经对Word制作表格的操作比较熟练，下面就来挑战一下，对照样表要求，制作一份“公司考核表”文档。样表如图1-50所示。

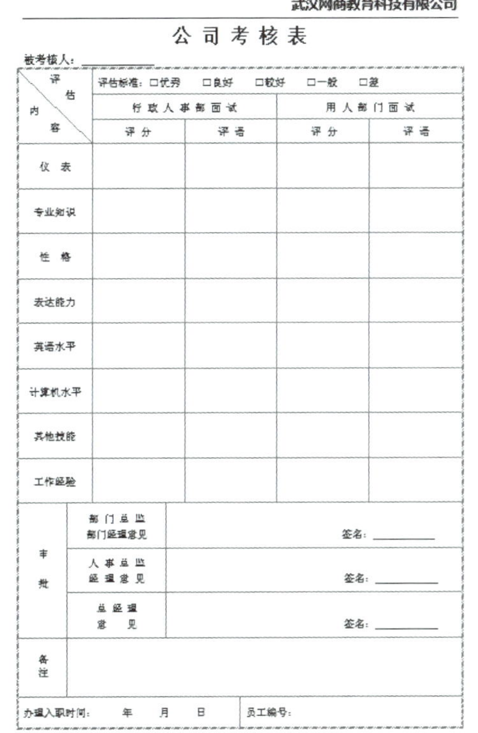

武汉网商教育科技有限公司

公 司 考 核 表

被考核人：________

评估 / 内容	评估标准：□优秀　□良好　□较好　□一般　□差			
	行政人事部面试		用人部门面试	
	评分	评语	评分	评语
仪表				
专业知识				
性格				
表达能力				
英语水平				
计算机水平				
其他技能				
工作经验				
审批	部门总监 部门经理意见	签名：________		
	人事总监 经理意见	签名：________		
	总经理 意见	签名：________		
备注				
办理入职时间：　年　月　日		员工编号：		

图1-50　“公司考核表”样表

制作要求：

（1）新建一个Word文档。

（2）把页面设置为“A4”。

（3）对照样表，设置页眉页脚，页眉文字为“微软雅黑”，大小为“四号”，文字颜色为标准色“红色”，效果为“加粗”。

（4）设置标题文字为“宋体”，大小为“小二号”，效果为“加粗”，正文文字为默认“宋体”，大小为“五号”。

（5）对照样表设置表格，表格中文字为默认“宋体”“五号”。

（6）绘制斜线表头，如图1-51所示。操作为：单击选择表头单元格，选择“表格工具”→“设计”→“绘制表格”，光标此时变

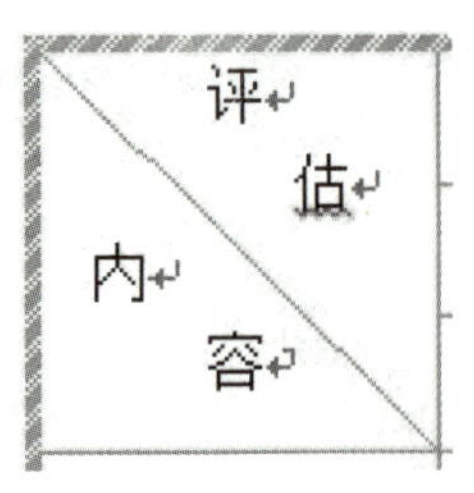

图1-51　斜线表头

为✐状，从单元格左上角往右下角拉出一条斜线，之后再次单击“绘制表格”按钮，取消表格线绘制，输入文字即可。

小技巧

斜线表头绘制

Word 2010中取消了之前版本里的“绘制斜线表头”工具，改为手动绘制表头线。除了上面描述的表头线绘制方法以外，斜线表头的绘制方法还有如下两种：

1. 绘制一条斜线表头

把光标停留在需要斜线的单元格中，然后单击上方的“设计”→“边框”→“斜下框线”，绘制斜线表头，然后，一次输入表头的文字，通过空格键和回车键调整到适当的位置。

2. 绘制两条、多条斜线的表头

（1）绘制多条斜线，就不能直接插入，只能手动绘制，单击导航选项卡的“插入”→“形状”→“斜线”，然后，直接到表头上绘制，根据需要，画相应的斜线即可，如图（a）所示。

（2）若绘画的斜线颜色与表格不一致，则需要调整一下斜线的颜色，保证一致协调，选择刚画的斜线，单击上方的“格式”→“形状轮廓”选择需要的颜色，如图（b）所示。

（3）画好后，依次输入相应的表头文字，通过空格键与回车键调整到合适的位置，如图（c）所示。

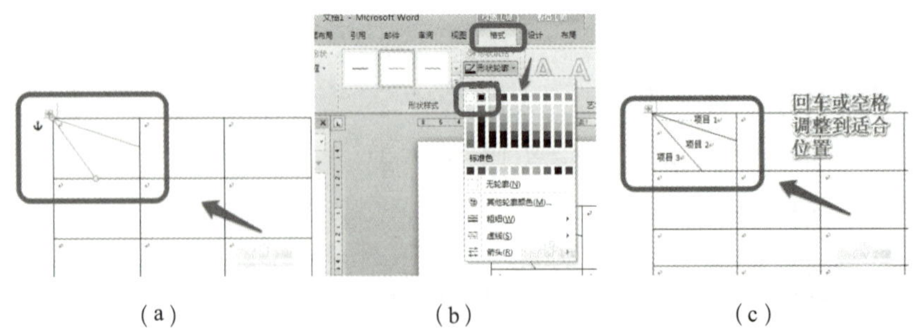

（a）　　（b）　　（c）

（7）设置表格边框，操作方法为：全选表格，选择“表格工具”→“设计”→“表格样式”→“边框”→“边框和底纹”，在弹出的“边框和底纹”对话框中选择“边框”→“设置”→“自定义”，在“样式”中选择相应线条样式“样式20”，单击“颜色”下拉按钮，在下拉菜单中选择“标准色”→“橙色，强调文字颜色6”，“宽度”选择“3磅”为外框线，“1磅”为内框线，单击“确定”按钮即可。

（8）保存文件，文件名为“公司考核表”。

任务评价

考核项目	考核标准	分值	自评分	小组评分	综合得分
页面设置	自定义页边距	5			
页眉页脚的设置	正确设置页眉页脚	10			
	快速设置页眉页脚风格	10			
新建表格	用“插入表格”菜单新建表格	10			
	用“绘制表格”的方法新建表格	5			
调整表格布局	能正确使用不同方法调整行高和列宽	10			
	使用工具按钮调整文字对齐方式	10			
	能熟练运用“合并”和“拆分”单元格	10			
	合理设置文字方向	5			
设置表格样式及美化	设置表格边框的框线样式和颜色	10			
	设置单元格底纹颜色	10			
	会合理应用预设表格样式	5			
总分		100			
努力方向：		建议：			

任务4 制作员工生日贺卡

任务目标

通过本任务的学习，你将学会如下操作方法：

1. 设置贺卡页面格式
2. 设置图片制作贺卡封面和封底
3. 设置艺术字
4. 设置页面边框
5. 设置保存和打印文档

任务情境

本着以人为本、创建和谐企业的理念，武汉网商教育科技有限公司工会登记了每一位员工的生日，制作了员工生日贺卡。贺卡正面是中英文“生日快乐”和“Happy birthday”，背面是“一份惦念、一份真情，送上我们对您生日的美好祝愿，感谢您为企业做出的贡献，愿您拥有365个美好的一天，衷心地祝福您——生日快乐！”和公司名称。在每位员工生日之际，公司的小小贺卡将会准时送到员工手中，让每一位员工充分体会到大家庭的温暖，如图1-52所示。

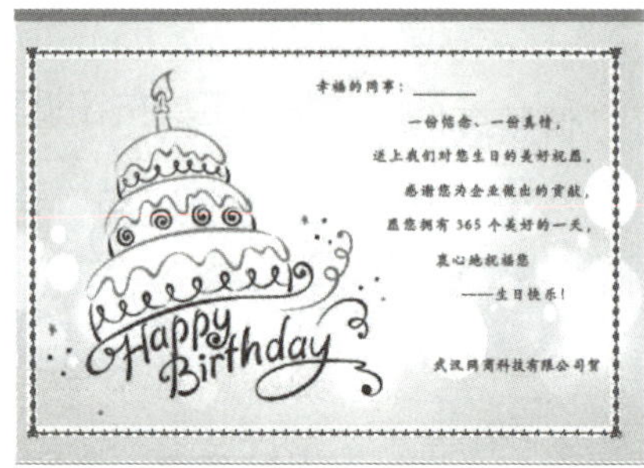

图1-52 “员工生日贺卡”样稿

任务解析

制作生日贺卡时，首先要新建文档，贺卡的尺寸大小有很多，为了能打印成纸质贺卡，设置为打印机可打印大小，本次任务制作的为普通单张横版贺卡，所以应设置文档的纸张大小，然后插入相应图片、背景，设置艺术字，输入祝福语，调整好图片文字格式后，保存贺卡，最后进行打印。

实践操作

训练1　设置贺卡页面

步骤1：启动Word 2010，选择“文件”→“新建”命令，在弹出的“新建文档”对话框“模板”栏中保持默认选择“空白文档”选项，然后单击“创建”按钮，即新建一个空白文档。

步骤2：本次制作的为单张横版贺卡，尺寸为21 cm×14 cm，制作前需要进行页面设置，页面设置方法为：选择“页面布局”→“纸张大小”→“其他页面大小”选项，在弹出的“页面设置”对话框中，选择“纸张”选项卡，设置“纸张大小”→“宽度：21厘米”“高度：14厘米”，如图1-53所示。接下来，选择“页边距”选项卡，设置“页边距”中“上、下、左、右”各“1.5厘米”，设置“纸张方向”为“横向”，如图1-54所示，设置完毕后单击“确定”按钮。

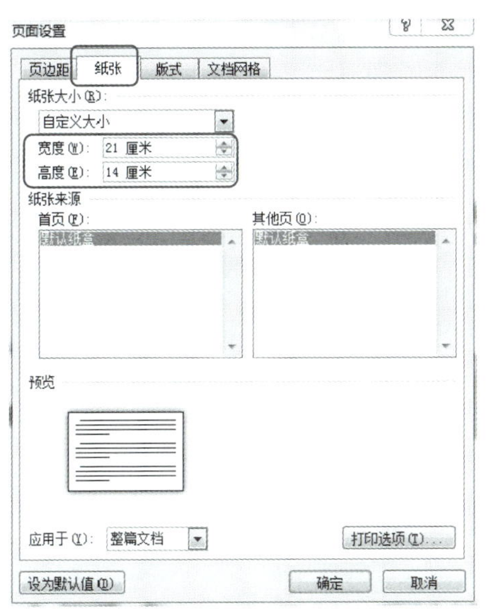

图1-53　设置纸张大小

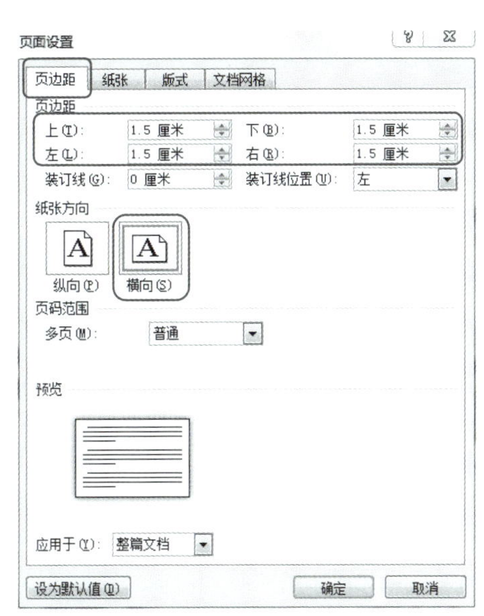

图1-54　设置页边距和纸张方向

训练2　设置制作贺卡封面和封底

如果你想简单地做一个贺卡，可以网上搜索贺卡的主题，如员工生日贺卡，选择合适的图片，存入计算机中。

步骤1：给贺卡封面插入图片，设置方法为：将光标定位到文档中，选择“插入”→“插图”→“图片”，弹出“插入图片”对话框，找到存放下载图片的位置，单击选中要插入的图片“礼物.jpg”，单击“插入”按钮后，图片插入到编辑区域，如图1-55所示。

步骤2： 调整图片格式，设置方法为：选择新插入的图片“礼物.jpg”，选择“图片工具”→“格式”→“颜色”→“设置透明色”，鼠标变成 ，此时单击图片“礼物.jpg”，去除白色背景，如图1-56所示。接下来，拖动图片到编辑区底部中间位置即可。

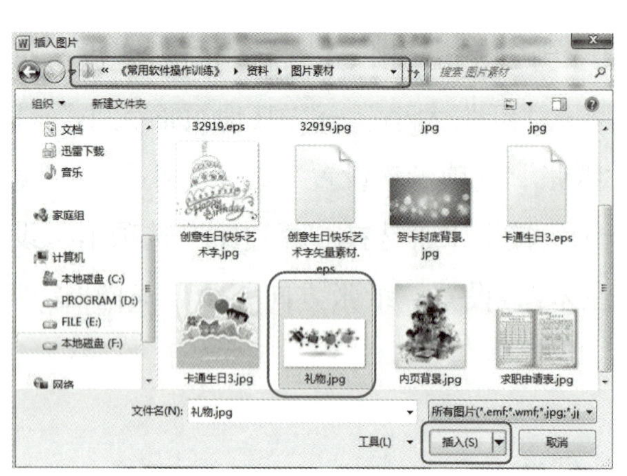

图1-55　给贺卡封面插图

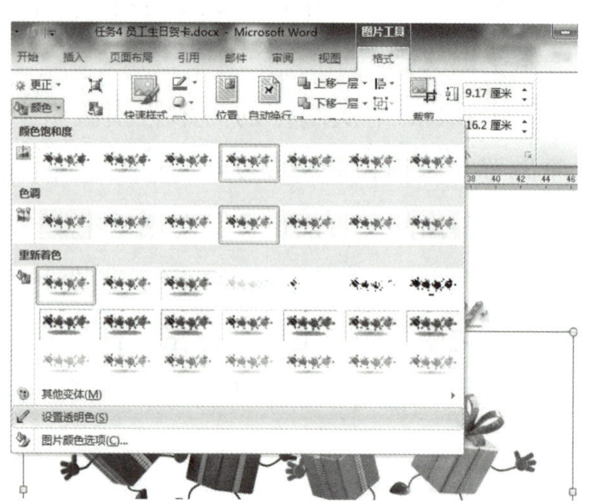

图1-56　设置图片格式

小技巧

快速恢复原图片

Word 2010提供了对图片的很多修饰功能，如【删除背景】、【更正】、【颜色】、【艺术效果】、【压缩图片】、【更改图片】等，在制作图片效果的过程中，如觉得设计得不好看，除了用撤销功能一步步返回到原图，还可通过【图片工具】/【格式】/【调整】/【重设图片】，快速恢复到原始图片。

步骤3： 以插入艺术字形式输入贺卡主题，设置方法为：在编辑区输入贺卡主题“Happy birthday”，“字体”设为 ，“字号”为“初号”，选择“开始”→“段落”中 ，“字符缩放”设为“200%”；选中“Happy”，选择“插入”→“艺术字”，在其预设中任选一个样式；接着选择刚设好艺术字的“Happy”，在新增的“绘图工具”选项卡中选择“格式”→“艺术字样式”→“文本填充”→“渐变”→“其他渐变”，打开“设置文本效果格式”对话框，选择“文本填充”→“渐变填充”→“预设颜色”中选择第2行第1列“漫漫黄沙”，如图1-57所示，“方向”选择“线性对角－右下到左上”，同上步骤设置“birthday”艺术字效果，只需将最后“方向”选择“线性对角－左上到右下”，调整两个设置好的艺术字的位置，即得到样图效果。

步骤4： 将“生日快乐”设置“字体”为“华文琥珀”，“字号”为“一号”，效果设置为“加粗”。选择“插入”→“艺术字”，在其预设中选“填充－橙色，强调文字颜色6，暖色粗糙棱台”；接着选中刚设好艺术字的“生日快乐”，在新增的“绘图工具”选项卡中选择“格式”→“艺术字样式”→“文本效果”→“转换”→“弯曲”→第5行第3列“双波形1” abcde ，然后选择“格式”→“艺术字样式”→“文本效果”→“棱台”/第2行第1列“角度”，效果如图1-58所示。

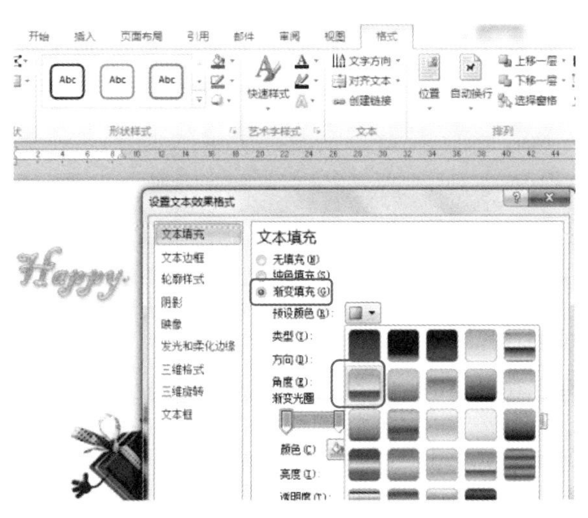

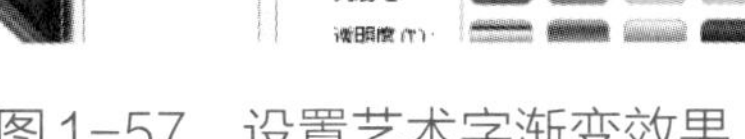

图1-57 设置艺术字渐变效果

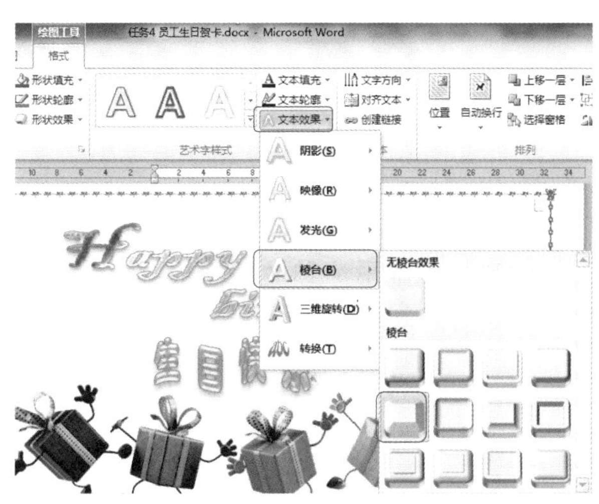

图1-58 设置艺术字效果

添加好贺卡封面上所有内容后，调整图片和文字的位置和大小，使整个画面协调美观。

步骤5：给贺卡封底插入背景图片，设置方法为：将光标定位到文档第2页中，单击菜单选项卡“插入”→“插图”→“图片”，弹出“插入图片”对话框，找到存放下载图片的位置，单击选中要插入的图片“贺卡封底背景.jpg”，单击“插入”后，图片插入到编辑区域。在图片选定状态下，选择“图片”→“格式”→“排列”→“位置”→“其他布局选项”，在弹出的“布局”对话框中选择“文字环绕”选项卡，将图片“环绕方式”设置为“衬于文字下方”，如图1-59所示。再选择“布局”对话框中“大小”选项卡，将 ☑锁定纵横比(A) 前面的☑去掉，并设置“高度”→“绝对值：14厘米”，“宽度”→“绝对值：21厘米”，单击“确定”按钮，使图片覆盖整个第2页文档，如图1-60所示。

步骤6：设置背景图片冲蚀，设置方法为：单击背景图片，选择“图片工具”→“格式”→“颜色”→“重新着色”→“冲蚀”。

步骤7：按照训练2中步骤1，为贺卡封底插入图片“创意生日快乐.jpg”，并输入祝福语及公司名称，文字格式为“华文楷体”“四号”“加粗”“橙色，强调文字颜色

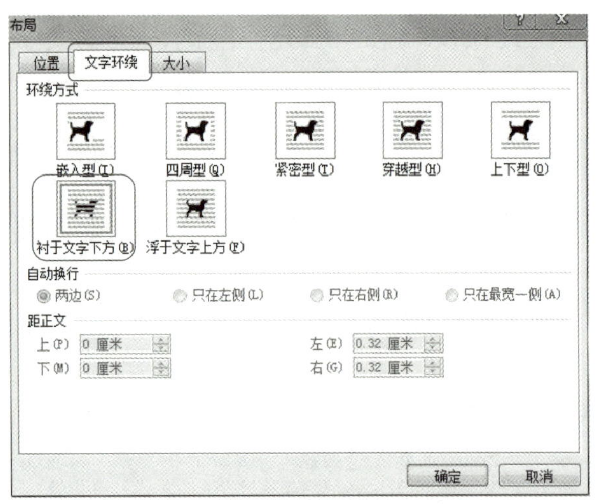

图1-59　设置文字环绕方式

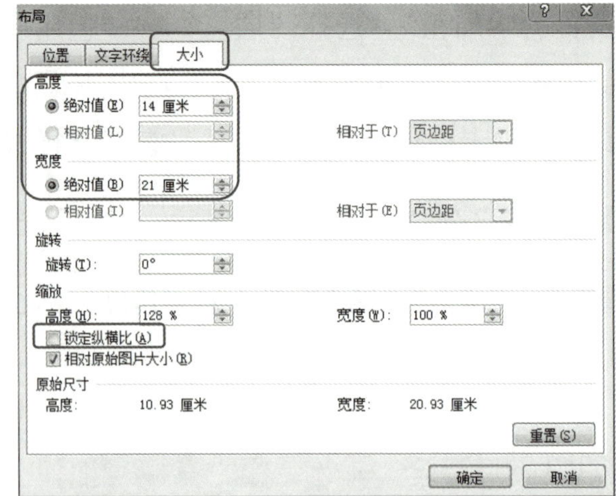

图1-60　设置背景图片大小

6”，调整封底上图片和文字的位置，使之协调。

步骤8：设置页面边框，设置方法为：将光标定位在第1页上，选择“页面布局”→“页面背景”→“页面边框”，在弹出的“边框和底纹”对话框中选择“页面边框”选项卡，参数设置如图1-61和图1-62所示。

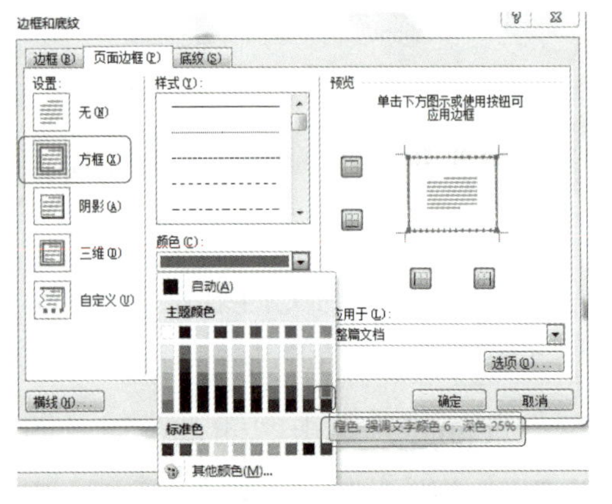

图1-61　设置页面边框颜色

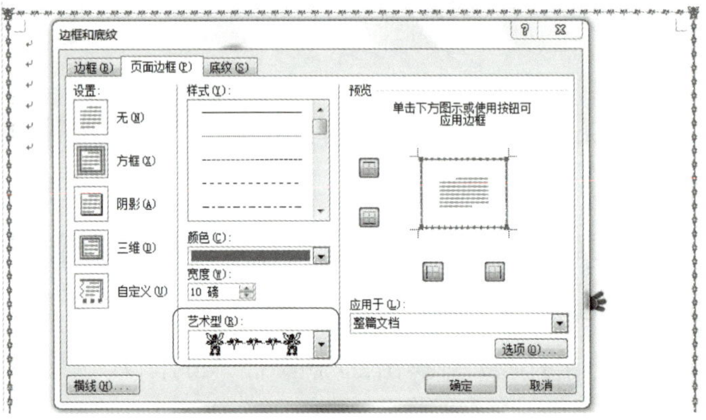

图1-62　设置页面边框艺术型

小技巧

快速制作贺卡

Word 2010提供了许多模板，如贺卡模板，可通过“文件”→“新建”→“Office.com模板”→“贺卡”→“场合与事件”，选择“生日卡”模板即可以快速生成一张图文并茂的贺卡，此时只要输入相应的祝福语，打印或者发电子邮件贺卡即可。

训练3　保存并打印贺卡文档

步骤1： 编辑完成的“员工生日贺卡”文档应该进行保存，操作方法为：选择“文件”→“保存”命令，在文件名文本框中输入“员工生日贺卡”，单击“保存”按钮。

步骤2： 返回Word工作界面可以看到标题栏中文档名称已改为“员工生日贺卡”。

步骤3： 单张贺卡如需打印，操作方法为：选择“文件”→“打印”命令，设置打印界面，如图1-63所示。

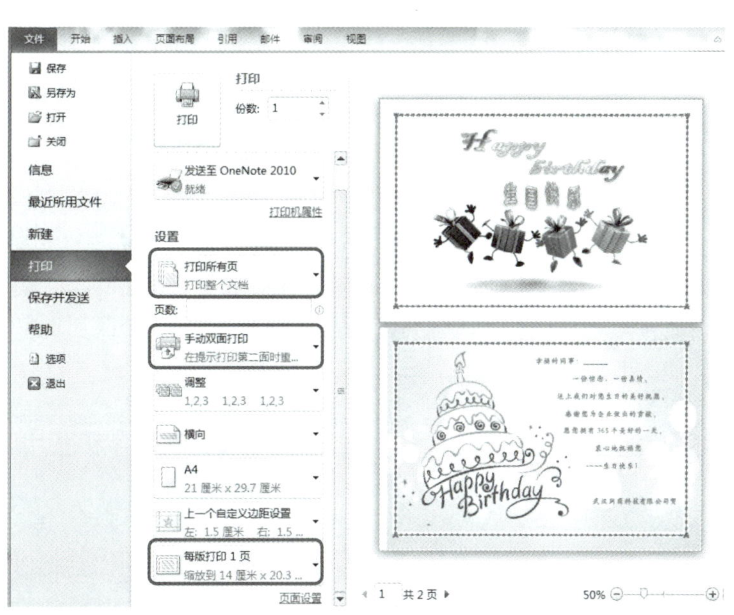

图1-63　设置打印界面

知识链接

1. 艺术字样式

（1）快速样式　快速样式即快速建立艺术字样式，Word 2010中提供了30种预设样式。

（2）文本填充和文本轮廓　在艺术字状态下，文字被分为两部分，由外部框线和内里填充组成，默认普通文字是不可以拆分为两部分的，因此，字体颜色的设置应有所区别。

（3）文本效果　文本效果包括阴影、映像、发光、棱台、三维旋转、转换六大效果，这六大效果又分别细分出许多效果，使艺术字变幻出各种形态。

2. 艺术字和图片的布局

（1）位置　“位置”中分为“嵌入文本行中”，此种状态下不可以随意调动艺术字和图片位置；“文字环绕”中包含如图1-64所示9种位置。

（2）文字环绕方式 Word中无论何种版本一直预设有7种环绕方式，设置之后的效果如图1-65所示。

图1-64 设置艺术字和图片位置

图1-65 设置艺术字和图片环绕方式

拓展训练

通过员工生日贺卡，我们已经对Word的图文混排操作比较熟练，现公司需要到学校招聘一批新员工，下面我们就来挑战一下，对照样文要求，制作一份“校园招聘海报”文档。样文如图1-66所示。

制作要求：

（1）新建一个Word文档。

（2）把页面设置为“宽19厘米，高25厘米”，上、下、左、右的页边距分别为“1厘米”。

（3）设置海报背景，将“校园海报招聘背景.jpg”插入到编辑区，设置环绕方式为“衬于文字下方”，图片大小设置同页面参数。

（4）插入艺术字“聘.jpg”的图片，设置图

图1-66 “校园招聘海报”样文

片“背景透明色”，环绕方式为“紧密型环绕”，调整图片大小和位置如样图。

（5）对照样文，输入公司名称为艺术字，设置文本效果为“转换”→“下弯弧”，旋转其方向并调整合适大小，如图1-66所示。

（6）运用横排文本框和竖排文本框，输入剩余文字，设置为“微软雅黑”，将文本框框线去掉，调整文字位置和字的大小。

（7）保存文件，文件名为“校园招聘海报”。

任务评价

考核项目	考核标准	分值	自评分	小组评分	综合得分
页面设置	页面布局的纸张大小的调整	5			
插入图片	设置合理的环绕方式	10			
	学会用不同方法调整图片大小	5			
	运用图片工具设置图片效果	15			
	多图层的设置	10			
插入艺术字	运用工具栏设置艺术字效果	10			
	设置合理的环绕方式	10			
页面边框	设置美观大方的页面边框	10			
模板的使用	运用模板快速新建所需文档	10			
保存文档	正确保存文档	5			
打印文档	使用“打印”命令打印文档，特别是“页面范围”“打印机”“副本份数”等参数的设置使用	10			
总分		100			
努力方向：		建议：			

任务5 制作信封与信函

任务目标

通过本任务的学习，你将学会如下操作方法：

1. 设置邮件合并所需的主文档（信函）
2. 设置邮件合并所需的数据源（信封和信函的联系人信息）
3. 设置数据源合并到主文档中
4. 设置信封尺寸

任务情境

为促进网络零售的进一步发展，武汉网商教育科技有限公司决定召开网络零售人才培养峰会。为能更好地做好本次大会的准备工作，特向相关合作单位的代表发出邀请，同时要求办公室王秘书拟制一份“淘宝网络零售人才培养华中峰会邀请函”，如图1–67所示。

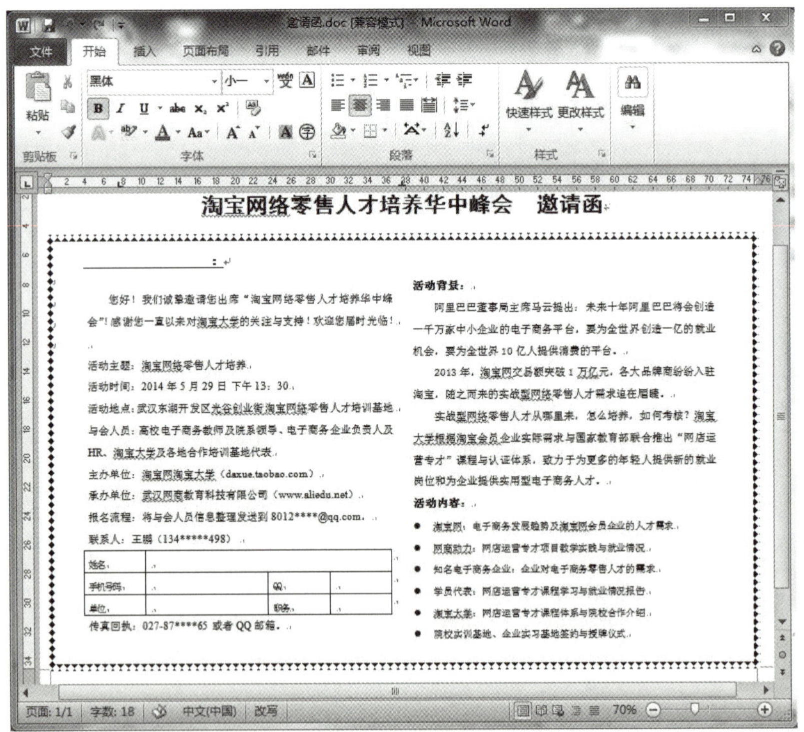

淘宝网络零售人才培养华中峰会　邀请函

______：

您好！我们诚挚邀请您出席“淘宝网络零售人才培养华中峰会”！感谢您一直以来对淘宝大学的关注与支持！欢迎您届时光临！

活动主题：淘宝网络零售人才培养

活动时间：2014年5月29日 下午13：30

活动地点：武汉东湖开发区光谷创业街淘宝网络零售人才培训基地

与会人员：高校电子商务教师及院系领导、电子商务企业负责人及HR、淘宝大学及各地合作培训基地代表

主办单位：淘宝网淘宝大学（daxue.taobao.com）

承办单位：武汉网商教育科技有限公司（www.aliedu.net）

报名流程：将与会人员信息整理发送到8012****@qq.com。

联系人：王鹏（134*****498）

姓名			
手机号码		QQ	
单位		职务	

传真回执：027-87****65 或者 QQ 邮箱。

活动背景：

阿里巴巴董事局主席马云提出：未来十年阿里巴巴将会创造一千万家中小企业的电子商务平台，要为全世界创造一亿的就业机会，要为全世界10亿人提供消费的平台。

2013年，淘宝网交易额突破1万亿元，各大品牌商纷纷入驻淘宝，随之而来的实战型网络零售人才需求迫在眉睫。

实战型网络零售人才从哪里来，怎么培养，如何考核？淘宝大学根据淘宝会员企业实际需求与国家教育部联合推出“网店运营专才”课程与认证体系，致力于为更多的年轻人提供新的就业岗位和为企业提供实用型电子商务人才。

活动内容：

- 淘宝网：电子商务发展趋势及淘宝网会员企业的人才需求
- 网商助力：网店运营专才项目教学实践与就业情况
- 知名电子商务企业：企业对电子商务零售人才的需求
- 学员代表：网店运营专才课程学习与就业情况报告
- 淘宝大学：网店运营专才课程体系与院校合作介绍
- 院校实训基地、企业实习基地签约与授牌仪式

图1–67　“淘宝网络零售人才培养华中峰会邀请函”样文

任务解析

制作公司邀请函时，首先需要制作出主文档（邀请函内容），以公司名义发出的邀请函通常按照A4纸张进行排版打印，所以应设置文档的纸张大小，然后输入具体的信函内容，内容输入完毕后，选择预先准备好的邀请人员资料作为数据源，将数据源合并到主文档，最后保存文档，并进行打印。

实践操作

训练1 新建主文档

“主文档”就是邮件中固定不变的主体内容，比如信函中的对每个收信人都不变的内容，信封中的落款等。使用邮件合并之前先建立主文档，是一个很好的习惯。

步骤1：用“新建”命令创建：选择“文件”→“新建”命令，在弹出的“新建文档”对话框的“模板”栏中保持默认选择“空白文档”选项，然后单击“创建”按钮，即创建出一个空白“文档1”。

步骤2：信函通常按照A4纸张进行排版打印，通常在输入文本之前需要进行纸张大小设置，纸张大小设置方法为：选择“页面布局”→“纸张大小”→“A4”选项。

步骤3：本案例中，邀请函为横版式，需调整纸张方向，纸张方向设置方法为：选择“页面布局”→“纸张方向”→“横向”选项，如图1-68所示。

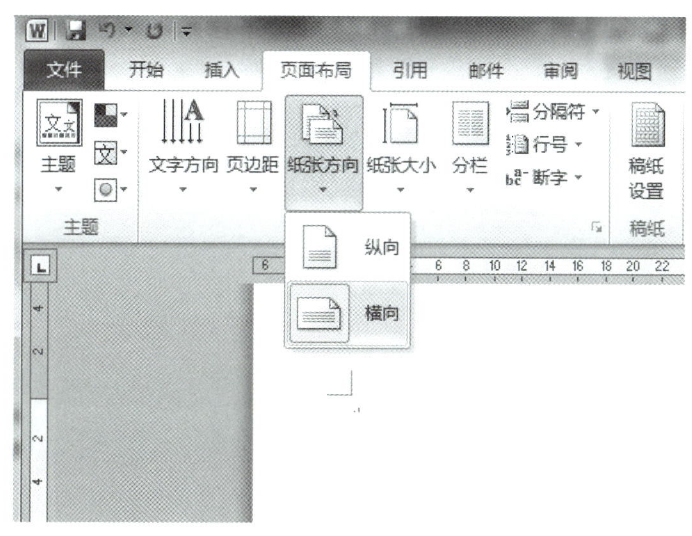

图1-68 设置纸张方向

步骤4：在空白编辑区输入邀请函文本，在本案例中，文本的排版使用文本框。输入完邀请函标题后换行，选择“插入”→“文本框”→“绘制文本框”选项，在空白区左、右分别绘制一个文本框，并在文本框光标处输入文本，如图1–69和图1–70所示。

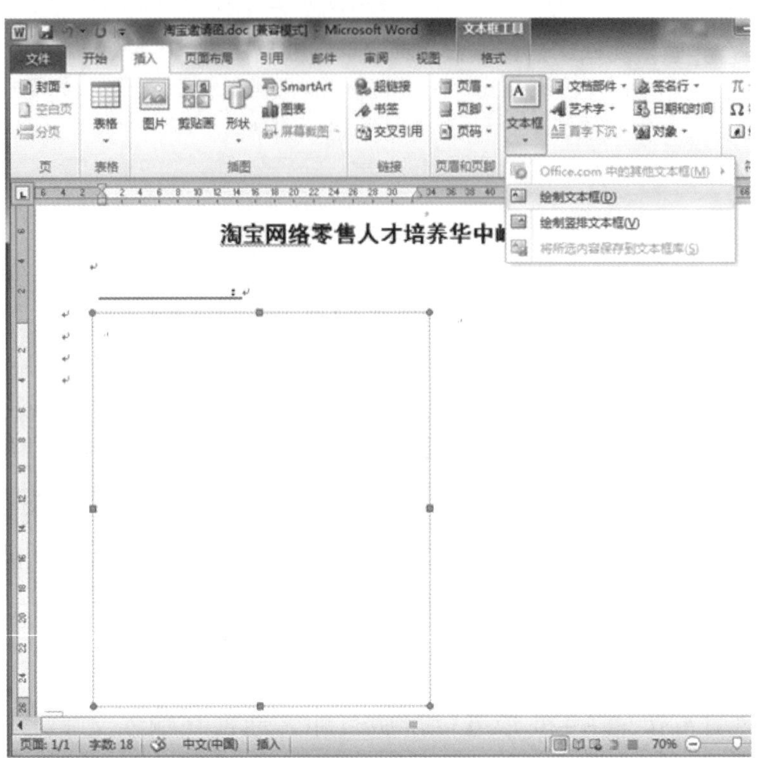

图1–69　设置文本框

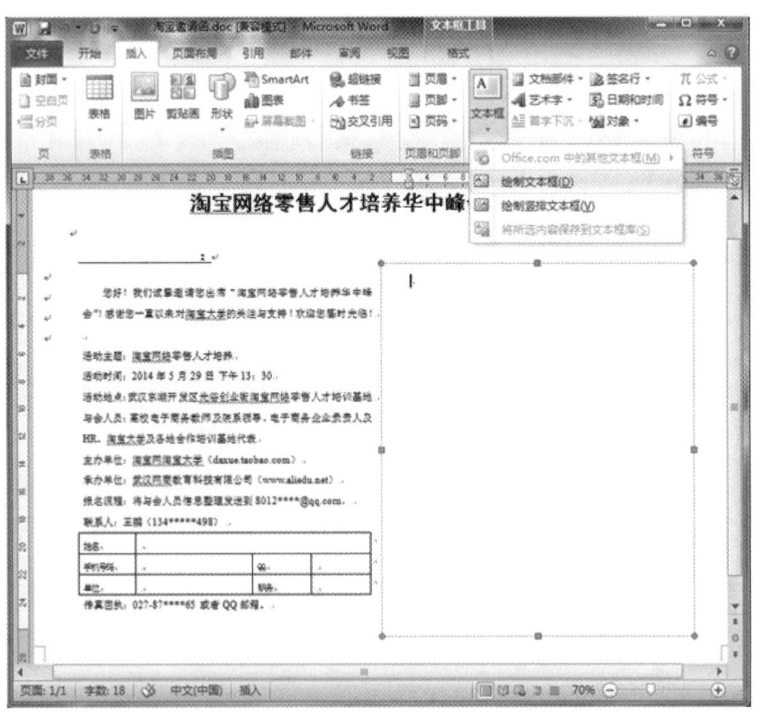

图1–70　在文本框中输入文本

步骤5： 给邀请函设置边框。选择“插入”→“形状”→“矩形”，矩形大小以刚好囊括标题以外的所有内容为准，如需调整邀请函边框，可通过边框上的节点调整边框大小，如图1-71所示。单击矩形，选择“绘图工具”→“格式”→“形状样式”→“形状填充”→“主题颜色”→“无填充颜色”，如图1-72所示，边框设置完毕。

小技巧

步骤4也可在输入完文本后，通过“页面布局”→“分栏”→“两栏”来设置。

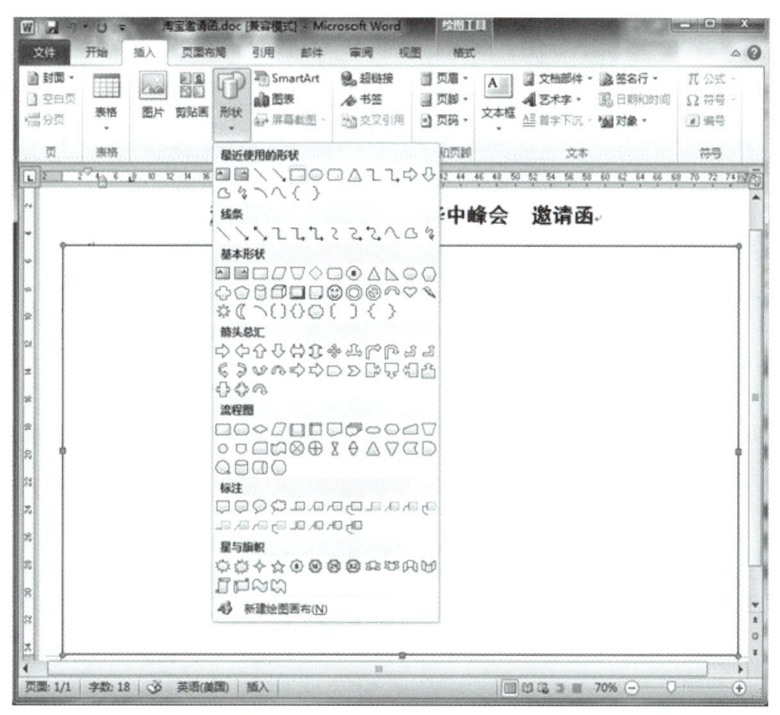

图1-71 设置邀请函边框

步骤6： 美化邀请函边框。单击选择邀请函边框，选择“绘图工具”→“格式”→“形状样式”→“形状轮廓”→“图案”，如图1-73所示。在弹出的“带图案线条”对话框中，选择“图案”中右下角“实心菱形”图案样式，并选择“绘图工具”→“格式”→“形状样式”→“形状轮廓”→“粗细”→“6磅”，最终效果如图1-74所示，邀请函设置完毕。

训练2 准备数据源

数据源就是含有标题行的数据记录表，其中包含着相关的字段和记录内容。数据源表格可以是Word、Excel、Access或Outlook中的联系人记录表。

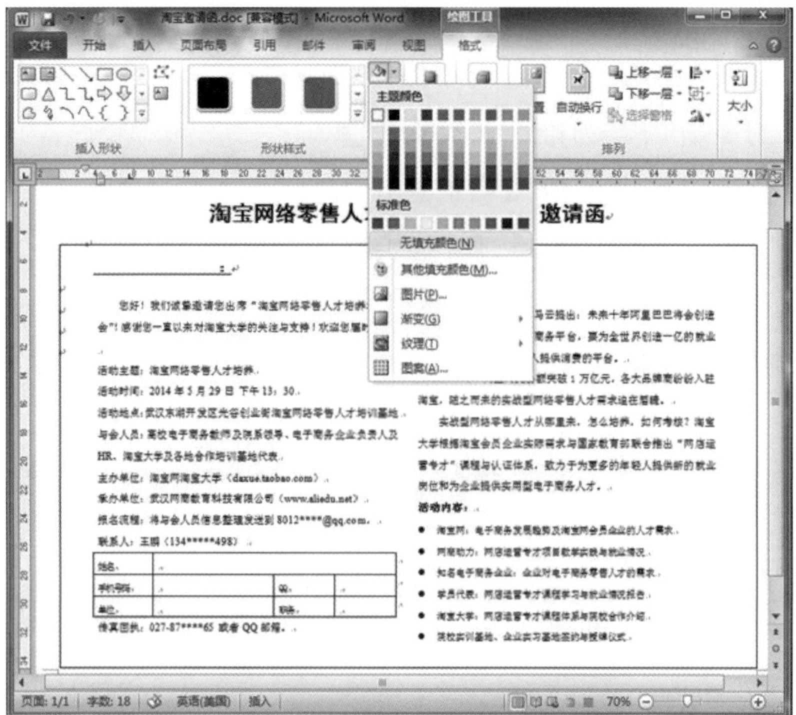

图1-72　美化邀请函边框-去填充色

图1-73　美化邀请函边框

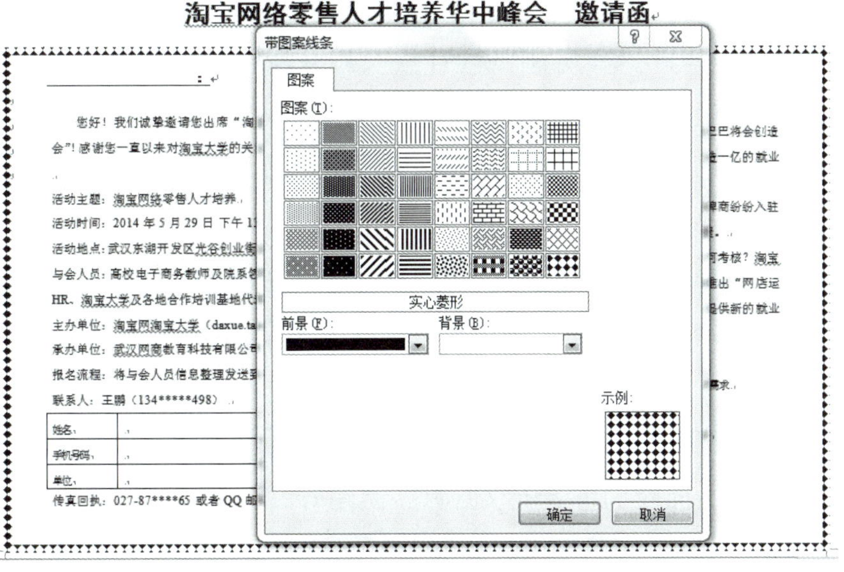

图1-74　美化邀请函边框最终效果

在实际工作中，数据源通常是内置的。在本案例中，王秘书要制作大量客户信函，客户信息可能早已被客户经理做成了Excel表格，其中含有制作信封需要的“姓名”“地址”“邮编”等字段。此时，只需直接使用，而不必重新制作。

因此，在准备自己建立数据源之前要先查看是否有现成的数据源可用。如果没有现成的，则要根据主文档对数据源的要求重新建立，常常使用Excel制作，如图1-75所示。

序号	姓名	手机号码	QQ	单位	职务	地址
1	赵继宏	13706511868		武汉老板实业集团有限公司	董事、副总	武汉市青山区和平大道981号
2	郭嵩	13616525666		武汉天成项目管理有限公司	总经理	武汉市洪山区友谊大道31号
3	易秀成	13705718989		武汉易龙防雷科技有限公司	总经理	武汉市武昌区东湖路90号
4	汪建龙	13868018187	407300116	武汉市经济技术合作办公室	副调研员	武汉市武昌区东一路11号
5	汪友福	13857148507	59567174	武汉市经济技术开发区管委会办公室	办公室主任	武汉经济开发区
6	吴琦婧	13241899023	97626742	东盟电子学校	电商教师	武汉市青山区工业一路
7	李智英	13878300513	124980297	湖北城市职业学校	教务主任	武汉市武昌区光谷大道
8	林芬	13600667975	6277223174	兰亭技术学校	教师	武汉市武昌区水果湖横路2号
9	范逸成	13738307742	51420947	深圳赛格培训中心	校长	深圳市华强北路赛格科技园四栋西11楼
10	黄秀伟	15968756209	191052150	武汉城市职业学院	教师	武汉市洪山区南李路83号

图1-75　通讯录

训练3　把数据源合并到主文档中

Word 2002以上的版本中新增了“邮件合并”任务窗格式的“邮件合并向导”，整个合并操作过程将利用“邮件合并向导”进行，这使“邮件合并”操作更加方便和容易。

步骤1： 启动Word 2010，打开邮件合并主体“邀请函（主文档）”，接下来的任务就把数据源中的“客户姓名”字段合并到主文档中。

步骤2： 选择“邮件”→“开始邮件合并”→“邮件合并分步向导”选项，然后单击“邮件合并分步向导”，文档右边出现“邮件合并”任务窗格。

步骤3： 在“邮件合并”任务窗格中看到“邮件合并向导”的第1步：“选择文档类型”，用默认的选项“信函”即可，如图1-76所示。

步骤4： 单击任务窗格下方的“下一步：正在启动文档”，进入“邮件合并向导”第2步：“选择开始文档”。由于当前的文档就是主文档，因此仍用默认选择：“使用当前文档”。

步骤5： 单击任务窗格下方的“下一步：选取收件人”，进入“邮件合并向导”第3步：“选择收件人”。由前面训练2知数据源已创建好，因此单击“使用现有列表”区的“浏览”链接（图1-77），打开“选取数据源”对话框。如果你还没创建数据源，则可以选择“键入新列表”单选按钮，然后单击“键入新列表”下方的“创建”链接，在弹出的“新建地址列表”对话框中进行创建。

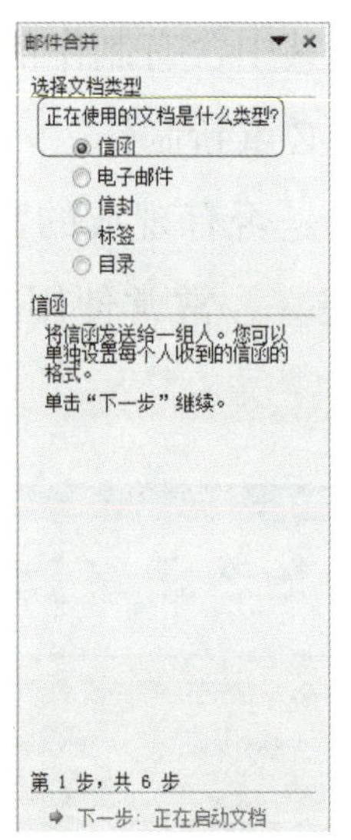

图1-76　选择文档类型

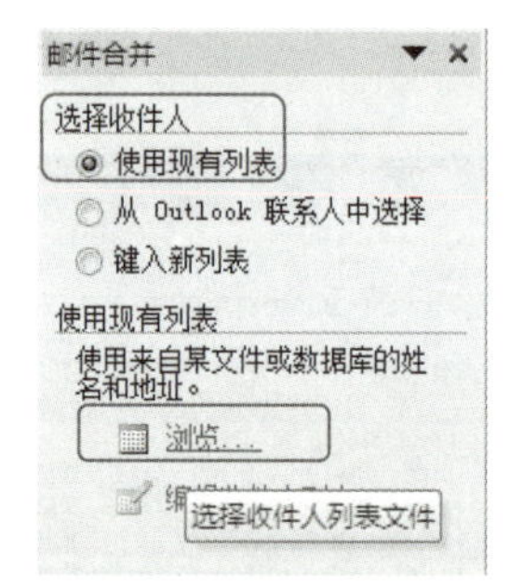

图1-77　选择收件人

步骤6： 通过该对话框定位到“信函和信封（数据源）”案例文件的存放位置，选中它后单击“打开”按钮。由于该数据源是一个Excel格式的文件，在弹出“选择表格”对话框中将数据存放在Sheet1工作表中。选中Sheet1，单击“确定”按钮，如图1-78所示。

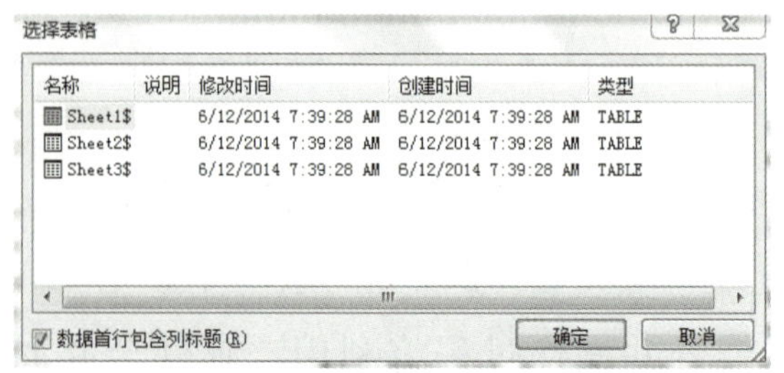

图1-78　选择数据源

步骤7：接着弹出“邮件合并收件人”对话框，可以在这里选择哪些记录要合并到主文档，默认状态是全选。这里保持默认状态，单击“确定”按钮，如图1-79所示，返回Word编辑窗口。

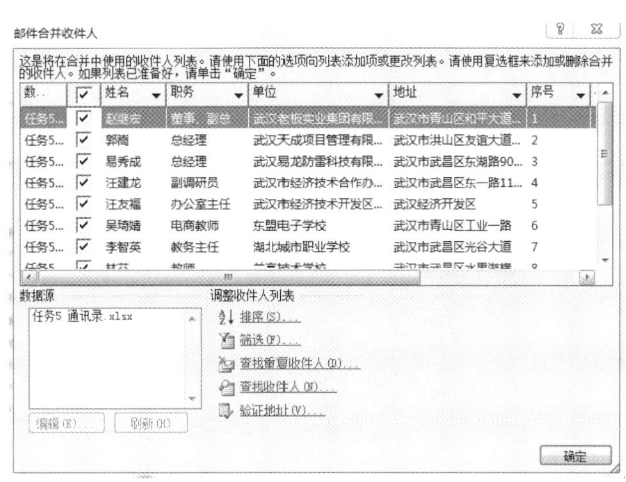

图1-79　邮件合并收件人对话框

步骤8：单击下一步：撰写信函链接，进入“邮件合并向导”的第4步：撰写信函。这个步骤是邮件合并的核心，因为在这里将完成把数据源中的恰当字段插入到主文档中的恰当位置。

步骤9：先选中主文档中的“收信人姓名”，接着单击任务窗格中的“其他项目”链接，打开“插入合并域”对话框，“数据库域”单选按钮被默认选中，“域（F）：”下方的列表中出现了数据源表格中的字段。接下来选中“客户姓名”，单击“插入”按钮后，数据源中该字段就合并到了主文档中。

步骤10：可以看到从数据源中插入的字段都被“《》”符号扩起来，以便和文档中的普通内容相区别。

步骤11：检查确认后，单击“下一步：预览信函链接”，进入“邮件合并向导”第5步：预览信函。首先可以看到刚才主文档中的带有“《》”符号的字段，变成数据源表中的第一条记录中信息的具体内容，单击任务窗格中的“<<”或“>>”按钮可以浏览批量生成的其他信函。

步骤12：浏览合并生成的信函通常是一件很愉快的事，因为用传统方法做起来很麻烦的任务，已经被“聪明”的Word完成了。确认正确无误之后，单击下一步“完成合并”，就进入了“邮件合并向导”的最后一步“完成合并”。在这里单击“合并”区的“打印”链接就可以批量打印合并得到的10份信函了，为什么有10份信函呢？这是因为数据源表格中的记录数只有10个。在弹出的“合并到打印机”对话框中还可以指定打印的范围，这里采用默认选择“全部”。

步骤13： 如果计算机已连接打印机，单击“确定”按钮，弹出“打印”对话框，再单击一次“确定”按钮。一沓专业的邀请信函就做好了。

小技巧

E-mail发送邀请函

请返回训练3的步骤3，也就是“邮件合并向导”的第1步，如图1-76所示。点选“选择文档类型”→“电子邮件”单选按钮就可以了，后面的操作完全一致。

注意：一是数据源表格中必须包含“电子信箱”字段，二是“邮件合并向导”的第6步完成合并中，“合并”区出现的是“电子邮件”链接，单击它后，打开“合并到电子邮件”对话框，单击“收件人”框的下拉箭头，在弹出的列表中显示了数据源表格中的所有字段，我们选择“电子信箱”字段，即让Word知道把信往哪里发。

然后在“主题行”文本框内输入电子邮件的主题，如“淘宝大学 淘宝网络零售人才培养华中峰会邀请函信函”，同前面一样，在这里也可以指定电子邮件的范围。最后，单击“确定”按钮，Word就启动Outlook进行发送邮件的操作了，同时要注意你的Outlook要能正常工作才能最终完成任务。

知识链接

邮件合并

（1）概念　邮件合并是在“邮件文档”批处理时提出的。即在Office中，先建立两个文档：一个Word包括所有文件共有内容的主文档（比如未填写的信函、信封等）和一个包括变化信息的数据源Excel（填写的收信人、发件人、邮编等），然后使用邮件合并功能在主文档中插入变化的信息，合成后的文件用户可以保存为Word文档，可以打印出来，也可以以邮件形式发出去。

（2）适用范围　“邮件合并”功能除了可以批量处理信函、信封等与邮件相关的文档外，还可以轻松地批量制作请柬、工资条、成绩单、各类获奖证书、准考证等。

（3）邮件合并主体　即邮件合并的文档内容，分为固定不变的内容和变化的内容。

（4）邮件合并数据源　主体中变化的部分由数据表中含有标题行的数据记录表表示。通常是指这样的数据表：它由字段列和记录行构成，字段列规定该列存储的信息，每条记录行存储着一个对象的相应信息。比如其中包含的字段有“收件人姓名”“收件地址”等。接下来的每条记录，存储着每个客户的相应信息。

拓展训练

通过制作公司邀请函，我们已经对Word邮件合并功能的基本操作比较熟悉，大家应该对这个强大的功能比较了解了。下面我们就来挑战一下，看谁能熟练使用“邮件合并”功能提高工作的效率，对照图1-80所示要求，批量制作信封。这个任务只提供了数据源，并没有提供主文档，我们将把重点放在主文档的制作与修饰上。

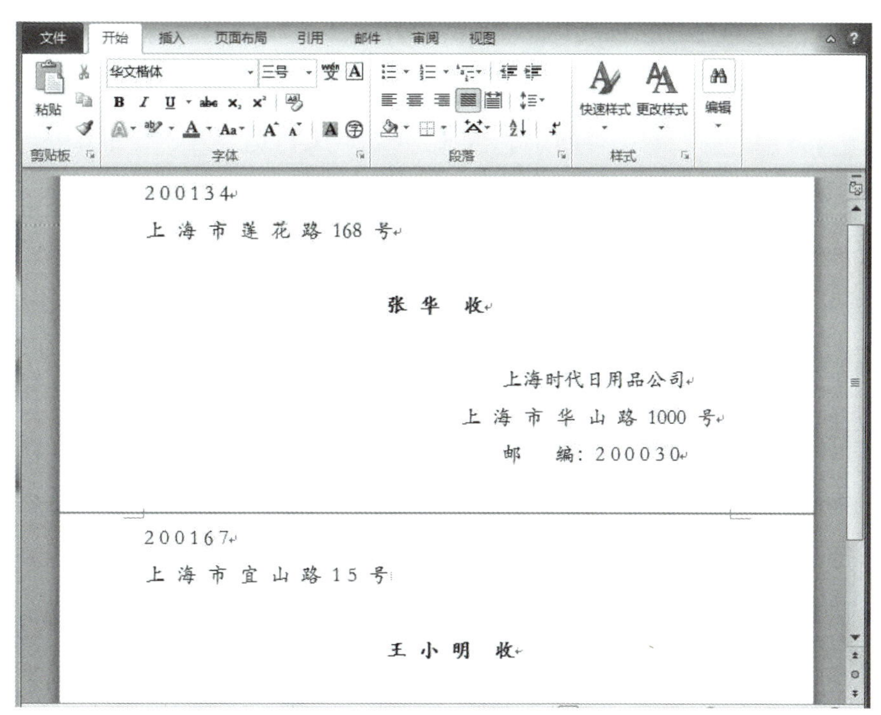

图1-80 合并生成的信封

制作要求：

（1）启动Word 2010，进入主界面后新建一个空白文档，并打开“邮件合并”任务窗格。

（2）设定信封的类型和尺寸为标准小信封（规格为110 mm×220 mm）的尺寸为例。

（3）输入信封中的固定内容，即发信人的信息。

（4）然后拖动文本框到信封右下角恰当位置，以便符合信封的布局规定。设置字体为“楷体”，对齐方式为“居中对齐”，选中地址和邮编，设置对齐方式为“分散对齐”。

（5）把数据源中的字段合并到主文档中的过程中就包含制作信封所需要的“收信人姓名”“地址和邮编”这些字段的信息。

（6）选取收件人。

（7）选取信封。

（8）调整存放“客户姓名”字段的文本框的大小和位置，设置“客户姓名”字段的对齐方式为“居中对齐”。

（9）预览信封，并对信封的效果进行修饰。

（10）先选中邮政编码所在的段落，选择菜单“格式”→“字体段落”，在打开的“字体”对话框中，设置为“宋体、三号、加粗”，选择“字符间距”选项卡，设置“间距为加宽，磅值为18磅”，设置完成后单击“确定”按钮。

（11）在“客户姓名”后输入一个空格和“收”字，然后选中它们，设置对齐方式为“居中对齐”，打开“字体”对话框，设置为“华文行楷、小一、间距：加宽，5磅”，设置完成后单击“确定”按钮。

（12）完成合并。在合并完成的任务窗格中，单击“编辑个人信封”链接，打开“合并到新文档”对话框，保持默认选择“全部”，单击“确定”按钮，得到一个名称为“信封1”的新文档，设置显示的比例为50%，可以在编辑窗口内看到合并生成的所有信封，并保存信封文档。

任务评价

考核项目	考核标准	分值	自评分	小组评分	综合得分
文档的新建	快速准确的新建一个文档	5			
页面设置	页面布局的纸张大小的调整	5			
	页面布局的纸张方向的调整	5			
文本输入	文本框的合理使用	10			
	标题与正文内容的字号	5			
	表格的设置	10			
数据源	提前准备好与主体所需相符合的数据源	10			
邮件合并	正确使用邮件合并分步向导	30			
保存文档	快速准备的保存文档	10			
发出邀请函	使用“打印”或E-mail方式发出邀请函	10			
总分		100			
努力方向：		建议：			

任务6 制作公司员工手册

任务目标

通过本任务的学习，你将学会如下操作方法：

1. 使用模板制作封面
2. 强化文本、图片、图形、表格的混合排版
3. 设置项目符号、编号
4. 设置水印
5. 强化页眉页脚
6. 强化目录的制作

任务情境

为让公司员工更好地了解公司章程为公司服务，武汉网商教育科技有限公司决定制定公司员工手册让员工学习。人资部接到任务，开会草拟具体内容，要求办公室王秘书将开会内容排版制作成“公司员工手册”，如图1-81 所示。

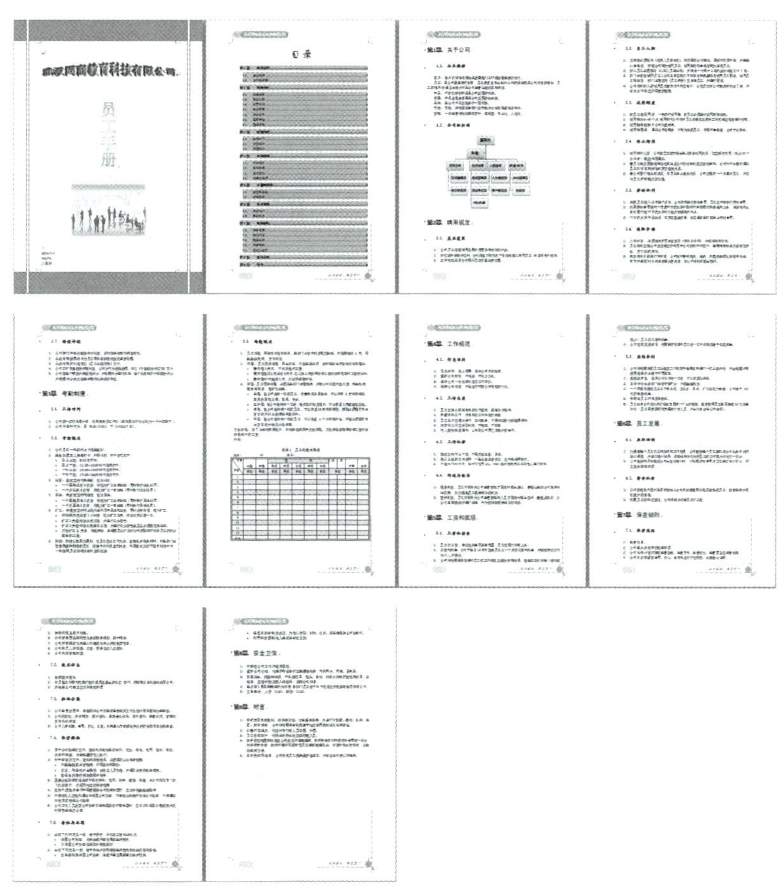

图1-81 “员工手册”样文

任务解析

制作公司员工手册时，首先需要拟定出主文档（员工手册内容），员工手册通常按照A4纸张进行排版打印，所以要设置文档的纸张大小，制作出员工手册封面，然后输入具体的员工手册内容，内容输入完毕后对里面的图片、图形、表格进行排版，为文件保密添加水印，最后制作页眉页脚、目录，保存文档，并进行打印。

实践操作

训练1　新建文档

步骤1： 用“新建”命令创建：选择“文件”→“新建”选项，在打开的“新建文档”对话框的“模板”栏中保持默认选择“空白文档”选项，然后单击“创建”按钮，即创建出一个空白“文档1”。

步骤2： 员工手册通常按照A4纸张进行排版打印，所以在输入文本之前需要进行纸张大小设置，纸张大小设置方法为：选择“页面布局”→“纸张大小”→“A4”选项。

训练2　制作封面

步骤1： 选择“插入”→“封面”→“内置”→“细条纹”选项，快速插入一个封面模板，如图1-82所示。

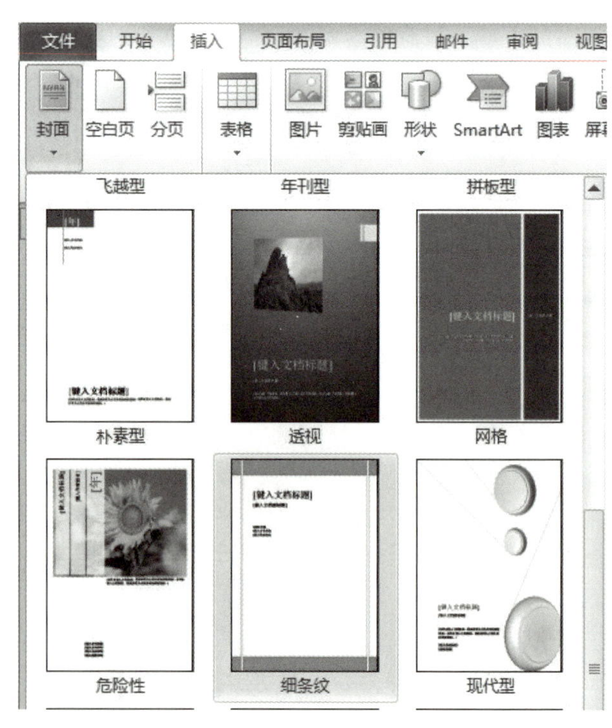

图1-82　套用封面模板

步骤2： 根据封面模板上的文字提示输入主标题“员工手册”和副标题——公司名。选择“插入”→“艺术字”→“艺术字样式13”选项，在弹出的“编辑艺术字文字”对话框中输入“员工手册”，“宋体”“36号”“加粗”，选择“艺术字工具”→“格式”→“文字”→“竖排文字”，将文字用鼠标拖动至封面正中间。同样，选择“插入”→“艺术字”→“艺术字样式20”选项，在弹出的“编辑艺术字文字”对话框中输入“武汉网商教育科技有限公司”，“宋体”“32号”“加粗”，单击“确定”按钮，选择“艺术字工具”→“格式”→“艺术字样式”→“更改艺术字形状”→“弯曲”→“正三角”，更改公司名样式，将文字拖动放置到主标题上方。

步骤3： 插入图片“封面图.jpg”，选择“图片工具”→“格式”→“大小”，选择右下角，打开“布局”对话框，选择“大小”选项卡，在“缩放”中设置“高度”“宽度”为“74%”。修改图片颜色为“水绿色，强调文字颜色5浅色”，操作方法如图1-83所示。

步骤4： 在封面左下角输入编制时间，公司名称拼音缩写，编制部门，为“宋体”“5号”，最终封面效果如图1-84所示。

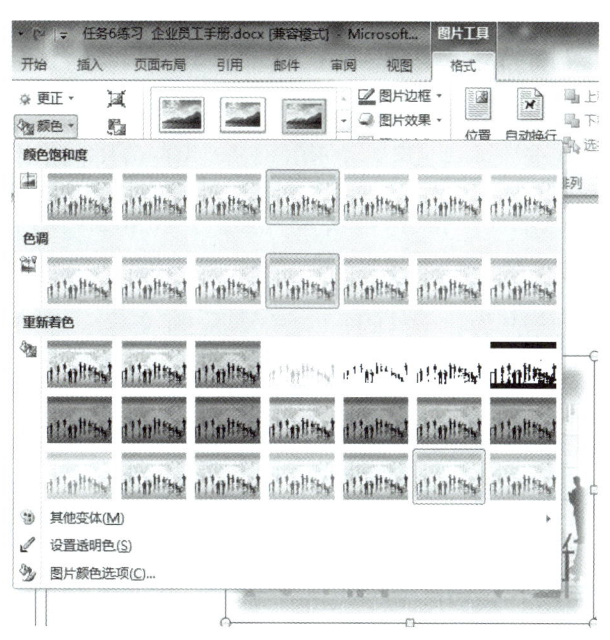

图1-83　修改图片颜色

图1-84　封面效果图

训练3　制作员工手册主文档

在封面页的下一页输入或者复制员工手册正文。

步骤1： 在“1.2公司组织图”下插入SmartArt图形。操作方法为：光标移至“公司组织图”下，选择“插入”→“插图”→“SmartArt”，弹出“选择SmartArt图形”对话框，选择“层次结构”→“组织结构图”；然后单击“确定”按钮，得基础图形，选择“SmartArt”→“设计”→“创建图形”→“添加形状”，按照样文添加形状，调整形状大小，更改颜色，输入文字，字体“微软雅黑”，1、2级文字“12号”，3、4级文字“10号”，最终达成样文效果，如图1-85所示。

步骤2： 制作编号。对每个小节里面的内容进行编号，操作方法为：选择“2.1基

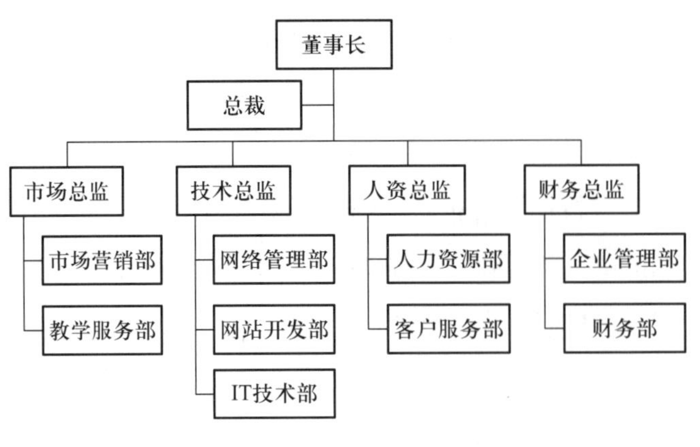

图1-85　公司组织图

本政策”下待编号文字，选择“开始”→“段落”→“编号”，单击，选择第1行第3列编号样式，如图1-86所示。

步骤3：制作项目符号。在“3.2考勤规定”下一系列小项目中设置项目符号，操作方法为：选择“早上上班：9：00前打卡。……下午下班：17：30—18：00时间段内打卡。”文字内容，选择“开始”→“段落”→“项目符号”，单击，选择“定义新项目符号”→“图片”→“图片项目符号”→第2行第4列图标，如图1-87所示。

步骤4：设置项目符号格式。操作方法为：选择项目编号后的文字，选择“开始”→“段落”→“缩进和间距”→“缩进”→“左侧：1.48厘米”。

图1-86　设置编号

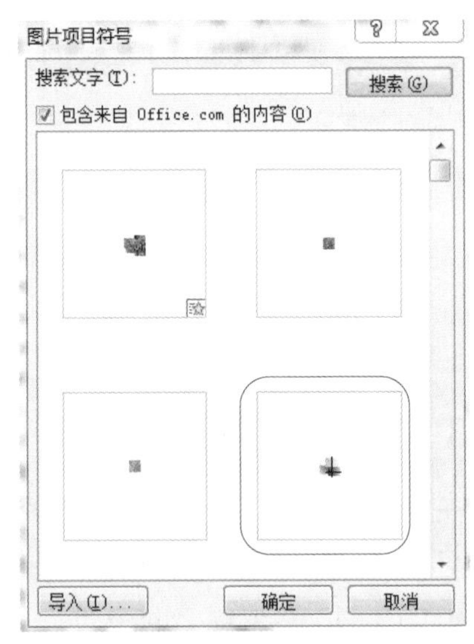

图1-87　项目符号

步骤5：制作表格。在“3.3请假规定”的“附表”下，输入表的标题“表格1 员工考勤记录表”，“居中”；换行，输入“姓名”“部”“编号”，中间以空格键空出一部分距离，以便输入员工信息，设置为“文本左对齐”。换行，插入表格，操作方法为：

选择“插入”→“插入表格”→，“表格尺寸”中输入“列数：12”，“行数：16”，插入一个基础表格；选中需合并单元格，选择“表格工具”→“布局”→“合并单元格”；在表头选择“插入”→“形状”→“线条”→“直线”，绘制斜线表头；选择“表格”→“布局”→“对齐方式”→“文字方向”将部分文字调整为竖排文字；选中整个表格，选择“表格”→“设计”→“表格样式”→“边框”，设置外框线为双细线，内框线为单细线；选择待上色单元格，添加底纹颜色，依“表格工具”→“设计”→“表格样式”→“底纹”→“主题颜色”→“橄榄色，强调文字颜色3，淡色60%”，最终效果如图1-88所示。

训练4 制作水印

单击封面以外的任意页面，选择“页面布局”→“水印”→“自定义水印”，打开“水印”对话框，“文字”输入“公司机密”，其他设置如图1-89所示。

表格1 员工考勤记录表

姓名：　　部：　　编号：

项目/月份	出勤	休假	假别					迟到	早退	旷职	公差
			事假	病假	公假	婚假	丧假				
	日数	日数	日数	日数	日数	日数	日数	日数		日数	日数
1											
2											
3											
4											
5											
6											
7											
8											
9											
10											
11											
12											
合计											

图1-88 员工考勤记录表

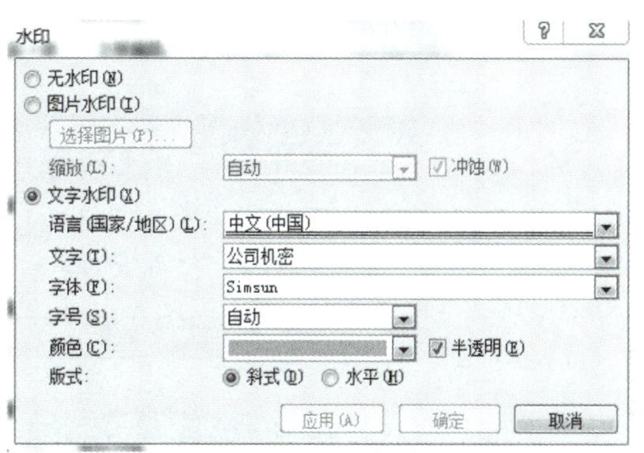

图1-89 设置水印

训练5 制作页眉页脚

为统一风格样式，公司名称或标识一般设于页眉页脚中固定不变，代表公司文件，令文档使用中更正式。

步骤1： 在文档顶端双击，进入页眉编辑状态，标识页眉的虚线上方即为页眉编辑区，同时工具栏上新增“页眉和页脚工具”栏，如图1-90所示。

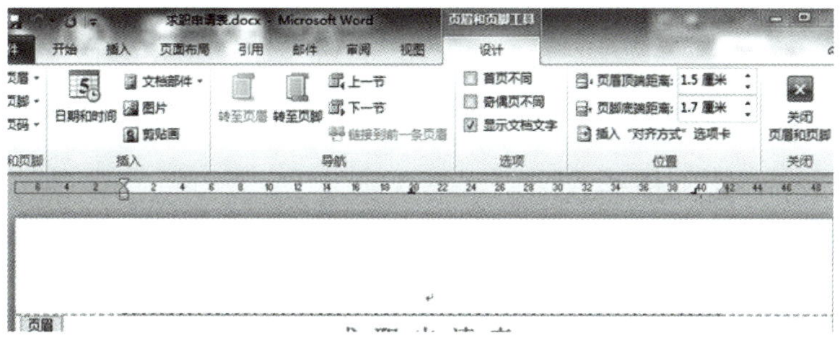

图1-90 页眉编辑区

步骤2： 光标在步骤1的双击过程中已移至页眉编辑区，选择“插入”→“插图”→“形状”→“基本形状”→“圆角矩形”，绘制一个圆角矩形；调整圆角的角度，方法为将圆角矩形的黄色控制点靠向绿色控制点，将对角上的黑色控制点选择则可调整圆角矩形的大小；调整好后，复制一个圆角矩形，选择“绘图工具”→“格式”→“形状样式”→“形状填充”分别设置颜色为“红色”和“深蓝，文字2，淡色60%”，选择“绘图工具”→“格式”→“形状样式”→“形状轮廓”去除圆角矩形的轮廓，方便移动；将两个圆角矩形错落地叠在一起，插入图片“logo.jpg”，选择“图片工具”→“格式”→“调整”→“颜色”→“设置透明色”，单击“logo.jpg”，将图片设置透明，调整大小后放置在圆角矩形上；在红色圆角矩形内输入公司名称“武汉网商教育科技有限公司”，设置文字格式“微软雅黑”“五号”“白色”，选择“页眉和页脚工具”→“设计”→“关闭”→“关闭页眉和页脚”，即完成了页眉的设置，如图1–91所示。

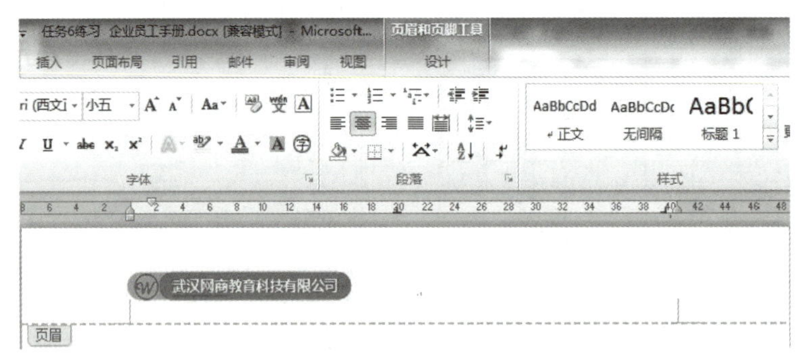

图1–91 设置页眉

步骤3： 如需设置页脚，在完成步骤1后，选择“页眉和页脚工具”→“导航”→“转至页脚”操作，在页脚右边区域，同样用绘图工具，绘制直线和圆形图案，颜色“橙色、强调文字颜色6，深色50%”，将图形组合在一起，选择“插入”→“文本框”→“绘制文本框”，在其中输入“追求卓越，品质第一”，字体“黑色”“小五”“倾斜”，将文本框移至刚绘制好的组合图案旁，选择“文本框工具”→“格式”→“文本框样式”→“形状轮廓”→“无轮廓”，即完成页脚右边组合图案，如图1–92所示。

小技巧

绘制圆形

选择“插入”→“插图”→“形状”→“基本形状”→“椭圆”，按住Shift+Ctrl键，同时拖动鼠标，即可画出圆形。

步骤4： 设置页码。设置分节操作方法为：将光标移至需插入页码的第一页第一个

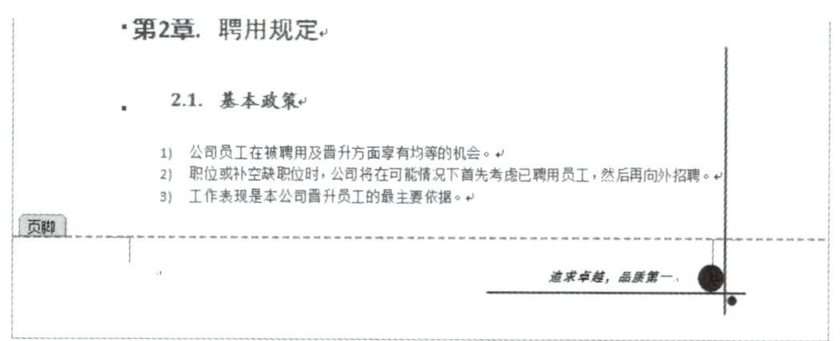

图1-92　设置页脚绘图

小技巧

组合图形

分散的每个图形，不方便一起移动编辑，选择其中一个图形，再按住Ctrl键，将鼠标移至需组合的其他图形旁边，待鼠标图形旁出现小“+”，此时再单击鼠标，即同时选中两个图形，在同时选中的图形上右击，在快捷菜单中选择“组合”→“组合”，即将不同图形组合在了一起，可以一起移动和编辑。用此方法可以组合多个图形。

反之，对已组合的图形，选中右击，选择“组合”→“取消组合”，即取消了对原有图形的组合，可以分开各自进行编辑。

字前面，选择“页面布局”→“页面设置”→“分隔符”→“分节符”→“下一页”，即分节设置成功。

插入页码。操作方法为：选择“插入”→“页码”→“页面底端”→“圆角矩形1”，即插入页码，同时新增“页眉和页脚工具”功能选项卡，选择“设计”→“导航”→“链接到前一条页眉”，使其处于灰色状态，单击“关闭页眉页脚”，然后依次选择“插入”→“页码”→“设置页码格式”，在弹出的“页码格式”对话框中，选择“页码编号”→“起始页码”，最后单击“确定”按钮，如图1-93所示。

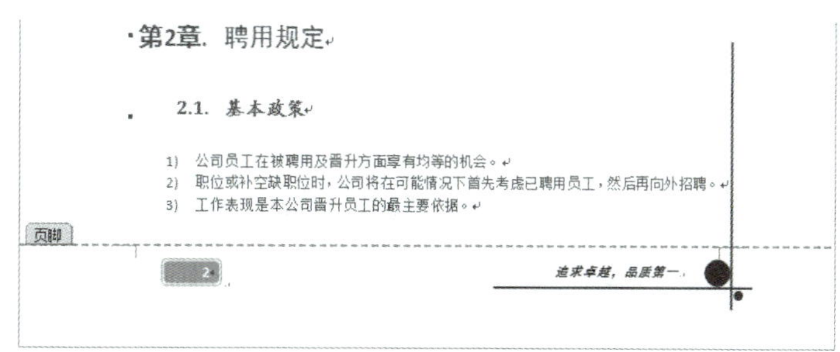

图1-93　设置页码

训练6　设置目录

步骤1：对文档标题进行等级排序，具体方法如图1-94所示，选中第一层次的标

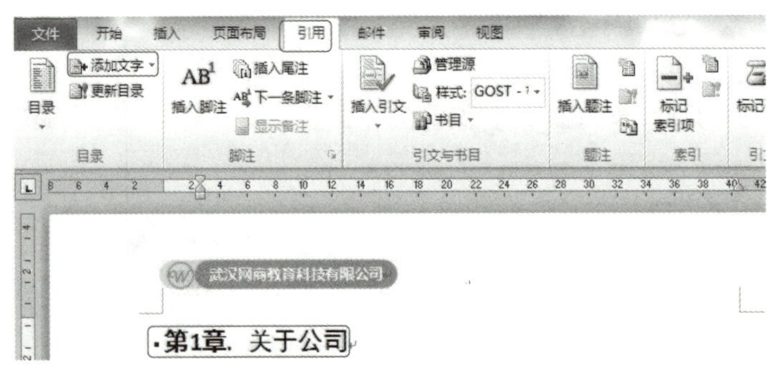

图1-94　文档标题等级排序

题如“第1章.关于公司”，选择“引用”→“目录”→“添加文字”，在“添加文字”下拉菜单选择“1级”，选择完成之后，在文档标题前面会出现类似■的标记。

步骤2：对文档标题进行等级排序，具体方法如图1-94所示，选中第二层次的标题如“1.1企业精神”，按步骤1方法，在“添加文字”下拉菜单选择“2级”。

步骤3：插入目录，操作方法为：在封面页和主文档页之间空出一张空白页，光标移至空白页第一行，待插入目录，选择“引用”→“目录”→“自动目录1”，如图1-95所示，则在文档标题下方自动添加了目录。

步骤4：更新目录。如添加完目录之后，又对文档进行了修改，则可以在修改完成之后，再选择“引用”→“目录”→“更新目录”；或直接选中整个目录，在出现的目录外框

小提示

根据文档的实际情况选择1、2、3级，文档的分级不要太多，以免目录变得很冗长。

小技巧

目录模式

“手动目录”，则需要手动输入每章节的标题，而“自动目录”则可自动添加目录。

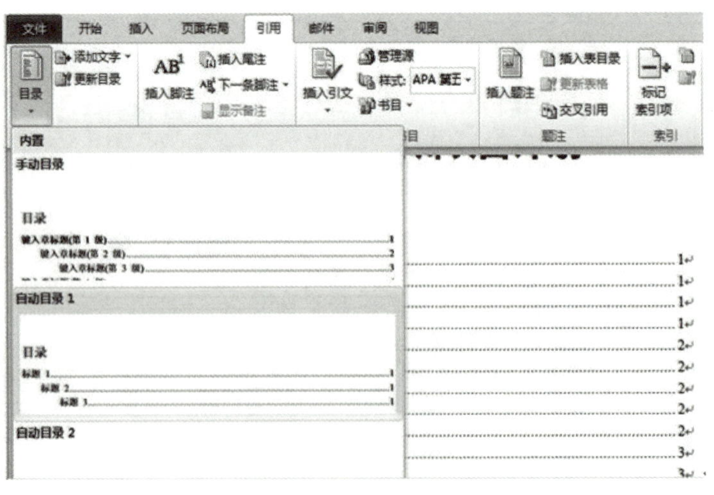

图1-95　插入目录

上右击选择“更新目录”→“更新整个目录”，单击“确定”按钮，如图1-96所示。

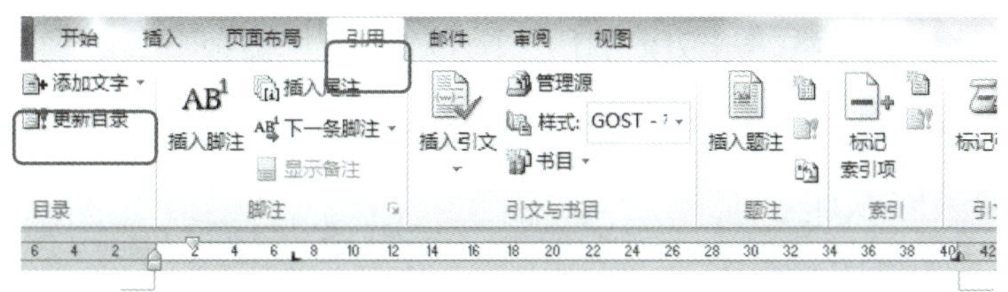

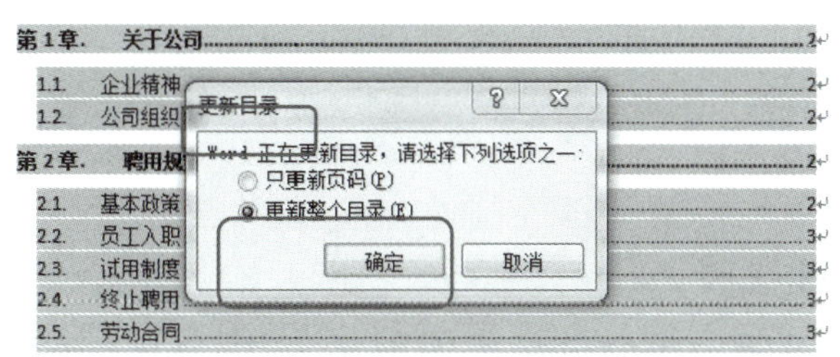

图1-96　更新目录

知识链接

Word水印

（1）Word中设置水印

以Word 2010软件为例介绍Word中设置水印的方法：

步骤1：打开Word 2010文档窗口，切换到“页面布局”功能区。在“页面背景”分组中单击“水印”按钮，并在打开的水印面板中选择“自定义水印”命令。

步骤2：在弹出的“水印”对话框中，选中“文字水印”单选框。在“文字”编辑框中输入自定义水印文字，然后分别设置字体、字号和颜色。选中“半透明”复选框，这样可以使水印呈现出比较隐蔽的显示效果，从而不影响正文内容的阅读。设置水印版式为“斜式”或“水平”，并单击“确定”按钮即可。

（2）去除水印

① Word 2003。

方法：选择“格式”→“背景”→“水印”→“无水印”。

② Word 2007。

第一种方法：选择“页面设置”→“页面背景”→“水印”，在“水印”窗口中选择“无水印”即可。

第二种方法：双击页面页脚→单击“显示/隐藏文档文字”→文档文字消失只剩

“水印部分”→点击选取水印部分文字→删除→再单击“显示/隐藏文档文字”→保存。

第三种方法：按下“Ctrl+A”选择全部内容，按下Ctrl+C键进行复制，然后新建一个Word空白文档，如在Word 2003中，执行菜单“编辑”→“选择性粘贴”命令；如在Word 2007中则按下组合键Alt+Ctrl+V，在弹出的“选择性粘贴”对话框中，选择“无格式文本”，即去除水印。

拓展训练

制作公司内刊——健康报

通过制作员工手册，我们已经再次熟悉了Word排版的强大功能，下面我们就来挑战一下，看谁能熟练使用Word综合排版制作公司内刊——健康报。作为学完所有知识点的综合练习，这个任务只提供了文字资料和排版样稿（如图1-97所示），并没有图片素材，我们将把重点放在创意设计上。

制作要求：

报纸的版式设计不同于其他的平面设计，它有自己的基本设计要素，如字模块、标题、色彩、图表、新闻图片等，设计思路与设计风格要考虑到报纸定位、报道内容、版面性质、报纸风格、表现力效果等因素。

单从报纸整个版面的构成来看，一份报纸版面主要包含报头、标题、正文、插图（图片和图表）几个部分。它们是构成报纸版面的基本要素。

1. 报纸版面的报头设计

报头的设计，关系到报纸的面貌和品位，成功的报头设计，可以带动整个报纸版面的安排和形象，成为这张报纸的标志和灵魂。报头的设计风格和位置大小，主要由办报人最后想达到的各种目的和所面对的读者群所决定的。靠报头设计来推销报纸的；靠报头设计来引领版面走向的；靠报头设计来带动广告收入的。办报人的目的不同，所产生的报头设计风格表情上体现有：活泼、庄重、艺术、时尚、欢快等。

2. 报纸版面的标题设计

标题是报纸发展演变的产物。一方面，标题是为了使文章的主题更加吸引人，更加突出；另一方面，为了使文章之间有明确的开始和终结标志。标题与留白之间形成的强烈对比，更是版面视觉停顿、休息、呼吸等重要的方法。加上标题位置不同的设计安排，字体的变化，可以演绎出许多风格的效果，为版面争彩。另外，在设计版面标题字的时候，一定注意合理的断句。

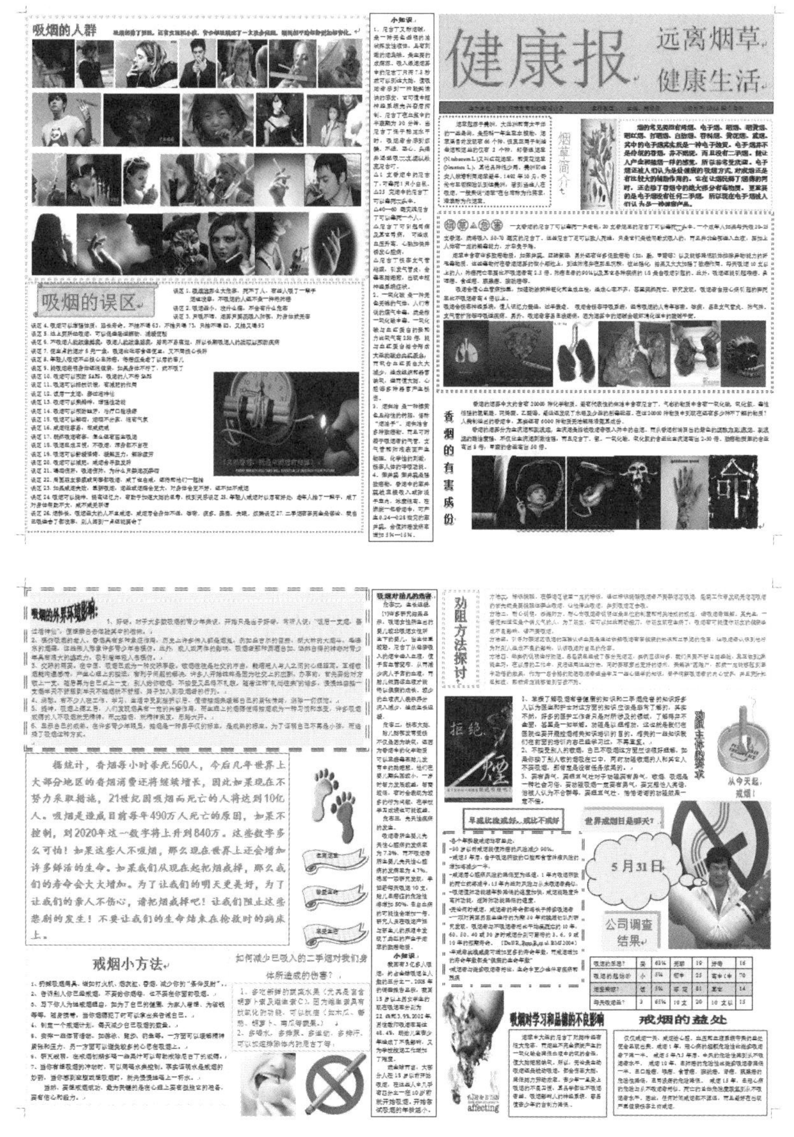

吸烟的人群

健康报 远离烟草 健康生活

烟草简介

吸烟的误区

香烟的有害成份

劝阻方法探讨

据统计，香烟每小时杀死560人，今后几年世界上大部分地区的香烟消费还将继续增长，因此如果现在不努力采取措施，21世纪因吸烟而死亡的人将达到10亿人。吸烟是造成目前每年490万人死亡的原因，如果不控制，到2020年这一数字将上升到840万。这些数字多么可怕！如果这些人不吸烟，那么现在世界上还会增加许多鲜活的生命。如果我们从现在起把烟戒掉，那么我们的寿命会大大增加。为了让我们的明天更美好，为了让我们的亲人不伤心，请把烟戒掉吧！让我们阻止这些悲剧的发生！不要让我们的生命结束在抢救时的病床上。

戒烟小方法

如何减少已吸入的二手烟对我们身体所造成的伤害？

5月31日

公司调查结果

戒烟的益处

图1-97

（1）标题字要有文采，达到鲜明而有力的效果，但是字数不宜太多。

（2）标题字的颜色不要变化太多，特别是一个版面上有好几个标题的，一定要注意，不要在单个标题中还要有好多的颜色上的变化。

（3）标题字不宜做太多的电脑技术处理，以方便阅读为主。

（4）标题字的字体一定要规范，不要使用不规范的字体，以防误导读者。现在的字体字库很多，但很多的字体不规范，因此，在运用这些字体的时候一定要慎重，不能仅仅因为字体好看，就忽略了它本身的功用性。

3. 报纸版面的正文设计

正文是构成报纸版面的基本素材，也是重要因素之一。因为无论怎样重要的信息，都要通过正文才能表达和传递得更加明确和充分。正文首先要考虑读者对象，然后就是阅读方便和习惯。同时，正文字体的粗细，以及行距、字距也受读者的阅读习惯和要求而不断完善。

4. 报纸版面的插图设计

在现代报纸中，图片的作用越来越突出，“图文并重”已经得到广泛的认可，更是进入到“读图时代”。现在报纸版面的优劣标准，也多以运用图片、图表、插图的情况而论。图片等在报纸版面上的位置、大小、多少，运用得恰当与否，都成为评价一张报纸综合水平的重要标志。现在的报纸多以大图片、多图片作为时尚的第一因素。大的图片有很强的视觉冲击力，可以激发人的兴趣，吸引人和眼球，引起读者的注意。报纸版面中增加图片的数量、放大图片使用，可以使版面活泼丰富起来。多图片的应用，要注意形成大小之间的对比，主次上的搭配要非常明显，否则反而会影响读者的阅读质量，分散读者的注意力。

除了上述报纸版面的基本要素之外，报纸版面的构成还包括栏数、框、线的运用，色彩，留白等部分。无论报纸版面怎么变化都离不开报头、标题和正文这几个要素，本刊为公司内刊，刊头可输入公司名、出刊人、出刊时间等。

按照以上讲述，利用Word排版时注意：

（1）报纸页面大小设置“宽度”为“54.5厘米”，“高度”为“38.5厘米”，页边距为默认“2.54厘米”，纸张方向为“横向”。

（2）报纸的制作最重要的是对报纸版块的规划，可利用矩形或者文本框对空白区域先规划版块，填入内容后再做调整。

说明：若不想在版面上看到太多框线，利用矩形或文本框进行规划时，则需先输入文字或图片后，再更改框线，否则会找不到框线，无法在规划区域输入内容。

任务评价

考核项目	考核标准	分值	自评分	小组评分	综合得分
封面制作	使用模板快速制作封面	5			
艺术字设置	艺术字形状效果	5			
图片设置	图片颜色效果设置	5			
	图片透明度设置	5			
SmartArt图形设置	组织结构设置正确	5			
	图形颜色样式的更改	5			

续表

考核项目	考核标准	分值	自评分	小组评分	综合得分
表格设置	准确合并、拆分单元格	5			
	正确设置斜线表头	5			
	表格框线、底纹设置美观	5			
项目符号、编号制作	正确设置项目符号格式、样式	5			
	正确设置编号	5			
水印制作	快速准确地制作出水印	5			
页眉页脚制作	快速准确地制作出多样的页眉页脚	5			
	正确设置页码	5			
目录制作	正确设置目录	5			
	能快速根据文本内容变化更新目录	5			
任务拓展	排版美观，有创意	20			
总分		100			
努力方向：		建议：			

项目2
电子表格Excel 2010

项目概述

Excel 2010是电子表格处理软件，具有强大的电子表格处理功能。其基本功能是对数据进行记录、计算与分析。可以广泛应用于报表处理、数学计算、财务处理、统计分析、图表制作和日常事务处理等各个方面。

项目分解

任务1　制作人事档案表

任务2　制作旅游路线报价表

任务3　制作年度考核表

任务4　制作二手房房源信息表

任务5　制作销售统计表

任务6　制作员工工资表

任务1 制作人事档案表

任务目标

通过本任务的学习，你将学会如下操作方法：

1. 新建工作簿
2. 打开工作簿
3. 删除和清除单元格
4. 插入和合并单元格
5. 设置单元格格式
6. 保存工作簿

任务情境

市医院近期在进行人事改革，需要整理人事档案，根据本科室的情况，有1人调离，新进1人，1人学历发生变化，内科主任要求你根据以前的资料，重新制作人事档案表。

任务解析

制作过程主要考查的是对工作簿和工作表的基本操作，任务要求我们在原有的工作簿上进行修改，增加新的数据，删除不需要的数据，而这些操作需要我们能对工作簿进行新建、打开、保存等操作，对工作表能进行插入、删除、合并等操作。

实践操作

训练1 新建工作簿

制作人事档案表，首先要新建工作簿，在启动Excel 2010以后系统会自动创建一个新的工作簿。除此之外，还可以通过“文件”按钮来创建新的工作簿。

步骤：单击“文件”按钮，打开“文件”菜单，选择“新建”命令，在中间的“可用模板”列表框中选择“空白工作簿”选项，单击“创建”按钮，如图2-1所示。

图2-1 新建空白工作簿

训练2 打开工作簿

步骤：单击“文件”按钮，选择“打开”命令，在素材库中找到“医院人事档案.xlsx”工作簿，右击选择“打开”命令打开该工作簿，如图2-2所示。

	A	B	C	D	E	F	G
1	人事档案表						
2	人员编号	姓名	性别	出生日期	籍贯	最高学历	职称
3	1	白　超	男	1967-2-18	汉	本　科	主治医师
4	2	汤劲羽	男	1976-6-9	汉	研究生	主治医师
5	3	赵海燕	女	1976-2-5	汉	研究生	主治医师
6	4	张　鑫	男	1979-4-3	汉	研究生	住院医师
7	5	丁　雨	女	1969-6-2	汉	大专	主管护师
8	6	齐冬云	女	1973-5-21	汉	本科	主管护师
9	7	方欣妍	女	1984-6-3	汉	本科	护　士
10	8	王丽丽	女	1974-12-25	汉	大　专	护　师
11	9	周梦琪	女	1979-3-15	汉	本　科	护　师
12	10	万　洋	女	1981-2-8	汉	本　科	护　士
13	11	曲玉红	女	1975-9-11	汉	大　专	护　师
14	12	刘玉清	女	1978-5-4	汉	本　科	护　士
15							

图2-2 打开工作簿

训练3 删除和清除单元格

本科室有1人调离，删除其数据即可。1人学历发生变化，清除单元格内容后重新填写新数据。

步骤1：选定F9单元格，按Delete键删除该单元格的内容。然后输入新数据“本科”。

步骤2：选择A7：G7单元格区域，单击“开始”→“单元格”组中“删除”按钮下方的倒三角按钮，从弹出的菜单中选择“删除单元格”命令，如图2-3所示。

步骤3：在弹出的“删除”对话框中选择“下方单元格上移”，单击“确定”按钮，如图2-4所示。

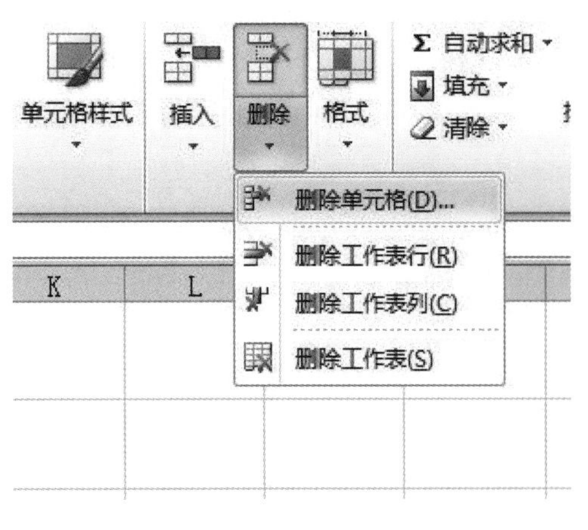

图2-3 删除单元格

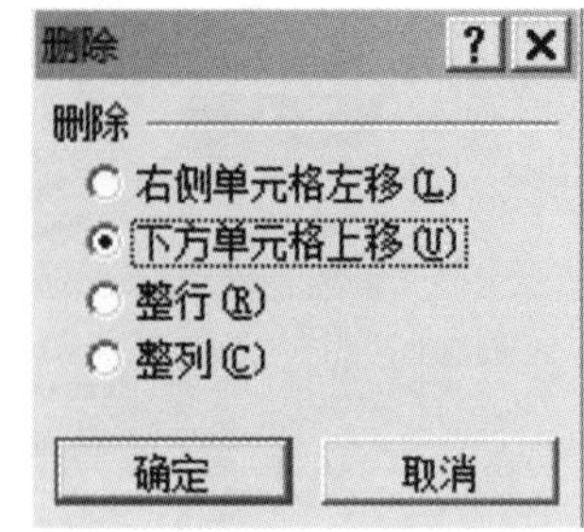

图2-4 删除对话框

训练4 插入单元格

本科室新进1人，需要插入单元格并输入数据。

步骤1：选定A13单元格，使用同删除单元格相同的方法，打开“插入”对话框，在对话框中选择“整行（R）”，单击“确定”按钮。在选择的单元格位置插入一行单元格，原单元格下移一行，如图2-5所示。

步骤2：在插入单元格中输入数据，并按顺序修改“人员编号”，如图2-6所示。

人事档案表						
人员编号	姓名	性别	出生日期	籍贯	最高学历	职称
1	白　超	男	1967-2-18	汉	本　科	主治医师
2	汤劲羽	男	1976-6-9	汉	研究生	主治医师
3	赵海燕	女	1976-2-5	汉	研究生	主治医师
4	张　鑫	男	1979-4-3	汉	研究生	住院医师
6	齐冬云	女	1973-5-21	汉	本科	主管护师
7	方欣妍	女	1984-6-3	汉	本科	护　士
8	王丽丽	女	1974-12-25	汉	大　专	护　师
9	周梦琪	女	1979-3-15	汉	本　科	护　师
10	万　洋	女	1981-2-8	汉	本　科	护　士
11	曲玉红	女	1975-9-11	汉	大　专	护　师
12	刘玉清	女	1978-5-4	汉	本　科	护　士

图2-5 插入单元格

10	曲玉红	女	1975-9-11	汉	大　专	护　师
11	刘丹	女	1989-9-1	汉	本　科	护　士
12	刘玉清	女	1978-5-4	汉	本　科	护　士

图2-6 输入数据

训练5 设置单元格格式

步骤1：合并单元格：选定A1：G1单元格区域，单击“开始”→“对齐方式”选项组中的“合并后居中”按钮，如图2-7所示。

步骤2：设置字体字号：选定A1：G1单元格区域，在“开始”→“字体”选项组中的“字体”下拉列表中选择“华文新魏”，在“字号”下拉列表中选择“28”，在字体颜色下拉列表中选择“红色”，如图2-8所示。

步骤3：设置对齐方式：选定A2：G14单元格区域，使用上面相同方法设置字体为“宋体”，字号为“11”，然后在“开始”→“对齐方式”选项组中单击“居中”按钮，如图2-9所示。

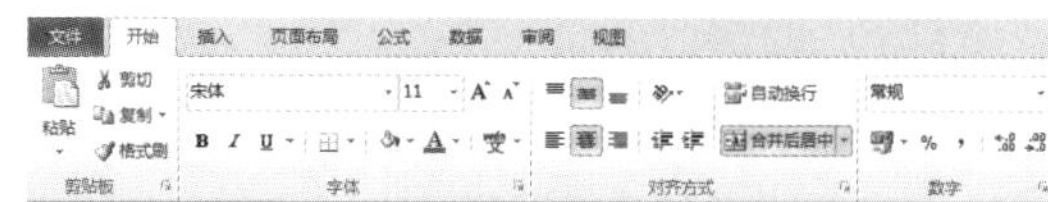

图2-7 合并单元格

图2-8 设置字体字号

	A	B	C	D	E	F	G
1	人事档案表						
2	人员编号	姓名	性别	出生日期	籍贯	最高学历	职称
3	1	白 超	男	########	汉	本 科	主治医师
4	2	汤劲羽	男	1976-6-9	汉	研究生	主治医师
5	3	赵海燕	女	1976-2-5	汉	研究生	主治医师
6	4	张 鑫	男	1979-4-3	汉	研究生	住院医师
7	5	齐冬云	女	########	汉	本科	主管护师
8	6	方欣妍	女	1984-6-3	汉	本科	护 士
9	7	王丽丽	女	########	汉	大 专	护 师
10	8	周梦琪	女	########	汉	本 科	护 师
11	9	万 洋	女	1981-2-8	汉	本 科	护 士
12	10	曲玉红	女	########	汉	大 专	护 师
13	11	刘丹	女	1989-9-1	汉	本 科	护 士
14	12	刘玉清	女	1978-5-4	汉	本 科	护 士

图2-9 设置对齐方式

步骤4：设置列宽：在调整了字号后，部分内容不能正常显示，或是显示不完全，这里选定A1：G14单元格区域，在“开始”→“单元格”选项组中单击“格式”下拉按钮，在下拉列表框中选择“自动调整列宽”选项，如图2-10所示。

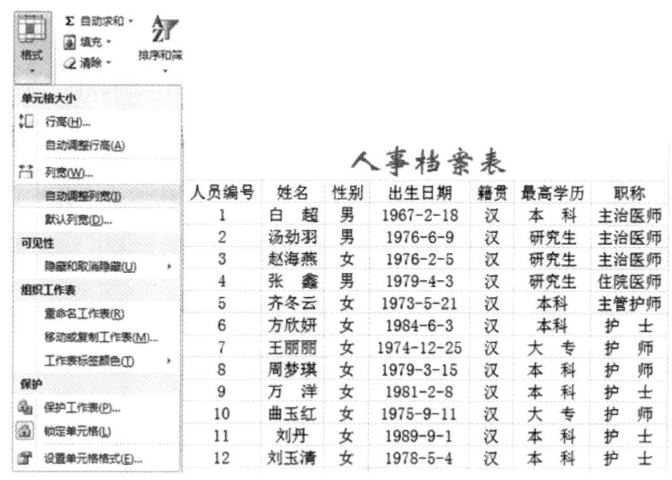

人事档案表

人员编号	姓名	性别	出生日期	籍贯	最高学历	职称
1	白 超	男	1967-2-18	汉	本 科	主治医师
2	汤劲羽	男	1976-6-9	汉	研究生	主治医师
3	赵海燕	女	1976-2-5	汉	研究生	主治医师
4	张 鑫	男	1979-4-3	汉	研究生	住院医师
5	齐冬云	女	1973-5-21	汉	本科	主管护师
6	方欣妍	女	1984-6-3	汉	本科	护 士
7	王丽丽	女	1974-12-25	汉	大 专	护 师
8	周梦琪	女	1979-3-15	汉	本 科	护 师
9	万 洋	女	1981-2-8	汉	本 科	护 士
10	曲玉红	女	1975-9-11	汉	大 专	护 师
11	刘丹	女	1989-9-1	汉	本 科	护 士
12	刘玉清	女	1978-5-4	汉	本 科	护 士

图2-10 设置自动调整列宽

步骤5：设置边框：选定A2：G14单元格区域，在“开始”→“字体”选项组中单击“边框”下拉按钮，在下拉列表框中选择“所要框线”选项，效果如图2-11所示。

训练6　保存退出

在对工作表进行操作时，应记住经常保存Excel工作簿，以免因一些突发状态而丢失数据。

步骤：选择“文件”→“另存为”命令，在弹出的“另存为”对话框其中设置保存名称、位置和格式等，如图2-12所示。

人事档案表

人员编号	姓名	性别	出生日期	籍贯	最高学历	职称
1	白　超	男	1967-2-18	汉	本　科	主治医师
2	汤劲羽	男	1976-6-9	汉	研究生	主治医师
3	赵海燕	女	1976-2-5	汉	研究生	主治医师
4	张　鑫	男	1979-4-3	汉	研究生	住院医师
5	齐冬云	女	1973-5-21	汉	本科	主管护师
6	方欣妍	女	1984-6-3	汉	本科	护　士
7	王丽丽	女	1974-12-25	汉	大　专	护　师
8	周梦琪	女	1979-3-15	汉	本　科	护　师
9	万　洋	女	1981-2-8	汉	本　科	护　士
10	曲玉红	女	1975-9-11	汉	大　专	护　师
11	刘丹	女	1989-9-1	汉	本　科	护　士
12	刘玉清	女	1978-5-4	汉	本　科	护　士

图2-11　设置边框

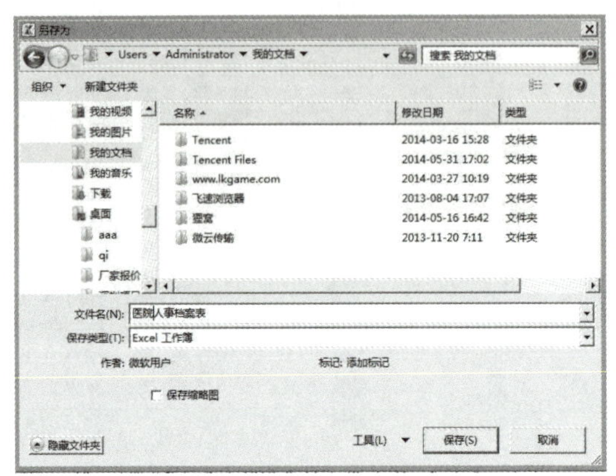

图2-12　保存工作簿

知识链接

1. 工作簿与工作表之间的关系

Excel是以工作簿为单元来处理工作数据和存储数据的文件。它由一个或多个工作表组成，工作表不能独立存在，它必须存在于工作簿中。工作表是通过工作表标签来标识的，工作表标签显示于工作簿窗口的底部，用户可以单击不同的工作表标签来进行工作表的切换。在使用工作表时，只有一个工作表是当前活动的工作表。

2. 单元格

单元格是表格中行与列的交叉部分，它是组成表格的最小单位，可拆分或者合并。单个数据的输入和修改都是在单元格中进行的。

3. 行号和列号

Excel表格中“行号”和“列号”是单元格位置的表示，以数字表示“行”，以英文字母表示“列”，如“A23”就是A列的第23个单元格。

拓展训练

制作要求：

（1）新建一个工作簿。

（2）对照样文图2-13输入数据。

（3）第一行字体为“黑体、加粗、字号24”字体颜色为“橙色”，使用合并居中按钮，其他字体为“宋体、字号16”。

（4）对表格设置内外边框。

（5）在表格第一列位置插入一列，并且输入序号。

（6）保存文档，以“客户信息表.xlsx”为文件名保存到“我的文档”中。

客户信息					
姓名	地址	邮编	电话	供应产品	货款（元）
刘丹	西安明生路10号	310008	13036755432	办公用品	3800
朱兵	天津人民路15号	710003	13986433223	图书资料	5300
江勇	太原天安路18号	610008	15567234345	电话手机	23000
何天	武汉古田四路67号	410002	027-86435432	音像制品	4500
魏东	长沙南京路98号	100035	15695342234	电脑配件	3210
肖远	北京朝阳路143号	610006	13356435345	教材教辅	5300
李娟	长沙开福路5号	100046	13783423234	图书资料	12500
王彬	常德桃源路9号	710005	13985445345	办公用品	6320

图2-13　拓展训练

任务评价

考核项目	考核标准	分值	自评分	小组评分	综合得分
工作簿	新建工作簿	5			
	打开工作簿	5			
单元格	清除单元格内容	10			
	删除单元格	10			
	插入单元格	10			
	设置列宽	10			
	合并单元格	10			
字体、字号	字体的设置方法使用是否正确	10			
	字号的设置是否正确	10			
边框	给工作表正确设置边框	10			
保存	正确在保存工作簿	10			
总分		100			
努力方向：		建议：			

任务2 制作旅游线路报价表

任务目标

通过本任务的学习，你将学会如下操作方法：

1. 快速填充数据
2. 设置数据格式
3. 套用表格样式
4. 设置自动换行
5. 设置背景效果

任务情境

宝中旅行社对武汉周边的旅游资源要进行调整，以符合市场变化。旅行社王副经理根据变化重新制作了旅行社旅游报价单，如图2-14 所示。

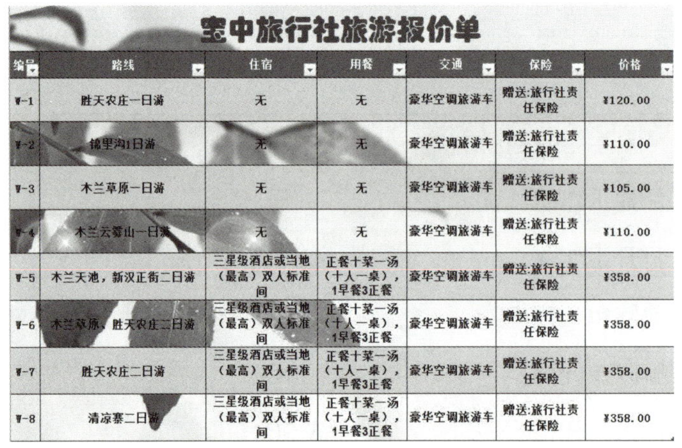

宝中旅行社旅游报价单

编号	路线	住宿	用餐	交通	保险	价格
Y-1	胜天农庄一日游	无	无	豪华空调旅游车	赠送:旅行社责任保险	¥120.00
Y-2	锦里沟1日游	无	无	豪华空调旅游车	赠送:旅行社责任保险	¥110.00
Y-3	木兰草原一日游	无	无	豪华空调旅游车	赠送:旅行社责任保险	¥105.00
Y-4	木兰云雾山一日游	无	无	豪华空调旅游车	赠送:旅行社责任保险	¥110.00
Y-5	木兰天池，新汉正街二日游	三星级酒店或当地（最高）双人标准间	正餐十菜一汤（十人一桌），1早餐3正餐	豪华空调旅游车	赠送:旅行社责任保险	¥358.00
Y-6	木兰草原、胜天农庄二日游	三星级酒店或当地（最高）双人标准间	正餐十菜一汤（十人一桌），1早餐3正餐	豪华空调旅游车	赠送:旅行社责任保险	¥358.00
Y-7	胜天农庄二日游	三星级酒店或当地（最高）双人标准间	正餐十菜一汤（十人一桌），1早餐3正餐	豪华空调旅游车	赠送:旅行社责任保险	¥358.00
Y-8	清凉寨二日游	三星级酒店或当地（最高）双人标准间	正餐十菜一汤（十人一桌），1早餐3正餐	豪华空调旅游车	赠送:旅行社责任保险	¥358.00

图2-14 “宝中旅行社旅游报价单”样文

任务解析

表格中需要输入各种数据，整理一些相同或者有规律的数据可以使我们用快速填充的办法提高工作效率，同时设置单元格格式和套用工作表样式能美化工作表。

实践操作

训练1 输入数据

启动Excel 2010应用程序，新建一个名为“旅游线路报价表”的工作簿。根据样图在工作表中手动输入文本数字等数据。在输入数据中发现一些相同或有规律的数据时，使用Excel 2010提供的自动填充功能，可以快速输入。而且工作簿中有货币型数据时，为其添加货币符号。

步骤1： 在A3、A4单元格中分别输入“W-1”和“W-2”，然后选定A3：A4单元格区域，此时选区右下角会出现一个“控制柄”，将光标移动至其上方时会变成**+**形状，通过拖动该控制柄实现数据的快速填充，如图2-15所示。

	A	B	C	D
2	编号	路线	住宿	用餐
3	W-1			
4	W-2			
5	W-3			
6	W-4			
7	W-5			
8	W-6			
9	W-7			
10	W-8			
11				

图2-15 快速填充递增数据

步骤2： 使用上面方法可以快速完成其他有规律的数据输入，选定E3单元格，输入“豪华空调旅游车”，选区右下角会出现一个“控制柄”，将光标移动至其上方时会变成**+**形状，通过拖动该控制柄实现数据的快速填充，如图2-16所示。

编号	路线	住宿	用餐	交通
W-1	胜天农庄一日游	无	无	豪华空调旅游车
W-2	锦里沟1日游	无	无	
W-3	木兰草原一日游	无	无	
W-4	木兰云雾山一日游	无	无	
W-5	木兰天池，新汉正街二日游	三星级酒店或当地（最高）双人标准间	正餐十菜一汤（十人一桌），1早餐3正餐	
W-6	木兰草原、胜天农庄二日游	三星级酒店或当地（最高）双人标准间	正餐十菜一汤（十人一桌），1早餐3正餐	
W-7	胜天农庄二日游	三星级酒店或当地（最高）双人标准间	正餐十菜一汤（十人一桌），1早餐3正餐	
W-8	清凉寨二日游	三星级酒店或当地（最高）双人标准间	正餐十菜一汤（十人一桌），1早餐3正餐	

图2-16 快速填充相同数据

小技巧

自动填充功能，可以快速地输入一些相同的有规律的数据，如序号、总分、递增、递减或相同的内容等。

步骤3： 选定G3：G10单元格区域，单击“开始”→“数字”选项组的“常规”下拉按钮，在下拉列表中选择“货币”选项，该类型的数字数据会根据用户选择的货币样式自动添加货币符号，如图2-17所示。

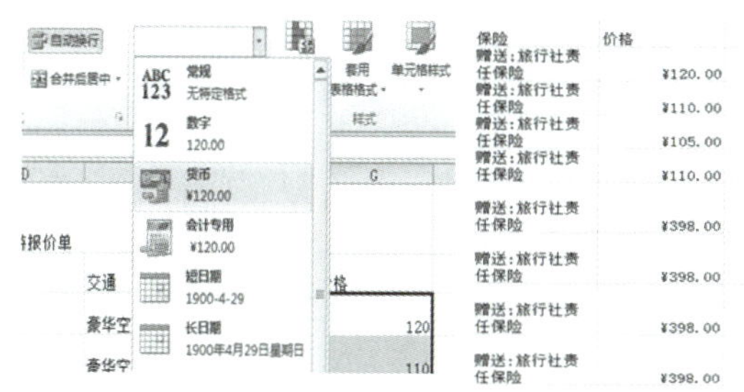

图2-17 使用货币样式

训练2　设置单元格格式

在Excel 2010中，对工作表中的不同单元数据，可以根据需要设置不同的格式，如字体、行高列宽、对齐方式等。

步骤1：设置字体、字号：选定标题所在单元格，在“开始”→“字体”选项组中的“字体”下拉列表中选择“华文琥珀”，在“字号”下拉列表中选择“28”，在字体颜色下拉列表中选择“紫色”并且单击“加粗”按钮，如图2-18所示。

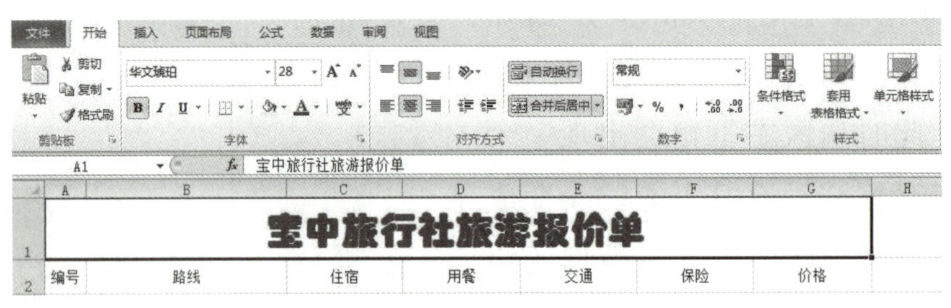

图2-18　设置字体、字号

步骤2：其他单元格区域使用相同方法，设置字号均为“11”、字体为“宋体”并且加粗。

步骤3：选定A2：B10单元格区域，在“开始”→“单元格”选项组中单击“格式”按钮，在打开的菜单中选择“自动调整列宽”命令，Excel 2010会自动调整单元格区域至合适的列宽。

步骤4：选定C2：G10单元格区域，在“开始”→“单元格”选项组中单击“格式”按钮，在打开的菜单中选择“列宽”命令，在弹出的“列宽”对话框中输入“3.38”，然后单击“确定”按钮，精确调整列宽大小，如图2-19所示。

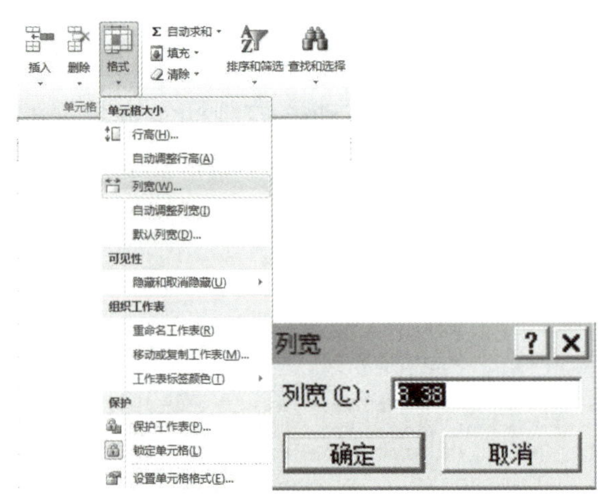

图2-19　设置列宽

步骤5：同上述方法设置A2：B10单元格区域行高为自动调整，A1：G10单元格区域行高为“45”。

小技巧

也可选中需要调整的行、列后，右击，在弹出的对话框中选择“列宽”→“行高”来设置表格的列宽或行高。

步骤6：选定C2：G10单元格区域，在“开始”→“对齐方式”选项组中单击“自动换行”按钮。并对整个单元格区域使用“对齐方式”选项组中“居中”设置，如图2-20所示。

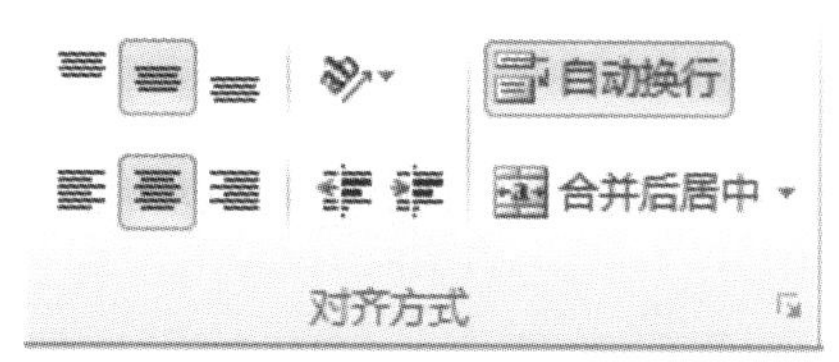

图2-20　设置居中、自动换行

训练3　套用表格样式

步骤：选中A2：G10单元格区域，在“开始”→“样式”选项组中，单击“套用表格样式”按钮，在弹出的表格样式列表中选择“表样式中等深浅5”选项，单击“确定”按钮，此时将自动套用内置的表格样式，如图2-21所示。

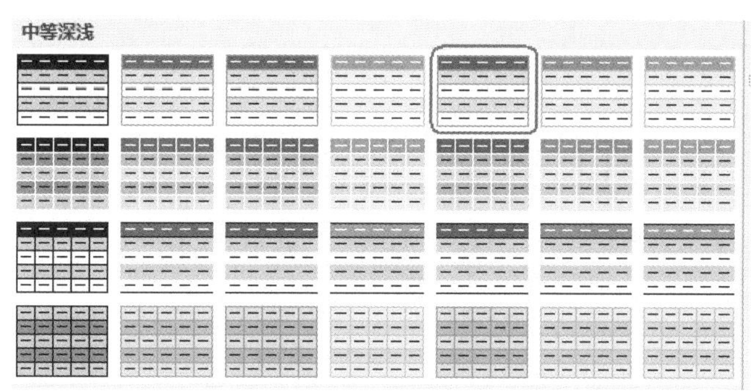

图2-21　设置表格样式

训练4　设置工作表背景

步骤：单击“页面布局”→“页面设置”组中背景按钮，在弹出的对话框中选择合适的图片后，单击“插入”按钮，为表格设置合适的背景，如图2-22所示。

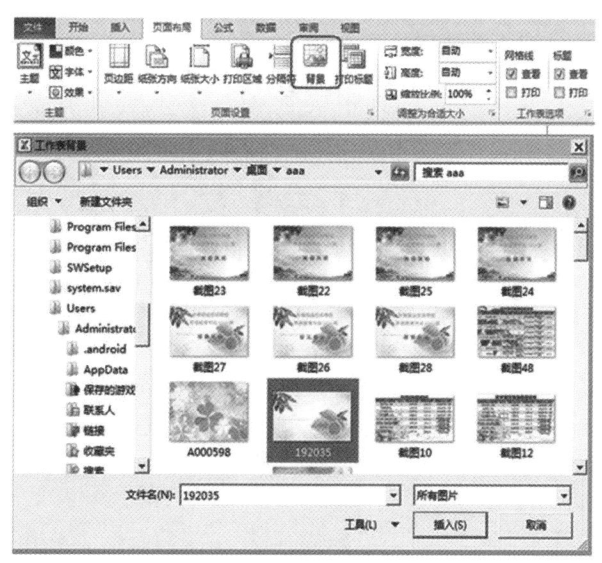

图2-22　设置表格背景

训练5　保存工作簿

步骤：编辑完成后在快速访问工具栏中单击“保存”按钮，保存“宝中旅行社旅游报价单”工作簿。

知识链接

1. 对齐方式

在Excel中，文本默认为左对齐，数字默认为右对齐。为了保证工资表中数据的整齐性，可以为数据设置其他的对齐方式，如垂直居中、居中、顶端对齐等方式。

2. 数字格式分类

数字的格式分为很多类别，如常规、数值、货币、会计专用、日期、时间、文本等。不同的格式分类对应了不同的用途，如文本类型的不具备计算的能力。

拓展训练

通过练习旅游路线报价表，我们进一步熟悉了Excel的基本操作，下面我们就来实战演练一下，对照样文要求，尝试制作“员工工资表”。样文如图2-23所示。

制作要求：

（1）新建一个名为员工工资表的工作簿。

（2）对照样文，输入所有数据，其中奖金和基本工资部分要求带上货币符号。

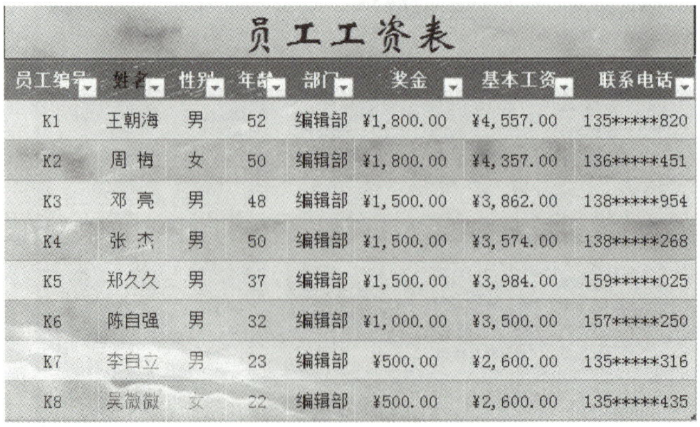

员工工资表							
员工编号	姓名	性别	年龄	部门	奖金	基本工资	联系电话
K1	王朝海	男	52	编辑部	¥1,800.00	¥4,557.00	135*****820
K2	周梅	女	50	编辑部	¥1,800.00	¥4,357.00	136*****451
K3	邓亮	男	48	编辑部	¥1,500.00	¥3,862.00	138*****954
K4	张杰	男	50	编辑部	¥1,500.00	¥3,574.00	138*****268
K5	郑久久	男	37	编辑部	¥1,500.00	¥3,984.00	159*****025
K6	陈自强	男	32	编辑部	¥1,000.00	¥3,500.00	157*****250
K7	李自立	男	23	编辑部	¥500.00	¥2,600.00	135*****316
K8	吴微微	女	22	编辑部	¥500.00	¥2,600.00	135*****435

图2-23　“员工工资表”样文

（3）要求使用快速填充，完成员工编号的数据输入。

（4）设置标题文字为“华文新魏”，字号为“28”，行高为“35”，其他数据设置为“宋体”，字号为“11”行高为“25”。列宽设置为自动调整列宽。

（5）对齐方式设置为“居中”对齐。

（6）套用表格格式为“表样式中等深浅3”。

（7）为表格设置一个合适的背景。

（8）保存后退出。

任务评价

考核项目	考核标准	分值	自评分	小组评分	综合得分
新建工作簿	使用“新建”命令创建的方法	10			
数据输入	数据的正确输入	10			
	数据格式的正确设置	10			
	正确使用快速填充	10			
行高、列宽的设置	行高的设置方法使用是否正确	10			
	列宽的设置是否正确	10			
字体、字号的设置	字体、字号的设置是否正确	10			
套用表格格式	套用表格格式是否正确	10			
背景设置	是否正确设置背景	10			
保存文档	使用“保存”命令保存文档	10			
总分		100			
努力方向：		建议：			

任务3 制作年度考核表

任务目标

通过本任务的学习，你将学会如下操作方法：

1. 使用公式计算数据
2. 使用函数计算数据
3. 求和函数的使用
4. 平均值函数的使用
5. IF函数的使用
6. 打印表格

任务情境

公司要对员工本年度的业绩进行综合考评，考评成绩对员工的年终奖金和个人发展有很大影响，你被分配了参与制作年度考评表的工作，需要高效、准确地完成这个任务。

任务解析

为了方便用户管理电子表格中的数据，Excel 2010提供了强大的公式功能，运用此功能可大大简化大量数据间的繁琐运算，极大地提高工作效率。而将特定功能的一组公式组合在一起就形成函数，使用函数能大大简化公式的输入过程。

实践操作

训练1　打开工作簿

步骤： 单击“文件”按钮，选择“打开”选项，在素材库中打开“年度考核表.xlsx”工作簿，如图2-24所示。

训练2　使用公式计算数据

步骤1： 选择H3单元格，然后在编辑栏中输入公式“=D3+E3+F3+G3”如图2-25

年度考核表

编号	姓名	部门	假勤考评	工作业绩	团队合作	学识技能	绩效总分	优良评定
1	杨一	销售部	29.475	33.875	33.6	8		
2	许叶军		29.3	35.675	34	5		
3	刘世羽		29.65	35.2	34.85	6		
4	魏华	技术部	29.675	32.3	33.475	5		
5	李谦		29.625	34.45	33.975	5		
6	李丽		29	32.875	32.575	7		
7	张千	生产部	29.325	34.3	34.725	5		
8	周艳		29.1	33.75	34.8	4		
9	李语		28.875	34.9	33.825	5		
10	李晨		28.76	32.65	32.13	5.5		
销售部	总分		技术部	总分		生产部	总分	
	平均分			平均分			平均分	

图2-24　打开工作簿

剪贴板　字体　对齐方式　数字　样式

SUM　=D3+E3+F3+G3

	A	B	C	D	E	F	G	H	I
1	年度考核表								
2	编号	姓名	部门	假勤考评	工作业绩	团队合作	学识技能	绩效总分	优良评定
3	1	杨一	销售部	29.475	33.875	33.6	8	+E3+F3+G3	
4	2	许叶军		29.3	35.675	34	5		
5	3	刘世羽		29.65	35.2	34.85	6		
6	4	魏华	技术部	29.675	32.3	33.475	5		
7	5	李谦		29.625	34.45	33.975	5		
8	6	李丽		29	32.875	32.575	7		

图2-25　使用公式计算数据

所示。按回车键即可在H3单元格中计算出结果。

步骤2：将光标移至H3单元格边框，当光标变为✚形状时，拖动鼠标至H4：H10单元格区域，释放鼠标，即可将H3单元格公式相对引用至H4：H10单元格区域中。

> 小技巧
>
> 在编辑栏中选择公式，按F4键可以实现相对引用和绝对引用的切换，按一次F4键可以相对引用转换为绝对引用，两次可以转换为混合引用，再按一次则还原为相对引用。

训练3　使用求和函数处理数据

步骤1：选择D13单元格，在“公式”→“函数库”中单击“插入函数”，在弹出的对话框中，在“或选择类别”下拉列表框中选择“常用函数”选项，然后在“选择函数”列表框中选择SUM选项，插入求和函数，单击“确定”按钮，如图2-26所示。

步骤2：在弹出的“函数参数”对话框中单击SUM栏中Number1文本框右侧的按钮，如图2-27所示。

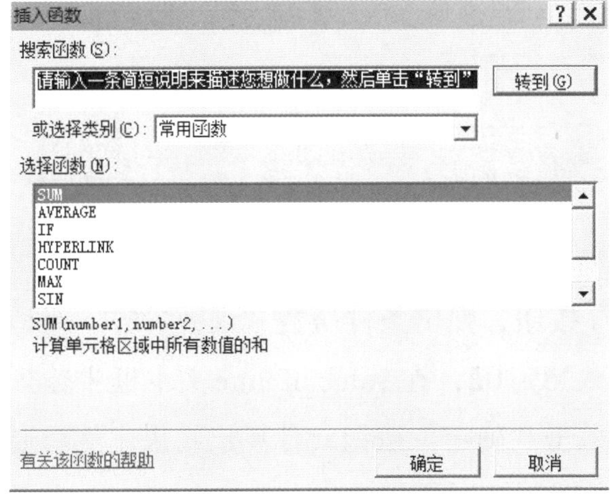

图2-26　“插入函数”对话框

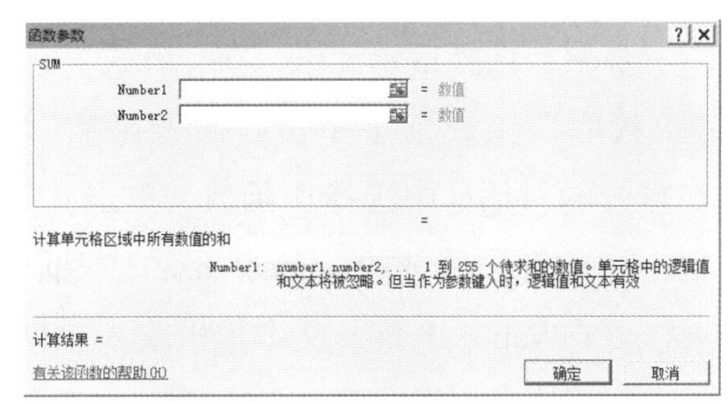

图2-27　“函数参数”对话框

步骤3：“函数参数”对话框成缩小状态，在表格中选择H3：H5单元格，单击“函数参数”对话框中的按钮。返回“函数参数”对话框，并显示了引用了单元格地址，单击“确定”按钮，便可以看到D13单元格中SUM求和函数计算出销售部总分，如图2-28所示。

训练4　使用平均函数处理数据

步骤：使用与上面相同方法在单元格C14单元格中插入平均值函数AVERAGE，并计算出结果，如图2-29所示。

年度考核表

编号	姓名	部门	假勤考评	工作业绩	团队合作	学识技能	绩效总分	优良评定
1	杨一	销售部	29.475	33.875	33.6	8	104.95	
2	许叶军		29.3	35.675	34	5	103.975	
3	刘世羽		29.65	35.2	34.85	6	105.7	
4	魏华	技术部	29.675	32.3	33.475	5	100.45	
5	李谦		29.625	34.45	33.975	5	103.05	
6	李丽		29	32.875	32.575	7	101.45	
7	张千	生产部	29.325	34.3	34.725	5	103.35	
8	周艳		29.1	33.75	34.8	4	101.65	
9	李语		28.875	34.9	33.825	5	102.6	
10	李晨		28.76	32.65	32.13	5.5	99.04	
销售部	总分	314.625	技术部	总分	304.95	生产部	总分	406.64
	平均分			平均分			平均分	

图2-28　使用求和函数处理数据

年度考核表

编号	姓名	部门	假勤考评	工作业绩	团队合作	学识技能	绩效总分	优良评定
1	杨一	销售部	29.475	33.875	33.6	8	104.95	
2	许叶军		29.3	35.675	34	5	103.975	
3	刘世羽		29.65	35.2	34.85	6	105.7	
4	魏华	技术部	29.675	32.3	33.475	5	100.45	
5	李谦		29.625	34.45	33.975	5	103.05	
6	李丽		29	32.875	32.575	7	101.45	
7	张千	生产部	29.325	34.3	34.725	5	103.35	
8	周艳		29.1	33.75	34.8	4	101.65	
9	李语		28.875	34.9	33.825	5	102.6	
10	李晨		28.76	32.65	32.13	5.5	99.04	
销售部	总分	314.625	技术部	总分	304.95	生产部	总分	406.64
	平均分	104.875		平均分	101.65		平均分	101.66

图2-29　使用平均值函数处理数据

训练5　使用IF函数处理数据

IF函数是一个条件函数，其中条件是一个逻辑表达式，其基本格式为“=IF（条件，真值，假值）”，当“条件”成立时，结果“真值”，否则取“假值”。本训练的要求是“绩效总分”的值大于102为“优”，其他为“良”。

年度考核表

编号	姓名	部门	假勤考评	工作业绩	团队合作	学识技能	绩效总分	优良评定
1	杨一	销售部	29.475	33.875	33.6	8	104.95	优
2	许叶军		29.3	35.675	34	5	103.975	优
3	刘世羽		29.65	35.2	34.85	6	105.7	优
4	魏华	技术部	29.675	32.3	33.475	5	100.45	良
5	李谦		29.625	34.45	33.975	5	103.05	优
6	李丽		29	32.875	32.575	7	101.45	良
7	张千	生产部	29.325	34.3	34.725	5	103.35	优
8	周艳		29.1	33.75	34.8	4	101.65	良
9	李语		28.875	34.9	33.825	5	102.6	优
10	李晨		28.76	32.65	32.13	5.5	99.04	良
销售部	总分	314.625	技术部	总分	304.95	生产部	总分	406.64
	平均分	104.875		平均分	101.65		平均分	101.66

图2-30　使用IF函数处理数据

步骤：选择I3单元格，在“公式”→“函数库”工具组中单击“插入函数”，在打开的对话框中选择IF函数，单击“确定”按钮，弹出条件函数“函数参数”对话框，在IF选项区域的Logical_test文本框中输入I3>102，在Value_if_ture文本框中输入“优”，在Value_if_false文本框中输入“良”，单击“确定”按钮，计算出结果，然后通过相对引用复制函数至I4：I12单元格区域，如图2-30所示。

训练6　打印表格

公司需要对考核结果进行公示，因此还需要打印表格。

步骤1：选择“文件”→“打印”命令，进入“打印”界面，在右侧可以预览打印效果，如图2-31所示。

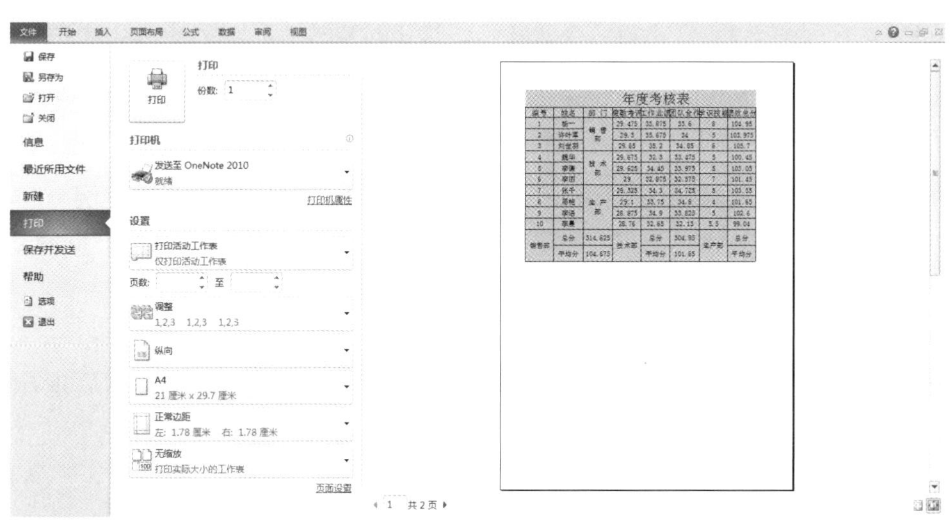

图2-31　打印预览

步骤2：设置纸张大小、打印方向：在打印预览的左侧有页面设置选项，选择纸张大小为“A4”，打印方向为“横向”，如图2-32所示。

步骤3：设置页边距：单击打印预览的左侧“页面设置”选项，在“页边距”选项的“居中方式”中选择“垂直”和“水平”后，单击“确定”按钮，如图2-33所示。

步骤4：缩放比例：单击打印预览的左侧“页面设置”选项，在“页面”→“缩放”选项中选择缩放比例为125%，单击“确定”按钮，如图2-34所示。

图2-32　设置打印纸张大小和打印方向

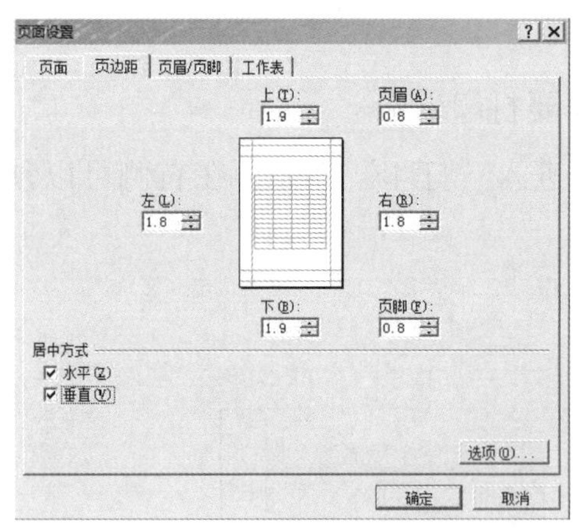

图2-33 设置页边距

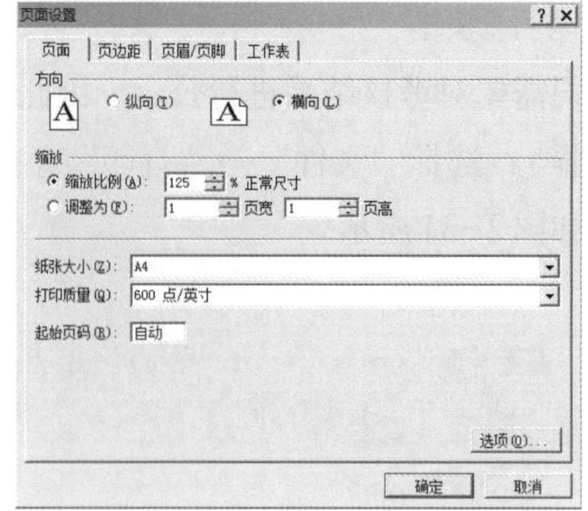

图2-34 设置缩放比例

训练7 保存退出

步骤：在快速访问工具栏中单击“保存”按钮，保存所有操作，然后退出。

知识链接

1. Excel中的公式

公式是对工作表中的数值执行计算的等式，又称表达式。公式以等号“=”开头。

2. Excel中函数

预先编写的公式，可以对一个或多个值执行运算，并返回一个或多个值，函数可以简化和缩短工作表中的公式，尤其在用公式执行很长或复杂的计算时。

3. 引用

引用其他单元格的值。

4. 运算符

一个标记或符号，指定表达式内执行的计算的类型，有数学、比较逻辑和引用运算符等。

5. 常量

数值不发生变化的固定值，例如，数字“231”、文本“优秀生比率”都是常量，而表达式以及表达式产生的值都不是常量。

拓展训练

通过制作“环宇电器第一季度销售额统计”工作簿，进一步熟悉利用公式和函数处理数据的方法，如图2-35所示，根据给出的素材完成以下的操作。

环宇电器第一季度销售额统计

分店	1月	2月	3月	汇总	月平均销售额	目标值
一分店	¥153,450.00	¥124,620.00	¥166,250.00	¥444,320.00	¥148,106.67	达标
二分店	¥128,360.00	¥145,720.00	¥158,760.00	¥432,840.00	¥144,280.00	达标
三分店	¥139,390.00	¥108,960.00	¥124,690.00	¥373,040.00	¥124,346.67	不达标
四分店	¥175,620.00	¥124,300.00	¥145,730.00	¥445,650.00	¥148,550.00	达标
五分店	¥104,230.00	¥157,620.00	¥136,780.00	¥398,630.00	¥132,876.67	不达标
六分店	¥163,530.00	¥134,600.00	¥178,030.00	¥476,160.00	¥158,720.00	达标

图2-35 环宇电器销售统计表

制作要求：

（1）打开素材库里环宇电器第一季度销售额统计工作簿。

（2）使用公式计算出汇总栏“一分店”的数据。

（3）使用相对引用快速处理汇总栏其他部分数据。

（4）使用平均函数计算出月平均销售额栏“一分店”数据。

（5）使用相对引用快速处理月平均销售额栏其他部分数据。

（6）使用IF函数判断各分店销售业绩是否达标（标准为一季度汇总是否大于400000，大于则达标）。计算机结果设置居中，不合格的字体颜色为红色。

（7）保存后退出。

任务评价

考核项目	考核标准	分值	自评分	小组评分	综合得分
打开工作簿	正确打开素材工作簿	10			
使用公式	公式的正确使用	10			
相对引用	能熟练使用相对引用	10			
函数的使用	求和函数正确使用	10			
	均值函数正确使用	10			
	IF 函数的正确使用	15			

续表

考核项目	考核标准	分值	自评分	小组评分	综合得分
打印表格	正确设置纸张大小	5			
	正确设置打印方向	5			
	正确设置页边距	10			
	正确设置缩放比例	10			
保存工作簿	使用“保存”命令保存文档	5			
总分		100			
努力方向：		建议：			

任务4 制作二手房房源信息表

任务目标

通过本任务的学习，你将学会如下操作方法：

1. 数据排序
2. 数据筛选
3. 分类汇总
4. 复制单元格
5. 重命名工作表

任务情境

二手房市场交易特别火爆，房屋信息变更迅速，作为刚入职的新人，需要对二手房房源信息进行有效的统计处理，怎样才能让客户对信息一目了然，能让最需要的信息直接呈现在用户面前呢?

任务解析

Excel 2010在排序、检索和汇总等数据管理方面具有强大的功能。Excel对表格中的数据进行排序、筛选、汇总等操作，以便更好地将所处理的数据直观地表现出来。

实践操作

训练1 数据排序

在素材库中打开“二手房房源信息表.xlsx”工作簿，如图2-36所示。

二手房房源信息表							
地址	位置	面积(m²)	楼层	房型	装修	单价(万元)	总价(万)
融侨华府	武昌区	147.49	4/7F	三室二厅	毛坯	0.85	125.5
华润凤凰城	武昌区	80.00	7/18F	三室一厅	精装、5年	1.53	123
万科嘉园	武昌区	56.00	4/11F	二室一厅	中装、地铁	1.42	80
山水华庭两证五年	武昌区	60.78	5/12F	二室一厅	毛坯	0.9	55
武昌洪山光谷东	武昌区	47.76	3/7F	一室一厅	简装	1.15	55
金地格林春岸	硚口区	72.44	4/4F	三室一厅	简装、5年	1.24	90
东方红花园106街对面	江汉区	105.67	6/7F	三室一厅	豪装、地铁	1.23	130
新华家园二期	江汉区	92.74	3/6F	二室一厅	简装	0.8	75
北洋桥鑫园	洪山区	75.85	6/7F	二室一厅	简装	1.18	90
中维月湖琴声	汉阳区	115.60	8/18F	三室二厅	豪装、婚房	1.12	130
宝安汉水琴台	汉阳区	78.83	7/28F	二室一厅	精装	1.33	105
宝安汉水琴台	汉阳区	70.51	6/32F	二室一厅	精装	1.34	95

图2-36 打开工作簿

在购房时用户通常最关心的是二手房的总价，再就是面积。下面就从这两方面对表格进行排序，以方便浏览。

步骤1： 选定A2：G14单元格区域，在“数据”→“排序和筛选”选项组中单击“排序”按钮，弹出“排序”对话框，如图2-37所示。

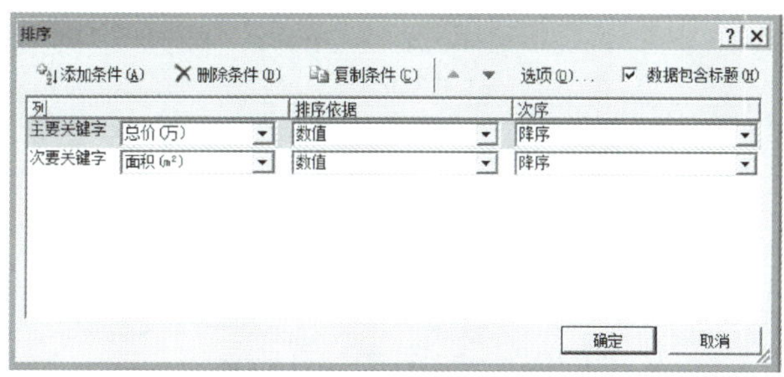

图2-37 排序对话框

步骤2： 在“主要关键字”下拉列表框中选择“总价”选项，其他选项使用默认设置，然后单击“添加条件”按钮，在“次要关键字”下拉列表框中选择“面积”选项，在“次序”下拉列表框中选择“降序”，单击“确定”按钮，此时即可按要求排序工作表记录，如图2-38所示。

训练2 数据筛选

排序完成后，可以根据客户需求通过设置条件筛选出需要的信息。

步骤1： 在“数据”→“排序和筛选”选项组中单击“筛选”按钮，单击“总价”下拉按钮，在下拉列表框中选择“数字筛选”→“自定义筛选”命令，如图2-39

二手房房源信息表

地址	位置	面积(m^2)	楼层	房型	装修	单价(万元)	总价(万)
中维月湖琴声	汉阳区	115.60	8/18F	三室二厅	豪装、婚房	1.12	130
东方红花园106街对面	江汉区	105.67	6/7F	三室一厅	豪装、地铁	1.23	130
融侨华府	武昌区	147.49	4/7F	三室二厅	毛坯	0.85	125.5
华润凤凰城	武昌区	80.00	7/18F	三室一厅	精装、5年	1.53	123
宝安汉水琴台	汉阳区	78.83	7/28F	二室一厅	精装	1.33	105
宝安汉水琴台	汉阳区	70.51	6/32F	二室一厅	精装	1.34	95
北洋桥鑫园	洪山区	75.85	6/7F	二室一厅	简装	1.18	90
金地格林春岸	硚口区	72.44	4/4F	三室一厅	简装、5年	1.24	90
万科嘉园	武昌区	56.00	4/11F	二室一厅	中装、地铁	1.42	80
新华家园二期	江汉区	92.74	3/6F	二室一厅	简装	0.8	75
山水华庭两证五年	武昌区	60.78	5/12F	二室一厅	毛坯	0.9	55
武昌洪山光谷东	武昌区	47.76	3/7F	一室一厅	简装	1.15	55

图2-38　排序效果图

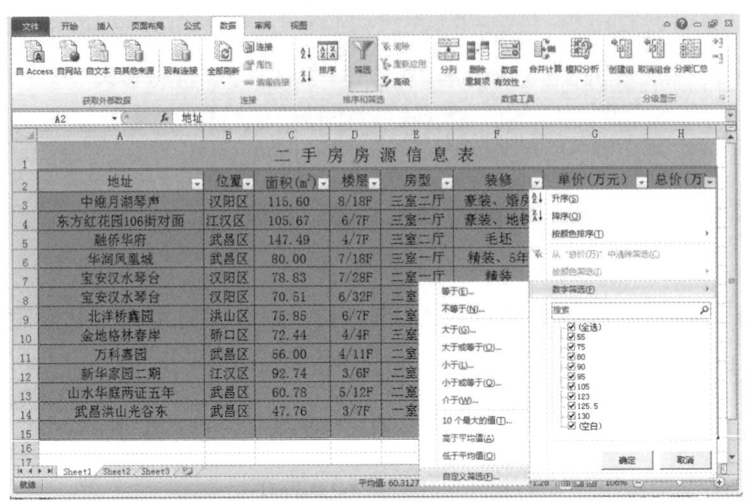

图2-39　打开“筛选”对话框

所示。

步骤2：在弹出的“自定义自动筛选方式”对话框的“总价（万）”下拉列表框中选择“大于或等于”选项，在其后的文本框中输入“75”，选中“与”单选按钮，并选择“小于或等于”选项，输入“120”，如图2-40所示。

图2-40　“自定义自动筛选方式”对话框

步骤3：最后单击“确定”按钮即可自动筛选出符合条件的记录，如图2-41所示。

二手房房源信息表							
地址	位置	面积(m^2)	楼层	房型	装修	单价(万元)	总价(万
宝安汉水琴台	汉阳区	78.83	7/28F	二室一厅	精装	1.33	105
宝安汉水琴台	汉阳区	70.51	6/32F	二室一厅	精装	1.34	95
北洋桥鑫园	洪山区	75.85	6/7F	二室一厅	简装	1.18	90
金地格林春岸	硚口区	72.44	4/4F	三室一厅	简装、5年	1.24	90
万科嘉园	武昌区	56.00	4/11F	二室一厅	中装、地铁	1.42	80
新华家园二期	江汉区	92.74	3/6F	二室一厅	简装	0.8	75

图2-41 自动筛选效果图

训练3 复制单元格

筛选完成后，将筛选的结果保存在工作表“Sheet2”中，并且把工作表的名称改为“筛选1”。

步骤1：选中筛选出来的单元格区域，单击“开始”→“剪贴板”选项组中“复制”按钮，如图2-42所示。

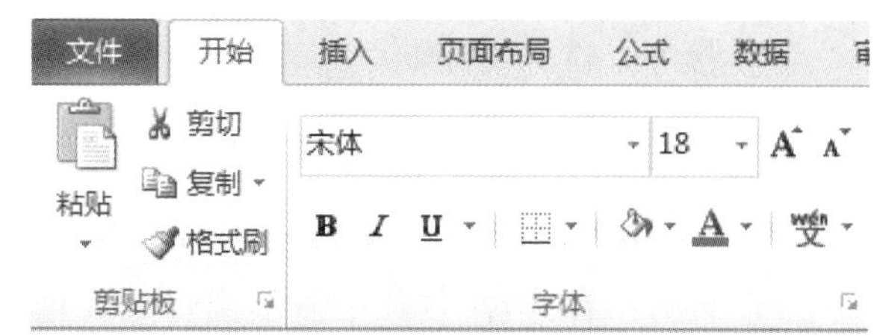

图2-42 复制单元格

步骤2：单击“Sheet2”标签，切换到该工作表中，在“开始”→“剪贴板”选项组中单击“粘贴”下拉按钮，在下拉列表框中选择“保留源列宽”，粘贴单元格，如图2-43所示。

二手房房源信息表							
址	位置	面积(m^2)	楼层	房型	装修	单价(万元)	总价(万)
水琴台	汉阳区	78.83	7/28F	二室一厅	精装	1.33	105
水琴台	汉阳区	70.51	6/32F	二室一厅	精装	1.34	95
桥鑫园	洪山区	75.85	6/7F	二室一厅	简装	1.18	90
林春岸	硚口区	72.44	4/4F	三室一厅	简装、5年	1.24	90
万科嘉园	武昌区	56.00	4/11F	二室一厅	中装、地铁	1.42	80
新华家园二期	江汉区	92.74	3/6F	二室一厅	简装	0.8	75

图2-43 粘贴单元格

步骤3：选定Sheet2工作表，在“开始”→“单元格”选项组中单击“格式”下拉按钮，在下拉列表框中选择“重命名工作表”命令，此时Sheet2工作表标签会处于可编辑状态，输入新的工作表名称“筛选1”即可，如图2-44所示。

训练4 高级筛选

如果客户的要求很多，可以使用高级筛选来处理，如客户要求查看总价小于110万元和每平方米单价小于1万元的汉阳区房源。

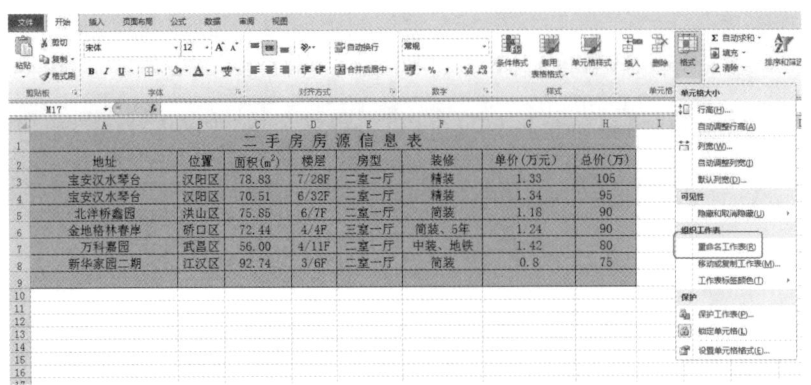

图2-44　重命名工作表

步骤1：选定房源信息表工作表，单击“数据”→“排序和筛选”选项组中“筛选”按钮，返回所有的数据。

步骤2：在A18：C19单元格区域中输入筛选条件，如图2-45所示。

步骤3：在表格中选中A2：H14单元格区域，然后在“数据”→“排序和筛选”选项组中单击“高级”按钮，弹出“高级筛选”对话框，如图2-46所示。

二 手 房 房 源 信 息 表

地址	位置	面积(m²)	楼层	房型	装修	单价(万元)	总价(万)
中维月湖琴声	汉阳区	115.60	8/18F	三室二厅	豪装、婚房	1.12	130
东方红花园106街对面	江汉区	105.67	6/7F	三室一厅	豪装、地铁	1.23	130
融侨华府	武昌区	147.49	4/7F	三室二厅	毛坯	0.85	125.5
华润凤凰城	武昌区	80.00	7/18F	三室一厅	精装、5年	1.53	123
宝安汉水琴台	汉阳区	78.83	7/28F	二室一厅	精装	1.33	105
宝安汉水琴台	汉阳区	70.51	6/32F	二室一厅	精装	1.34	95
北洋桥鑫园	洪山区	75.85	6/7F	二室一厅	简装	1.18	90
金地格林春岸	硚口区	72.44	4/4F	三室一厅	简装、5年	1.24	90
万科嘉园	武昌区	56.00	4/11F	二室一厅	中装、地铁	1.42	80
新华家园二期	江汉区	92.74	3/6F	二室一厅	简装	0.8	75
山水华庭两证五年	武昌区	60.78	5/12F	二室一厅	毛坯	0.9	55
武昌洪山光谷东	武昌区	47.76	3/7F	一室一厅	简装	1.15	55

位置	总价(万)	单价(万元)
汉阳区	<100	
汉阳区		<1.2

图2-45　输入筛选条件

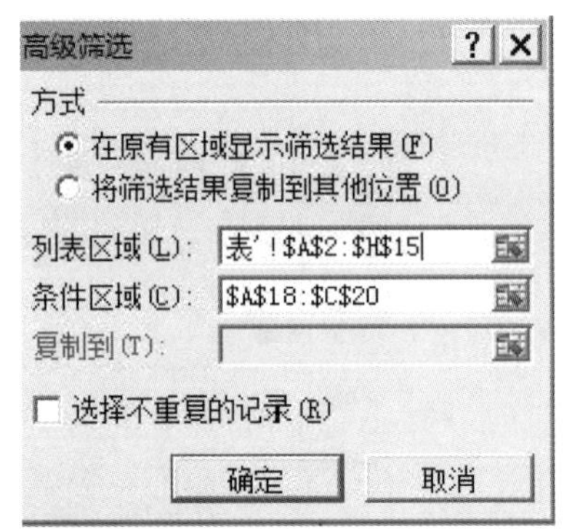

图2-46　“高级筛选”对话框

步骤4：单击“条件区域”文本框后的按钮，返回工作簿窗口，选择A18：C19的筛选条件，单击按钮，弹出“高级筛选”对话框，单击“确定”按钮，返回工作簿窗口，筛选出满足条件的数据，如图2-47所示。

二 手 房 房 源 信 息 表

地址	位置	面积(m²)	楼层	房型	装修	单价(万元)	总价(万)
中维月湖琴声	汉阳区	115.60	8/18F	三室二厅	豪装、婚房	1.12	130
宝安汉水琴台	汉阳区	70.51	6/32F	二室一厅	精装	1.34	95

图2-47　高级筛选效果图

步骤5：把筛选的结果保存在工作表“Sheet3”中，并且把工作表的名称改为“筛选2”。选定房源信息表工作表，单击“数据”→“排序和筛选”选项组中“筛选”按钮，返回所有的数据。

训练5 分类汇总

步骤1：选定工作表B列，单击降序按钮，对“位置”进行分类排序。

步骤2：选定任意一个单元格，单击“数据”→“分级显示”选项组中的“分类汇总”按钮，弹出“分类汇总”对话框，如图2-48所示。

小技巧

在创建分类汇总前，用户必须先按需要进行排序，使同类数据排列在一起，电子表格Excel 2010只会对连续相同的数据进行汇总。

步骤3：如图2-48所示，“分类字段”处选择“位置”，“汇总方式”处选择“计数”，“选定汇总项”处勾选“总价（万）”，单击“确定”按钮。效果如图2-49所示。

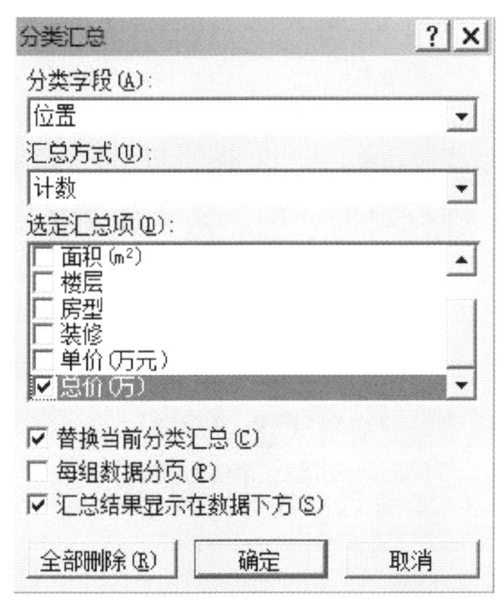

图2-48 分类汇总对话框

二手房房源信息表							
地址	位置	面积(m²)	楼层	房型	装修	单价(万元)	总价(万)
融侨华府	武昌区	147.49	4/7F	三室二厅	毛坯	0.85	125.5
华润凤凰城	武昌区	80.00	7/18F	三室一厅	精装、5年	1.53	123
万科嘉园	武昌区	56.00	4/11F	二室一厅	中装、地铁	1.42	80
山水华庭两证五年	武昌区	60.78	5/12F	二室一厅	毛坯	0.9	55
武昌洪山光谷东	武昌区	47.76	3/7F	一室一厅	简装	1.15	55
	武昌区 计数						5
金地格林春岸	硚口区	72.44	4/4F	三室一厅	简装、5年	1.24	90
	硚口区 计数						1
东方红花园106街对面	江汉区	105.67	6/7F	三室一厅	豪装、地铁	1.23	130
新华家园二期	江汉区	92.74	3/6F	二室一厅	简装	0.8	75
	江汉区 计数						2
北洋桥鑫园	洪山区	75.85	6/7F	二室一厅	简装	1.18	90
	洪山区 计数						1
中维月湖琴声	汉阳区	115.60	8/18F	三室二厅	豪装、婚房	1.12	130
宝安汉水琴台	汉阳区	78.83	7/28F	二室一厅	精装	1.33	105
宝安汉水琴台	汉阳区	70.51	6/32F	二室一厅	精装	1.34	95
	汉阳区 计数						3
	总计数						12

图2-49 分类汇总效果图

训练6 保存退出

步骤：在快速访问工具栏中单击“保存”按钮，保存所有操作，然后退出。

知识链接

1. 排序

工作表中的大量数据经常需要按照一定的规则进行排序，以查找需要的信息。在按列排序时，按照数据列表中某列数据的升序或降序进行排序，是最常用的排序方法。

2. 筛选

工作表的大量数据，经常需要按照一定的规则进行排序，以查找需要的信息。在按列排序时，按照数据列表中某列数据的升序或降序进行排序，是最常用的排序方法。

3. 分类汇总

分类汇总是对数据清单中的数据进行管理的重要工具，可以迅速地汇总各项数据，在汇总前须对数据进行排序。

拓展训练

通过制作二手房房源表，我们学习了处理数据的一些方法，下面我们就来挑战一下，根据要求，对“通力电器一季度销售业绩统计表”进行数据处理。素材如图2-50所示。

通力电器一季度销售业绩统计表

编号	姓名	部门	一月份销售总额	一月份净利润	二月份销售总额	二月份净利润	三月份销售总额	三月份净利润	总销售额	一季度净利润
XS28	程小丽	销售（1）部	66,500	13,965	95,500	18,145	86,500	12,975	248,500	45,085
XS7	张艳	销售（1）部	73,500	15,435	64,500	12,255	84,000	12,600	222,000	40,290
XS41	卢红	销售（1）部	75,500	15,855	87,000	20,010	78,000	11,700	240,500	47,565
XS1	刘丽	销售（1）部	79,500	16,695	68,000	15,640	96,000	14,400	243,500	46,735
XS15	杜月	销售（1）部	82,050	17,231	90,500	20,815	65,150	9,773	237,700	47,818
XS30	张成	销售（1）部	82,500	20,625	81,000	15,390	96,500	14,475	260,000	50,490
XS29	卢红燕	销售（1）部	84,500	21,125	99,500	18,905	84,500	12,675	268,500	52,705
XS17	李佳	销售（1）部	87,500	21,875	67,500	19,575	78,500	15,700	233,500	57,150
SC14	杜月红	销售（2）部	88,000	18,480	83,000	24,070	62,000	12,400	233,000	54,950
sc67	李成	销售（2）部	92,000	19,320	97,000	28,130	75,000	15,000	264,000	62,450
XS26	张红军	销售（2）部	93,000	20,460	92,000	26,680	87,000	17,400	272,000	64,540
XS8	李诗诗	销售（2）部	93,050	20,471	77,000	14,630	95,000	19,000	265,050	54,101
XS6	杜乐	销售（2）部	96,000	21,120	100,000	19,000	62,000	9,300	258,000	49,420
XS44	刘大为	销售（2）部	96,500	20,265	90,500	17,195	99,500	14,925	286,500	52,385
XS38	唐艳霞	销售（2）部	97,500	20,475	72,000	13,680	84,500	12,675	254,000	46,830

图2-50　通力电器一季度销售业绩统计表

制作要求：

（1）以“总销售额”为主要条件，“一季度净利润”为次要条件进行降序排序。

（2）以大于80000为条件，对“一月份销售总额”进行简单筛选。

（3）把筛选出的结果复制到工作表“Sheet2”中。

（4）以“一月份销售总额”“二月份销售总额”大于80000或“一季度净利润”大于54000为条件进行高级筛选。

（5）把筛选出的结果复制到工作表“Sheet3”中。

（6）按各销售部进行分类汇总，计算“总销售额”的平均值。

任务评价

考核项目	考核标准	分值	自评分	小组评分	综合得分
打开工作簿	正确打开素材工作簿	10			
排序	正确使用排序	10			
筛选	正确使用简单筛选	10			
	正确使用高级筛选	20			
复制单元格	正确复制单元格	10			
	正确重命名工作表	10			
分类汇总	正确使用分类汇总	20			
保存文档	保存文档	10			
总分		100			
努力方向：		建议：			

任务5 制作销售统计表

任务目标

通过本任务的学习，你将学会如下操作方法：

1. 使用数据透视表
2. 使用数据透视图

任务情境

导师要求市场营销专业的学生提交一篇关于2014年汽车销售的论文，你作为学生之一，找到了2014年汽车销售的一些数据，准备引用到你的论文中。引用之前需要对数据进行一些处理，使用图表当然是必不可少的方法之一。

任务解析

素材中数据较多，创建数据透视表进行多种比较，由于数据透视表是交互式的，因此，可以更改数据的视图以查看更多明细数据或计算不同的汇总额，而且还可以创建数据透视图更直观地表达表格中的数据。

实践操作

训练1　打开工作簿

步骤：单击“文件”按钮，选择“打开”命令，在素材库中打开“中国轿车销量排行榜.xlsx”工作簿，如图2-51所示。

2014年4月中国轿车销量排行榜

排名	车型	所属厂家	所属品牌	4月销量	1-4月累计
1	福克斯	长安福特	福特	34006	134509
2	桑塔纳	上海大众	大众	33784	127182
3	朗逸	上海大众	大众	31465	149959
4	轩逸	东风日产	日产	28672	97548
5	速腾	一汽大众	大众	27847	102010
6	捷达	一汽大众	大众	26078	100991
7	帕萨特	上海大众	大众	24381	99311
8	凯越	上海通用	别克	24092	98953
9	宝来	一汽大众	大众	21448	81517
10	赛欧	上海通用	雪佛兰	21348	84949
11	科鲁兹	上海通用	雪佛兰	20036	84968
12	迈腾	一汽大众	大众	19177	74904
13	高尔夫	一汽大众	大众	19116	61447
14	朗动	北京现代	现代	18869	74251
15	英朗	上海通用	别克	18253	91704
16	瑞纳	北京现代	现代	17712	74432
17	奥迪A6L	一汽大众	奥迪	15289	55784
18	起亚K3	东风悦达起亚	起亚	15119	52329
19	凯美瑞	广汽丰田	丰田	13188	53183
20	威驰	一汽丰田	丰田	13084	44664
21	凌派	广汽本田	本田	12743	50224
22	逸动	长安汽车	长安	12617	48582
23	帝豪EC7	吉利控股	吉利	12484	44587
24	悦动	北京现代	现代	12423	53997
25	宝马5系	华晨宝马	宝马	12359	46536
26	起亚K2	东风悦达起亚	起亚	12120	52589

图2-51　打开工作簿

训练2　创建数据透视表

步骤1：打开“插入”选项卡，在“表格”选项组中单击“数据透视表”按钮，在弹出的菜单中选择“数据透视表”命令，打开“创建数据透视表及数据透视图”对话框，如图2-52所示。

步骤2：在对话框中选中“请选择要分析的数据”栏中的“选择一个表或区域(S)”单选按钮，单击“表/区域”文本框后的按钮，在对话框呈缩小状态时，选中A2：F122单元格区域，如图2-53所示。

小技巧

表格较长时，可将光标放在工作表区域内，按组合键Ctrl+A，全选工作表数据区域。

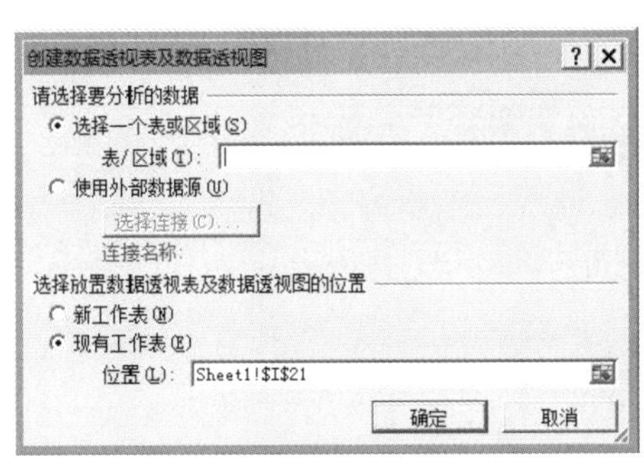

图2-52 “创建数据透视表及数据透视图”对话框

图2-53 选择创建区域

步骤3：单击对话框中的“关闭”按钮，返回“创建数据透视表及数据透视图”对话框，选中“选择放置数据透视表及数据透视图的位置”栏中的“现有工作表(E)”单选按钮，单击“位置”文本框后的按钮，单击“Sheet2”标签，切换到该工作表中，选择A4单元格，然后返回“创建数据透视表及数据透视图”对话框，单击“确定”按钮，如图2-54所示。

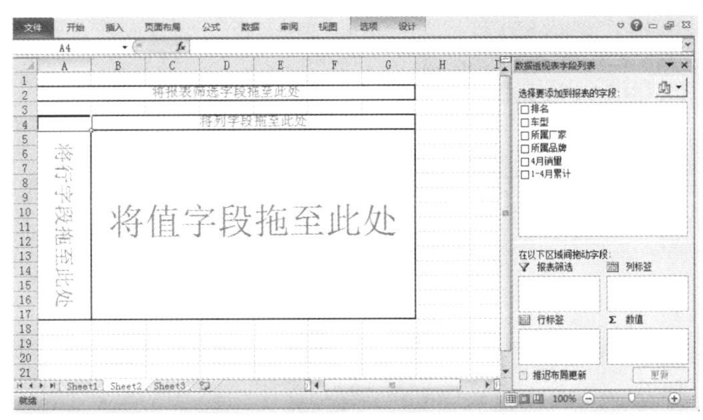

图2-54 创建数据透视表

步骤4：默认创建的透视表是空的，在“数据透视表字段列表”任务窗格中设置字段布局，工作表中的数据透视表会进行相应变化。主要在透视表中体现“所属厂家”“4月销量”“1-4月累计”三个方面的数据情况，可按图2-55进行设置。

步骤5：打开“数据透视表工具”的“设计”选项卡，快速套用样式“表样式中等深浅15”。在“选项”选项卡中对“4月销量”进行降序，在“开始”选项组中设置

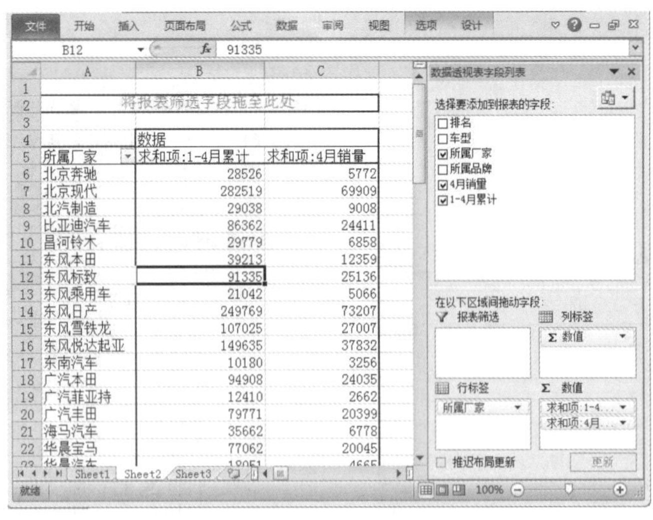

图2-55　创建数据透视表效果图

“边框”为所有边框，“对齐方式”为“居中”。把B5、C5单元格的“求和项：”用“空格”代替，如图2-56所示。

训练3　创建数据透视图

步骤1：单击数据透视表任意单元格，打开“数据透视表工具”的“选项”选项卡，在“工具”选项组中单击“数据透视图”按钮，在弹出的“插入图表”对话框中选择“饼图”，如图2-57所示。

所属厂家	数据 4月销量	求和项:1-4月累计
北京奔驰	5772	28526
北京现代	69909	282519
北汽制造	9008	29038
比亚迪汽车	24411	86362
昌河铃木	6858	29779
东风本田	12359	39213
东风标致	25136	91335
东风乘用车	5066	21042
东风日产	73207	249769
东风雪铁龙	27007	107025
东风悦达起亚	37832	149635
东南汽车	3256	10180
广汽本田	24035	94908
广汽菲亚持	2662	12410
广汽丰田	20399	79771
海马汽车	6778	35662
华晨宝马	20045	77062
华晨汽车	4665	18051

图2-56　编辑后数据透视表效果图

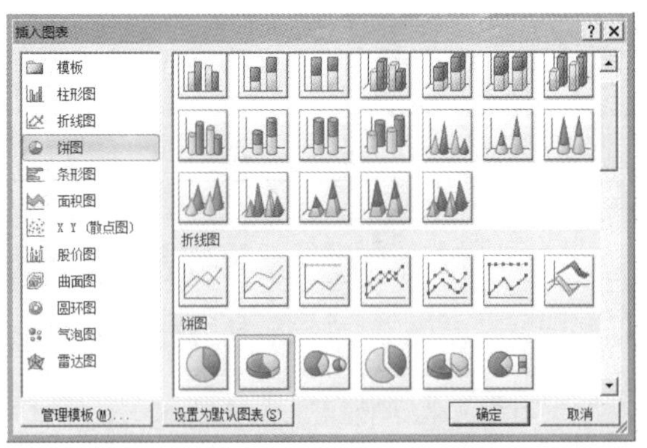

图2-57　数据透视图

步骤2：单击“确定”按钮，插入数据透视图。选定数据透视图，按住鼠标左键拖动图表到合适位置，如图2-58所示。

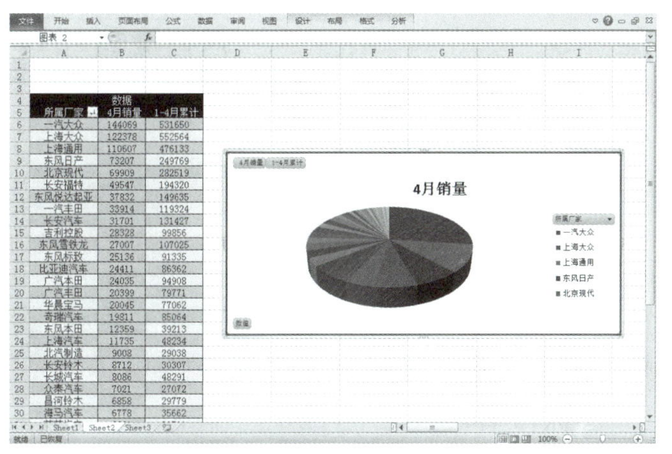

图2-58　插入图表对话框

训练4　保存退出

步骤：在快速访问工具栏中单击“保存”按钮，保存所有操作，然后退出。

知识链接

1. 数据透视表

数据透视表是对数据源进行透视，并且进行分类汇总，比较大量的数据、筛选，可以达到快速查看源数据的不同的统计结果。数据透视表有机地综合了数据排序、筛选、分类汇总等常用的数据分析方法和优点，并且可以方便地调整分类汇总的方式，灵活地以多种不同的方式展示数据的特点。

2. 源数据

用于创建数据透视表或数据透视图的数据清单或表。源数据可以来自 Excel 数据清单或区域、外部数据库或多维数据集，或者另一张数据透视表。

拓展训练

数据透视表功能强大、交互性强，我们初步学习了数据透视表的一般方法，下面我们就来挑战一下，根据要求，对“兴科电器2011年销售汇总”进行数据处理。素材如图2-59所示。

制作要求：

（1）打开工作簿。

（2）在工作表“Sheet2”中创建数据透视表。

（3）行字段为“销售店”数值为“销售额”。

（4）对“销售额”进行“降序”排序，自定义表格样式、字体、字号，居中对齐。

（5）用“饼图”中的“三维饼图”创建数据透视图，并且调整至合适位置。

（6）保存文件。

兴科电器2011年销售汇总

销售店	产品名称	规格型号	销售数量	单价	销售额
东门店	电冰箱	华凌BCD-175HC	24	2888.00	69312.00
东门店	空调机	格力KF-26GW/K（2638）B	17	2300.00	39100.00
东门店	炒锅	爱仕达ASD蜂巢不粘炒锅A8536	330	118.00	38940.00
东门店	电饭锅	松下SR-C15EH	222	168.00	37296.00
东门店	抽油烟机	华帝CXW-120-4	53	666.00	35298.00
东门店	电冰箱	美凌786FD2（双体）	23	1280.00	29440.00
东门店	微波炉	美的JT-80L	63	420.00	26460.00
东门店	风扇	熊猫牌16寸落地扇	430	50.00	21500.00
东门店	台式燃气灶	华帝旋之火96XB	29	720.00	20880.00
东门店	电热水器	阿里斯顿TURBO GB40（30升）	32	580.00	18560.00
西门店	抽油烟机	华帝CXW-120-4	53	666.00	35298.00
西门店	炒锅	爱仕达ASD蜂巢不粘炒锅A8536	230	118.00	27140.00
西门店	电视机	康佳T2573S	20	1350.00	27000.00
西门店	洗衣机	金羚 XQB50-418G	56	466.00	26096.00
西门店	台式燃气灶	华帝旋之火96XB	29	720.00	20880.00
西门店	电热水器	阿里斯顿TURBO GB40（30升）	32	580.00	18560.00
西门店	空调机	格力KF-26GW/K（2638）B	8	2300.00	18400.00
西门店	煤气罐	加德士煤气罐A型	345	38.00	13110.00
西门店	台灯	若雅调光台灯	160	75.00	12000.00
西门店	风扇	熊猫牌16寸落地扇	230	50.00	11500.00
西门店	电热水壶	天际 ZDH-110A	28	88.00	2464.00

图2-59　兴科电器销售统计

任务评价

考核项目	考核标准	分值	自评分	小组评分	综合得分
打开工作簿	正确打开素材工作簿	10			
数据透视表	正确创建数据透视表	20			
	正确设置数据透视表	20			
	正确美化数据透视表	20			
数据透视图	正确创建数据透视图	10			
	正确选择数据透视图	10			
保存文档	保存文档	10			
总分		100			
努力方向：		建议：			

任务6 制作员工工资表

任务目标

通过本任务的学习，你将学会如下操作方法：

1. 数据的输入
2. 公式、函数的使用
3. 表格的设置
4. 数据汇总及插入图表
5. 打印表格

任务情境

新华公司财务部每月对员工工资进行例行的统计。制作电子表格后上交公司主管审核，这个月你作为新入职的文员负责电子表格的制作。

任务解析

根据素材，综合运用Excel各种基础知识，能方便地制作出各种电子表格，使用公式和函数对数据进行复杂的运算；用各种图表来表示数据直观明了，功能强大且大众化实用，是Office系统的最基本三大组件之一。

实践操作

训练1　新建工作簿

步骤：启动Excel 2010，新建一个空白的工作簿，然后根据公司情况制作工资表，如图2-60所示。

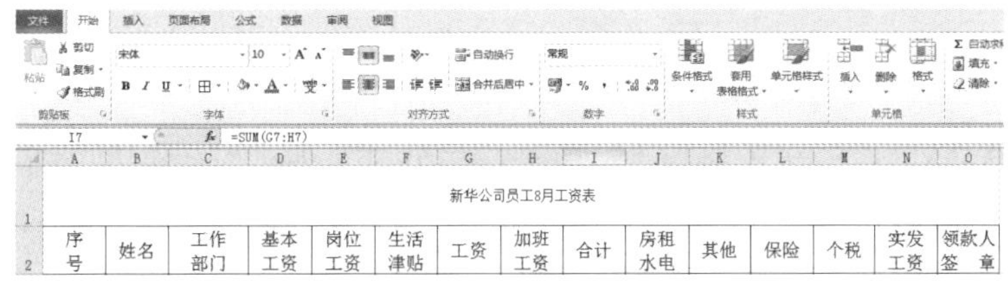

图2-60　新建工作簿

训练2　输入数据

步骤1：在素材中打开“员工名单.xlsx”，选中A1：C22单元格区域，右击复制该单元格区域到新工作簿中，如图2-61所示。

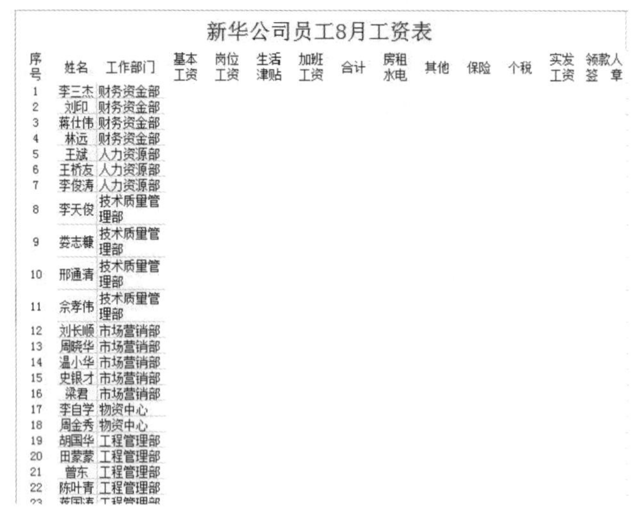

新华公司员工8月工资表

序号	姓名	工作部门	基本工资	岗位工资	生活津贴	加班工资	合计	房租水电	其他	保险	个税	实发工资	领款人签章
1	李三杰	财务资金部											
2	刘印	财务资金部											
3	蒋仕伟	财务资金部											
4	林远	财务资金部											
5	王斌	人力资源部											
6	王桥友	人力资源部											
7	李俊涛	人力资源部											
8	李天俊	技术质量管理部											
9	娄志糠	技术质量管理部											
10	邢通清	技术质量管理部											
11	佘孝伟	技术质量管理部											
12	刘长顺	市场营销部											
13	周晓华	市场营销部											
14	温小华	市场营销部											
15	史银才	市场营销部											
16	梁君	市场营销部											
17	李自学	物资中心											
18	周金秀	物资中心											
19	胡国华	工程管理部											
20	田蒙蒙	工程管理部											
21	曾东	工程管理部											
22	陈叶青	工程管理部											

图2-61　员工名单

步骤2：“基本工资”和“生活津贴”都分别为1500和1200使用填充柄能快速输入，其他部分如图2-62所示。

新华公司员工8月工资表

序号	姓名	工作部门	基本工资	岗位工资	生活津贴	加班工资	合计	房租水电	其他扣款	保险	个税	实发工资	领款人签章
1	李三杰	财务资金部	1500	5000	1200					290.00			
2	刘印	财务资金部	1500	1200	1200					290.00			
3	蒋仕伟	财务资金部	1500	1200	1200	200		100		290.00			
4	林远	财务资金部	1500	800	1200	200				290.00			
5	王斌	人力资源部	1500	3500	1200					290.00			
6	王桥友	人力资源部	1500	1200	1200					290.00			
7	李俊涛	人力资源部	1500	1200	1200					290.00			
8	李天俊	技术质量管理部	1500	3500	1200				100	290.00			
9	娄志糠	技术质量管理部	1500	2000	1200					290.00			
10	邢通清	技术质量管理部	1500	1500	1200			100		290.00			
11	佘孝伟	技术质量管理部	1500	1500	1200			100		290.00			
12	刘长顺	市场营销部	1500	2500	1200					290.00			
13	周晓华	市场营销部	1500	1000	1200					290.00			
14	温小华	市场营销部	1500	800	1200					290.00			
15	史银才	市场营销部	1500	800	1200					290.00			
16	梁君	市场营销部	1500	800	1200					290.00			
17	李自学	物资中心	1500	2500	1200					290.00			
18	周金秀	物资中心	1500	1000	1200			100	200	290.00			
19	胡国华	工程管理部	1500	3500	1200	500				290.00			
20	田蒙蒙	工程管理部	1500	1800	1200	500				290.00			
21	曾东	工程管理部	1500	1500	1200	500				290.00			
22	陈叶青	工程管理部	1500	1500	1200	500		100		290.00			
23	蒋国涛	工程管理部	1500	1500	1200	500		100		290.00			

图2-62　输入数据

训练3　使用函数、公式编辑数据

步骤1：选中D5：G5单元格区域，单击“公式”→“函数库”中“自动求和”按钮计算出工资合计总额，并用填充柄应用到所有员工，如图2-63所示。

步骤2：根据最新的个人所得税收规定计算每个人的个税，选定L3单元格编辑公

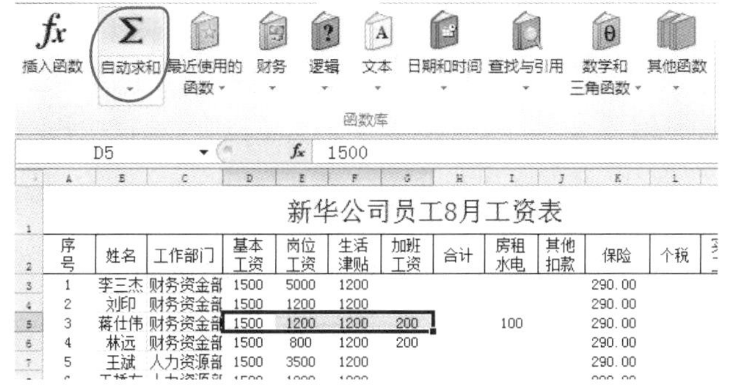

图2-63　使用自动求和

式：=ROUND（MAX（(H3-3500）*5%*{0.6，2，4，5，6，7，9}-5*{0，21，111，201，551，1101，2701}，0），2）其中，ROUND为计算按指定位数四舍五入的函数。计算完成后使用填充柄应用到所有员工。

步骤3：选定N4单元格编辑公式=ROUND（(H3-I3-J3-K3-L3)，1）计算实发工资后使用填充柄应用到所有员工，如图2-64所示。

新华公司员工8月工资表

序号	姓名	工作部门	基本工资	岗位工资	生活津贴	加班工资	合计	房租水电	其他	保险	个税	实发工资	领款人签　章
1	李三杰	财务资金部	1500	5000	1200		7700			290.00	315.00	7095.00	
2	刘印	财务资金部	1500	1200	1200		3900			290.00	0	3610.00	
3	蒋仕伟	财务资金部	1500	1200	1200	200	4100	100		290.00	18.00	3692.00	
4	林远	财务资金部	1500	800	1200	200	3700			290.00	0	3410.00	
5	王斌	人力资源部	1500	3500	1200		6200			290.00	165.00	5745.00	
6	王桥友	人力资源部	1500	1200	1200		3900			290.00	12.00	3598.00	
7	李俊涛	人力资源部	1500	1200	1200		3900			290.00	12.00	3598.00	
8	李天俊	技术质量管理部	1500	3500	1200		6200		100	290.00	165.00	5645.00	
9	娄志糠	技术质量管理部	1500	2000	1200		4700			290.00	36.00	4374.00	
10	邢通清	技术质量管理部	1500	1500	1200		4200	100		290.00	21.00	3789.00	
11	佘孝伟	技术质量管理部	1500	1500	1200		4200	100		290.00	21.00	3789.00	
12	刘长顺	市场营销部	1500	2500	1200		5200			290.00	65.00	4845.00	
13	周晓华	市场营销部	1500	1000	1200		3700			290.00	6.00	3404.00	
14	温小华	市场营销部	1500	800	1200		3500			290.00		3210.00	
15	史银才	市场营销部	1500	800	1200		3500			290.00		3210.00	
16	梁君	市场营销部	1500	800	1200		3500			290.00		3210.00	
17	李自学	物资中心	1500	2500	1200		5200			290.00	65.00	4845.00	
18	周金秀	物资中心	1500	1000	1200		3700	100	200	290.00	6.00	3104.00	
19	胡国华	工程管理部	1500	3500	1200	500	6700			290.00	215.00	6195.00	
20	田蒙蒙	工程管理部	1500	1800	1200	500	5000			290.00	45.00	4665.00	
21	曾东	工程管理部	1500	1500	1200	500	4700			290.00	36.00	4374.00	
22	陈叶青	工程管理部	1500	1500	1200	500	4700	100		290.00	36.00	4274.00	
23	[illegible]	工程管理部	1500	1500	1200	500	4700	100		290.00	36.00	4274.00	

Sheet1 Sheet2 Sheet3 Sheet4 Sheet5 Sheet6

图2-64　使用公式函数处理数据

训练4　设置表格格式

步骤1：选中A1：N1单元格区域，在“开始”→“字体”选项组中的“字体”下拉列表框中选择“华文彩云”，“字号”下拉列表框中选择26，单击“加粗”按钮，单击“字体颜色”下拉按钮，在下拉列表框中选择“红色”。

步骤2：选中A2：N2单元格区域，在“开始”→“字体”选项组中的“字号”下拉列表中选择16，单击“加粗”按钮，单击“字体颜色”下拉按钮，在下拉列表框中选择“深蓝色”，单击“开始”→“对齐方式”选项组中的“居中”按钮 。

步骤3：选择A3：N25单元格区域，在“开始”→“字体”选项组中的“字体”下拉列表框中选择“宋体”，“字号”下拉列表框中选择16。选中A2：N2单元格区域，在“开始”→“字体”选项组中的“填充颜色”下拉列表框中选择“蓝色、强调文字1”，选中A2：N2单元格区域，在“开始”→“字体”选项组中的“填充颜色”下拉列表框中选择“蓝色、强调文字1”，选中A3：C25单元格区域，在“开始”→“字体”选项组中的“填充颜色”下拉列表框中选择“橙色、强调文字6，淡色40%”，选中D3：H25单元格区域，设置为“橄榄绿、强调文字3，淡色40%”，选中I3：M25单元格区域，设置为“红色、强调文字2，淡色40%”，选中N3：N25单元格区域，设置为“橙色、强调文字6，淡色40%”。

步骤4：选中A2：N25单元格区域，在“开始”→“字体”选项组中的“框线”下拉列表框中选择“所有框线”，在“开始”→“单元格”选项组中的“格式”下拉列表框中选择“自动调整列宽”和“自动调整行高”，如图2-65所示。

新华公司员工7月工资表

序号	姓名	工作部门	基本工资	岗位工资	生活津贴	加班工资	合计	房租水电	其他	保险	个税	实发工资	领款人签章
1	李三杰	财务资金部	1500	5000	1200		7700			290	315	7095	
2	刘印	财务资金部	1500	1200	1200		3900			290	12	3598	
3	蒋仕伟	财务资金部	1500	1200	1200	200	4100			290	18	3792	
4	林远	财务资金部	1500	800	1200	200	3700			290	6	3404	
5	王斌	人力资源部	1500	4500	1200		7200			290	265	6645	
6	王桥友	人力资源部	1500	1200	1200		3900			290	12	3598	
7	李俊涛	人力资源部	1500	1200	1200		3900			290	12	3598	
8	李天俊	技术质量管理部	1500	3500	1200		6200		100	290	165	5645	
9	娄志糖	技术质量管理部	1500	2000	1200		4700			290	36	4374	
10	邢通清	技术质量管理部	1500	1500	1200		4200	100		290	21	3789	
11	余孝伟	技术质量管理部	1500	1500	1200		4200	100		290	21	3789	
12	刘长顺	市场营销部	1500	2500	1200		5200			290	65	4845	
13	周晓华	市场营销部	1500	1000	1200		3700			290	6	3404	
14	温小华	市场营销部	1500	800	1200		3500			290	0	3210	
15	史银才	市场营销部	1500	800	1200		3500			290	0	3210	
16	梁君	市场营销部	1500	800	1200		3500			290	0	3210	
17	李自学	物资中心	1500	2500	1200	200	5400			290	85	5025	
18	周金秀	物资中心	1500	1000	1200		3700	100	200	290	6	3104	
19	胡国华	工程管理部	1500	3500	1200	500	6700			290	215	6195	
20	田蒙蒙	工程管理部	1500	1800	1200	500	5000			290	45	4665	
21	曾东	工程管理部	1500	1500	1200	500	4700			290	36	4374	
22	陈叶青	工程管理部	1500	1500	1200	500	4700	100		290	36	4274	
23	蒋国涛	工程管理部	1500	1500	1200	500	4700	100		290	36	4274	

图2-65　设置表格格式

训练5　数据处理

步骤1：统计出各个部门的人数，应发工资和实发工资的和。进行分类汇总首先要进行排序，选定工作表A2：N25区域，单击排序按钮，对“工作部门”进行排序。在“排序”对话框中选择“次序”下拉菜单的“自定义序列”选项，弹出“自定义序列”对话框，如图2-66所示。

输入“财务资金部 人力资源部 技术质量管理部 市场营销部 物资中心 工程管理部”为新序列，添加到自定义序列中，单击“确定”按钮。返回“排序”对话框，“主要关键字”选择“工作部门”，确定后排序。

步骤2：选定任意一个单元格，单击“数据”→“分级显示”选项组中的“分类汇总”按钮，弹出“分类汇总”对话框。在“分类字段”下拉列表框中选择“工作部门”，

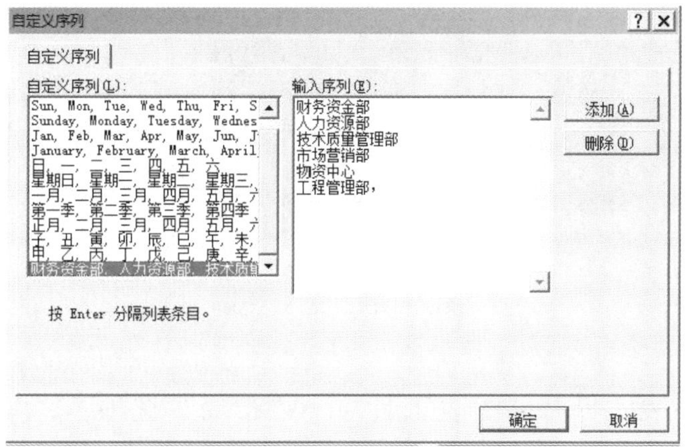

图2-66 自定义序列

在“汇总方式”下拉列表框中选择“计数”，在“选定汇总项”列表框中，勾选需要统计的“姓名”，如图2-67所示。

步骤3：再次单击“数据”→“分级显示”选项组中的“分类汇总”按钮，弹出“分类汇总”对话框。在“分类字段”下拉列表框中选择“工作部门”，在“汇总方式”下拉列表框中选择“求和”，在“选定汇总项”列表框中勾选需要统计的“合计”，取消勾选“替换当前分类汇总”复选框，如图2-68所示。

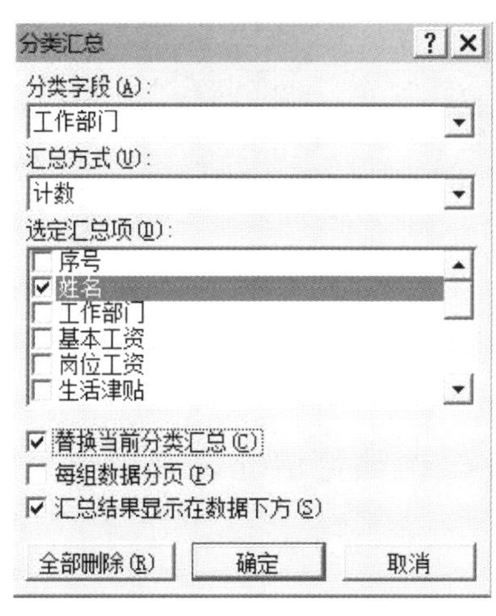

图2-67 分类汇总1

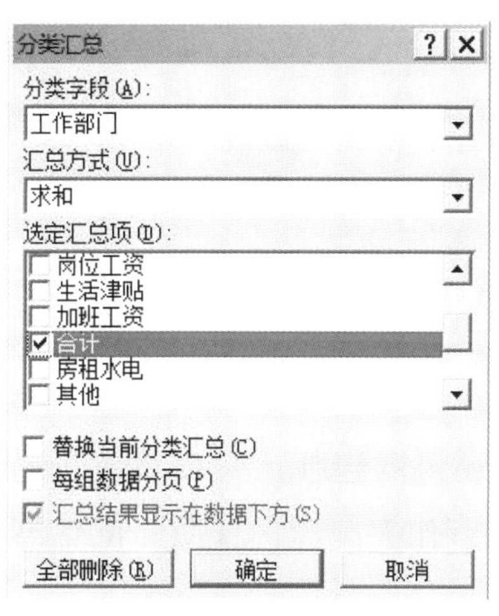

图2-68 分类汇总2

训练6 插入图表

步骤1：选中各部门工资合计汇总区域，单击“插入”→“图表”选项卡“柱状图”下拉按钮，选择“二维柱形图”中的“堆积柱形图”，并移动图表至合适位置，如图2-69所示。

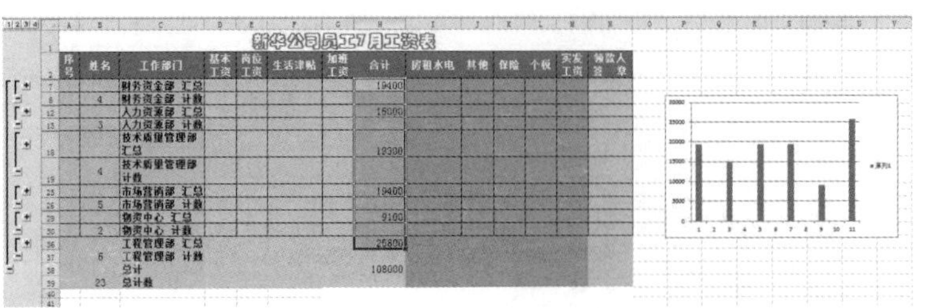

图2-69　插入图表

步骤2：选中图表，打开“图表工具”→“布局”选项卡，单击“标签”组中的“图表标签”按钮，从弹出的菜单中选择“居中覆盖标题”命令，并在标题处输入“各部门工资合计统计图”。

训练7　打印表格

步骤1：选择“文件”→“打印”命令，进入“打印”界面，在右侧可以预览打印效果，将页面设置为横向，缩放比例80%，如图2-70所示，页脚为页号。

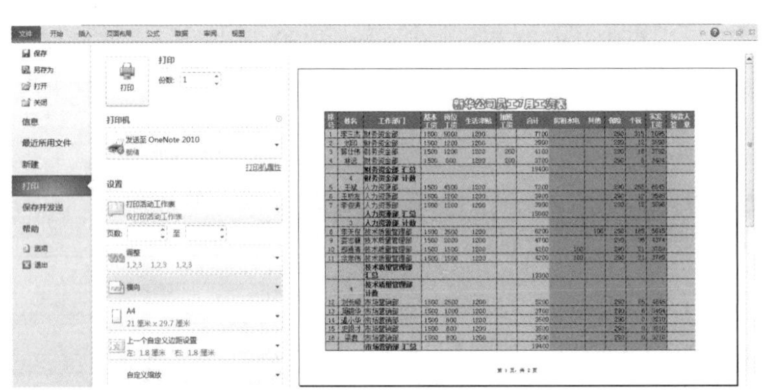

图2-70　打印预览

步骤2：还可以选择“页面设置”选项，根据预览情况设置页边距，设置页眉页脚，如页脚为制作人名称、日期、页号等。

训练8　保存退出

步骤：在快速访问工具栏中单击“保存”按钮，保存所有操作，然后退出。

知识链接

ROUND函数

语法：ROUND（number，num_digits）

参数：number——必需。要四舍五入的数字。

num_digits——必需。位数，按此位数对number参数进行四舍五入。

返回值：返回按指定位数进行四舍五入的数值。

实例

=ROUND（2.15，1）	将2.15四舍五入到1个小数位	2.2
=ROUND（−1.475，2）	将−1.475四舍五入到2个小数位	−1.48
=ROUND（21.5，0）	将21.5四舍五入到整数	22
=ROUND（21.5，−1）	将21.5左侧一位四舍五入	20

拓展训练

打开“素材销售情况统计表.xlsx”，并按下列要求进行操作，样图如图2-71所示。

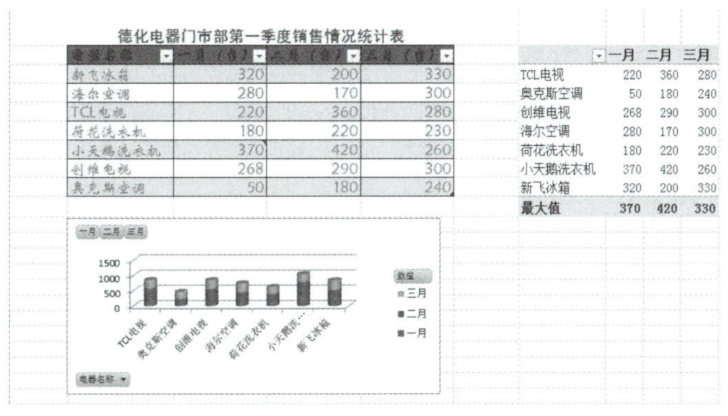

图2-71　销售情况统计表

制作要求：

（1）在“小天鹅洗衣机”上方插入一行并输入如样图所示的数据，将“三月”一列与“一月”一列位置互换。

（2）调整第1行的行高为“33.75”，第2到第9行为“19.5”，列宽设置为自动调整。

（3）设置单元格对齐方式为居中；设置第一行字体为黑体，字号为“24”，颜色为深红。将单元格区域B2：E9的字号设置“14”字体为“华文新魏”颜色为“浅蓝”。

（4）设置套用单元格格式为“中等深浅2”，插入批注：为“370”（C8）所在的单元格插入批注“第一季度中的最大销售量”。

（5）插入数据透视表，行标签为电器名称，数值为计算一、二、三月销售数量最大值。插入数据透视图，并移至合适位置，具体设置参照样图。

（6）保存文件。

任务评价

<table>
<tr><th>考核项目</th><th>考核标准</th><th>分值</th><th>自评分</th><th>小组评分</th><th>综合得分</th></tr>
<tr><td>新建工作簿</td><td>正确新建工作簿</td><td>10</td><td></td><td></td><td></td></tr>
<tr><td rowspan="2">输入数据</td><td>正确输入数据</td><td>10</td><td></td><td></td><td></td></tr>
<tr><td>正确使用填充柄</td><td>10</td><td></td><td></td><td></td></tr>
<tr><td rowspan="4">工作表</td><td>正确设置字体、字号</td><td>10</td><td></td><td></td><td></td></tr>
<tr><td>正确设置行高、列宽</td><td>10</td><td></td><td></td><td></td></tr>
<tr><td>正确设置表格套用格式</td><td>10</td><td></td><td></td><td></td></tr>
<tr><td>正确移动复制工作表</td><td>10</td><td></td><td></td><td></td></tr>
<tr><td>公式、函数</td><td>正确使用公式、函数</td><td>10</td><td></td><td></td><td></td></tr>
<tr><td>数据透视表</td><td>正确设置数据透视表，透视图</td><td>10</td><td></td><td></td><td></td></tr>
<tr><td>保存</td><td>正确保存在工作簿</td><td>10</td><td></td><td></td><td></td></tr>
<tr><td colspan="2">总分</td><td>100</td><td></td><td></td><td></td></tr>
<tr><td colspan="2">努力方向：</td><td colspan="4">建议：</td></tr>
</table>

项目3
演示文稿PowerPoint 2010

项目概述

PowerPoint 2010演示文稿软件是一种集文字、图形、声音、动画等多媒体对象于一体的，专门用于制作幻灯片的应用软件，适用于进行商业推广和宣传。针对办公人员岗位的需求，熟悉PowerPoint 2010的各项基本操作：文本的处理方式、幻灯片的主题和布局、多媒体元素（图形、表格、图表、音频、视频）的插入和编辑、动画效果的制作，以及幻灯片的设计流程、布局设计和配色等技巧和方法，提高对PowerPoint的综合应用能力。

项目分解

任务1　制作新员工培训方案

任务2　制作产品宣传介绍（一）

任务3　制作产品宣传介绍（二）

任务4　制作旅游产品推介

任务1 制作新员工培训方案

任务目标

通过本任务的学习，你将学会如下操作方法：

1. 创建演示文稿
2. 幻灯片基本操作（新建、复制、移动、删除）
3. 设置字体格式
4. 设置段落格式
5. 应用幻灯片主题

任务情境

小方是公司人力资源部的人事专员，公司刚招聘了一批新员工，需要进行岗前培训，由小方负责此项工作。小方需要制作一份新员工培训方案在部门经理会议上进行说明，如图3-1所示。

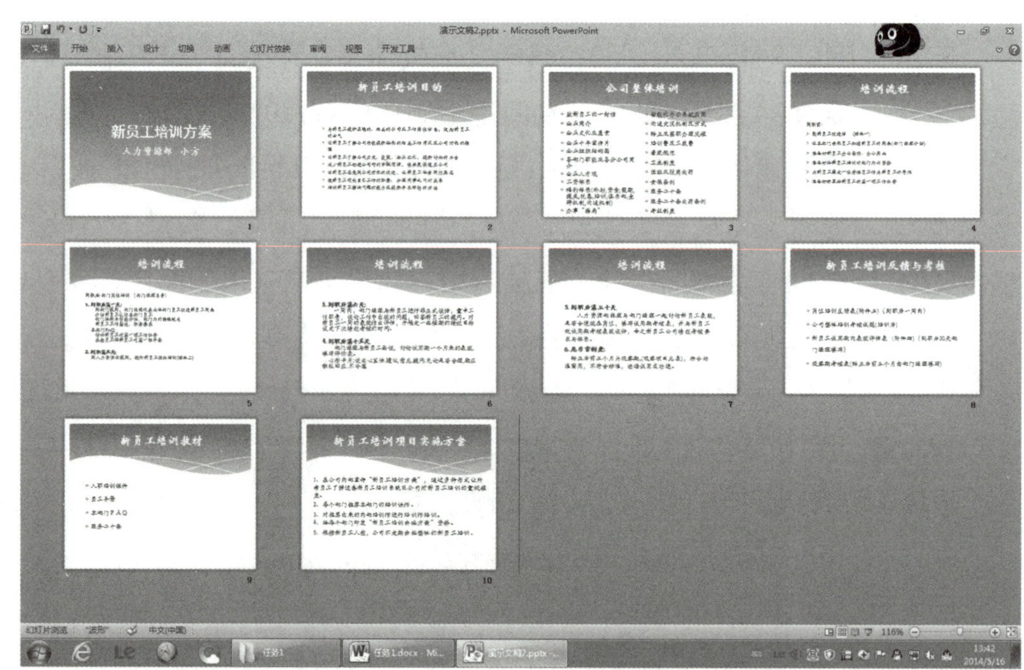

图3-1 “新员工培训方案”样稿

任务解析

使用PowerPoint软件，用户可以方便地制作各种演示文稿，并为演示文稿添加大量翔实的内容。在制作演示文稿时首先新建文档，然后通过应用幻灯片基本操作（新建、复制、移动、删除）、设置字体格式、设置段落格式等功能，完成“新员工培训方案”的基本制作，然后通过主题的应用可以便捷地赋予整个文档专业而时尚的外观。

实践操作

训练1 新建幻灯片文档

步骤：用“新建”命令创建：选择“文件”→“新建”命令，在打开的“新建”界面的“可用的模板和主题”栏中保持默认选择“空白演示文稿”选项，然后单击“创建”按钮。操作如图3-2所示。

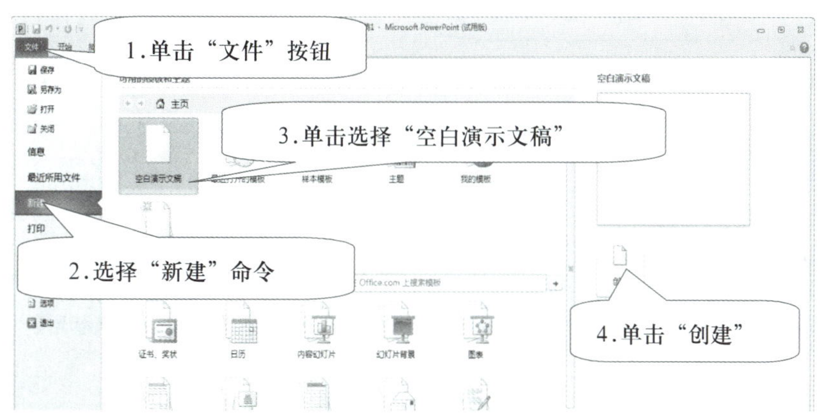

图3-2 新建空白演示文稿

训练2 添加幻灯片标题

步骤：在“单击此处添加标题”中输入标题“新员工培训方案”，在“单击此处添加副标题”中输入副标题“人力资源部 小方”。操作如图3-3所示。

训练3 新建幻灯片

步骤：单击“新建幻灯片”下拉按钮，选择“标题和内容”版式创建新幻灯片。操作如图3-4所示。

小技巧

在大纲工作区空白处右击，在弹出的快捷菜单中选择“新建幻灯片”命令，会自动以默认版式创建新幻灯片。

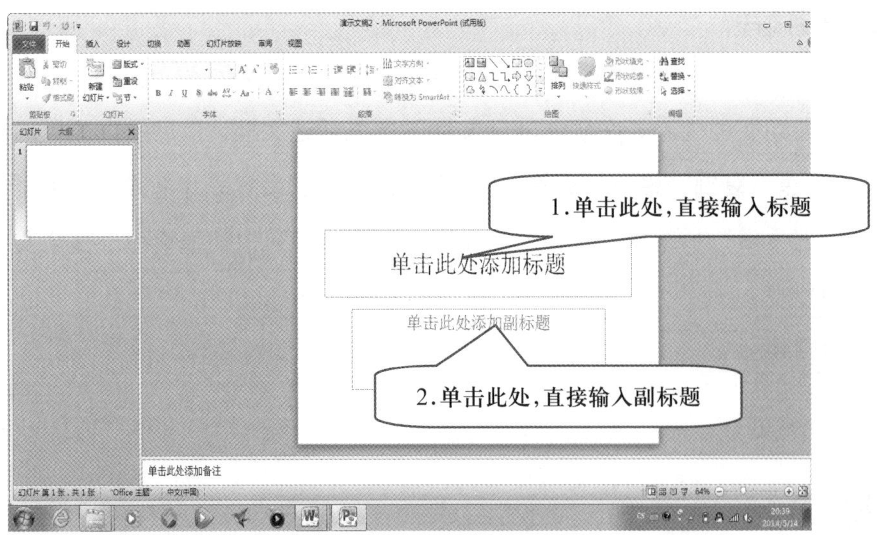

图3-3　添加幻灯片标题

图3-4　新建幻灯片

训练4　添加幻灯片标题和文本

步骤：在“单击此处添加标题”中输入“新员工培训目的”，在“单击此处添加文本”中输入相关文本。文本内容可从项目3任务1素材文件夹的文件“新员工培训方案.docx”文档中复制。操作如图3-5所示。

训练5　复制幻灯片

步骤1：在大纲工作区中右击第2张幻灯片，在弹出的快捷菜单中选择“复制幻灯片”命令，建立第3张幻灯片。将标题和内容的文本分别改为“培训流程”和相关内容。操作如图3-6所示。

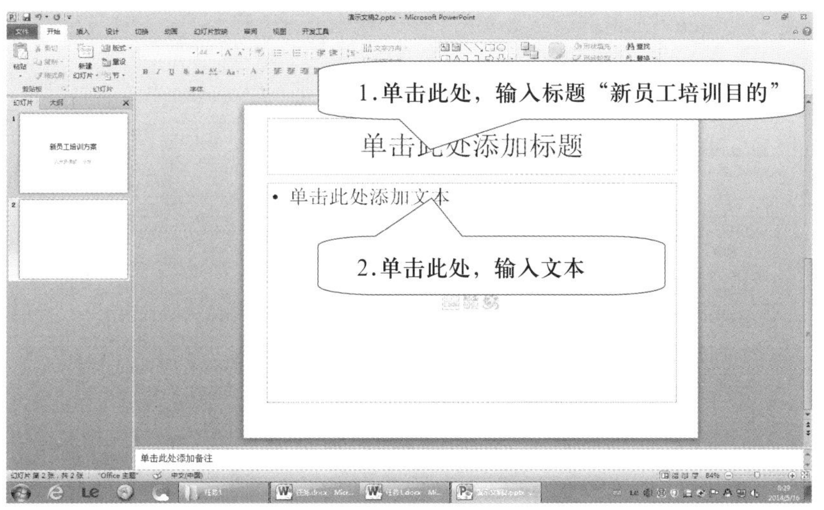

图3-5　添加幻灯片标题和文本

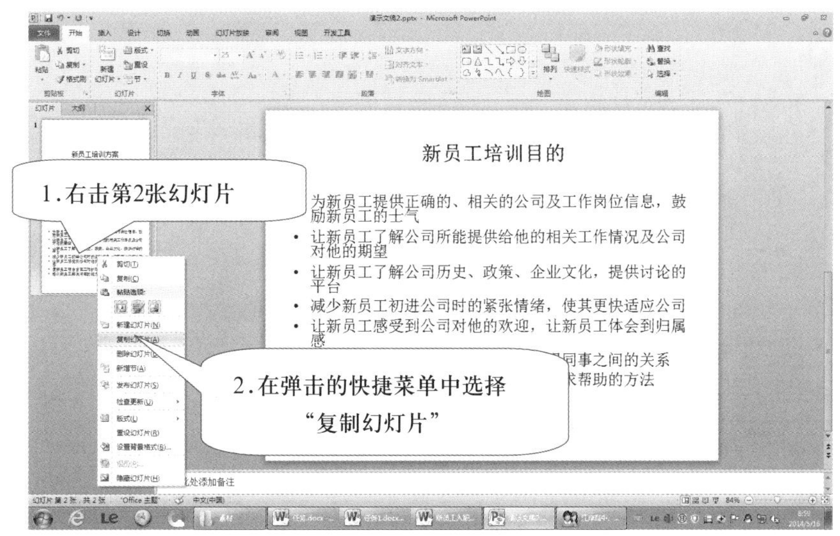

图3-6　复制幻灯片

步骤2：同理复制并修改相应的幻灯片为“新员工培训反馈和考核”“新员工培训教材”“新员工培训项目实施方案”“公司整体培训”和相关内容。内容如图3-7所示。

训练6　更改幻灯片版式

步骤：选择“公司整体培训”幻灯片，单击“版式”下拉按钮，选择“两栏内容”，把原一栏内的文本均衡地分两栏放置，如图3-8所示。

训练7　移动幻灯片

步骤：在大纲工作区中，按住鼠标左键直接把幻灯片“公司整体培训”移至“新员工培训目的”的后面。

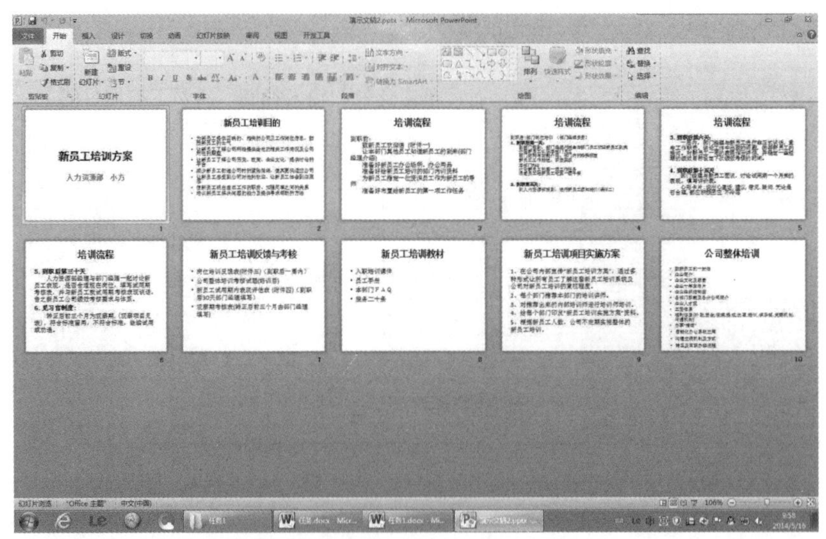

图3-7　幻灯片文本内容

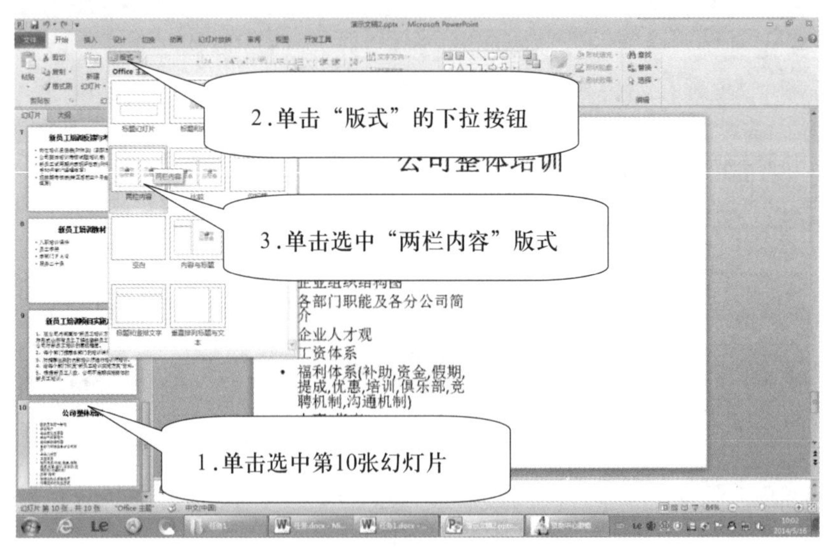

图3-8　更改幻灯片版式

训练8　设置字体格式

美观大方的文本能在幻灯片中起到烘托主题的作用，这就需要设置文本的字体、字号、颜色及特殊效果。利用“开始”选项卡中的“字体”功能组可以进行设置，方法与Word和Excel的文本格式设置类同。

步骤1： 将标题幻灯片中的主标题“新员工培训方案”设置为黑体、54号、加粗；将副标题“人力资源部　小方”设置为宋体、36号、加粗。操作如图3-9所示。

步骤2： 分别单击其他的幻灯片，将标题设置为宋体、加粗、44号；内容文字设置为宋体、24号。

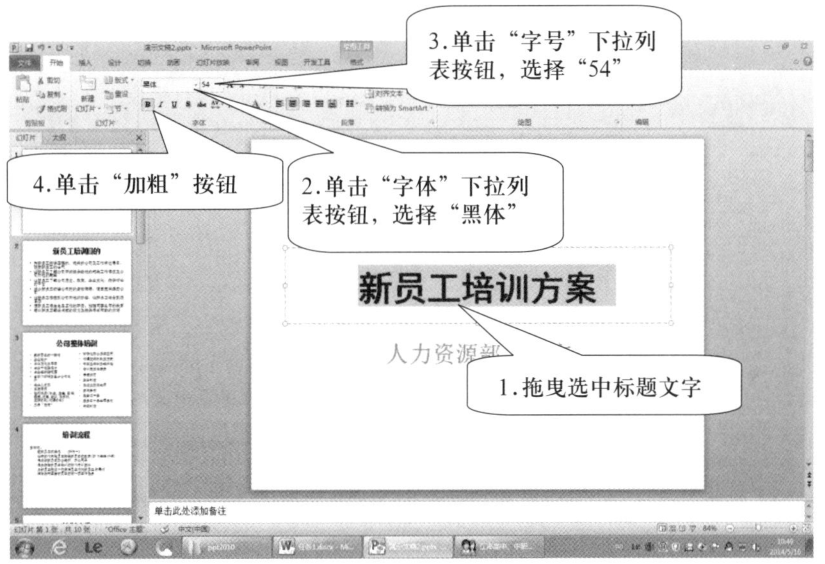

图3-9　设置字体格式

训练9　设置段落格式

段落格式包括对齐方式、分栏、文字方向、行距、列表等属性。利用"开始"选项卡中的"段落"功能组可以进行设置，方法与Word的段落格式设置类同。

步骤1：第4、8、9张幻灯片文本内容较少，可适当增大行间距，使页面排版更加饱满。操作如图3-10所示。

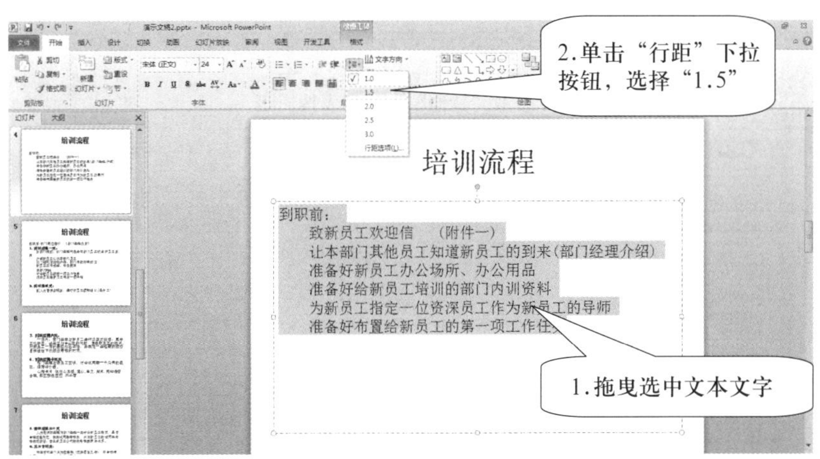

图3-10　设置行距

步骤2：用户可以根据喜好设置不同的项目符号和编号，使版面更加符合主题的需要。操作如图3-11所示。

训练10　应用幻灯片主题

PowerPoint 2010预置了多种主题供用户选择，方便用户对幻灯片进行设计，使其

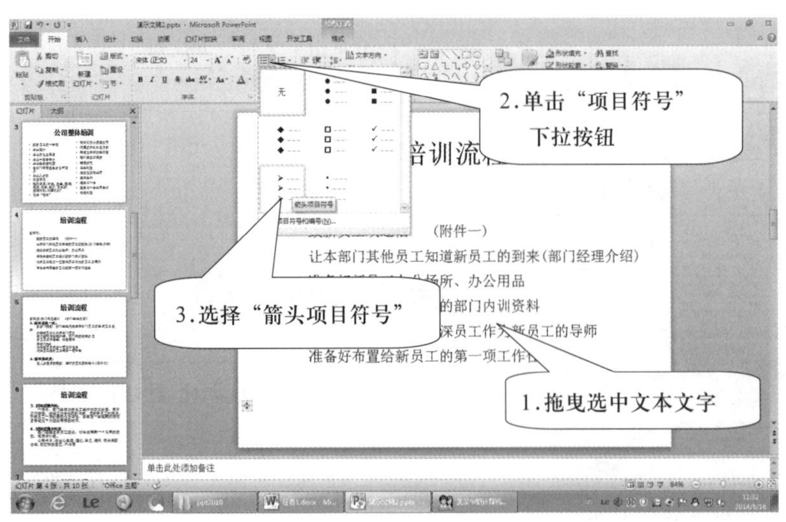

图3-11　设置项目符号

具有更精彩的视觉效果。幻灯片主题包括颜色、字体和效果三大类。在PowerPoint中选择“设计”选项卡，然后即可在“主题”选项组中单击“其他”按钮，可在弹出的菜单中选择预置的44种主题。

步骤：用户可以根据喜好设置不同的项目符号和编号，使版面更加符合主题的需要。操作如图3-12所示。

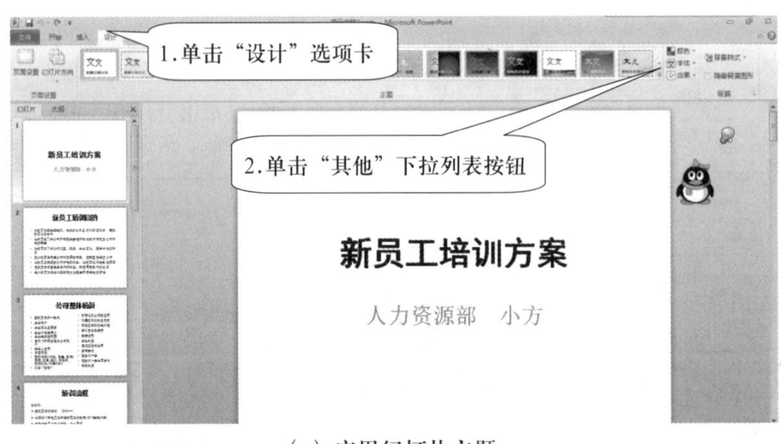

(a) 应用幻灯片主题

(b) 选择预置的主题

图3-12

训练11　保存演示文稿

步骤1： 选择“文件”→“保存”命令，在文件名文本框中输入“新员工培训方案”，单击“保存”按钮。

步骤2： 返回PowerPoint工作界面可以看到标题栏中文档名称已命名为“新员工培训方案”。

知识链接

1. 设置项目符号和编号

（1）在设置项目符号和编号时，用户可以通过独立的“项目符号和编号”对话框，设置更加个性化的项目符号和编号。

（2）在“开始”选项卡中单击“段落”选项组中的“项目符号”或“编号”下拉按钮后，选择“项目符号和编号”命令，弹出“项目符号和编号”对话框，如图3-13所示。

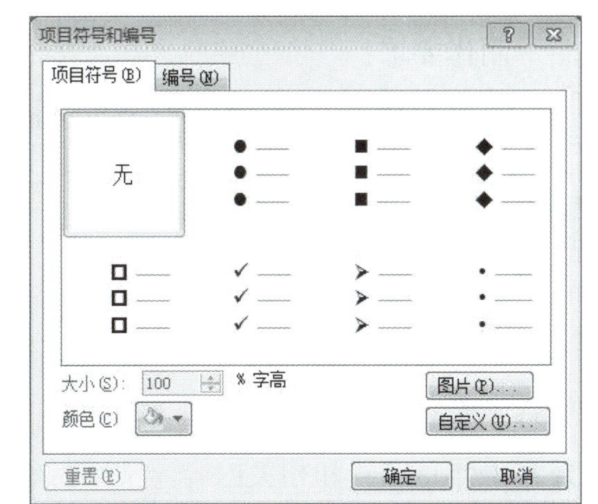

图3-13 【项目符号和编号】对话框

2. 应用幻灯片主题

（1）更改主题颜色、字体和效果。PowerPoint提供了多种预置的主题颜色、字体和效果供用户选择。在“设计”选项卡图3-14的“主题”选项组中有“颜色”“字体”和“效果”三个按钮，单击“颜色”按钮 颜色 ，即可在弹出的菜单中选择主题颜色。同理，单击 字体 按钮，则可在弹出的菜单中选择预置的主题字体；单击 效果 按钮，即可在弹出的菜单中选择预置的各种主题效果样式。

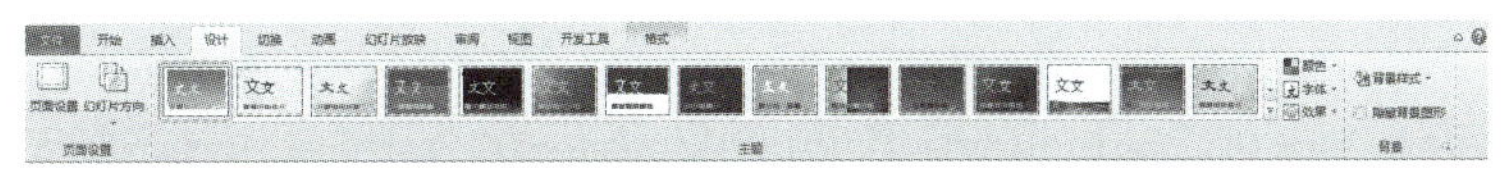

图3-14　“设计”选项卡

（2）在自定义主题颜色、字体并选择主题效果后，用户可将这些内容保存为自定义主题。

拓展训练

制作一份“年度工作总结”演示文稿。样文如图3-15所示。

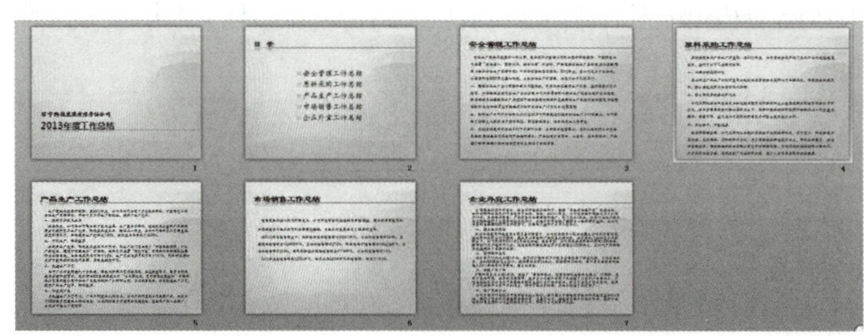

图3-15 “年度工作总结”样稿

制作要求：

（1）新建一个PowerPoint演示文稿。

（2）第1张幻灯片：主标题为“2013年度工作总结”，副标题为“环宇科技发展有限责任公司”。

（3）新建第2张幻灯片，版式为“标题和内容”，内容和段落格式如样稿所示。

（4）使用“复制幻灯片”命令新建第3~7张幻灯片，并修改相应的幻灯片为“安全管理工作总结”“原料采购工作总结”“产品生产工作总结”“市场销售工作总结”“企业外宣工作总结”和相关内容。文字材料见素材文件夹。

（5）设置字体格式。第1张幻灯片主标题为“微软雅黑、加粗、44号”，副标题为“宋体、加粗、24号”，第3~7张幻灯片标题为“宋体、加粗、36号”，文本内容为“宋体、16号”。

（6）设置段落格式。第3、4、6张幻灯片文本行间距为1.5倍。

（7）应用幻灯片主题“跋涉”。

（8）保存文件，文件命名为：“年度工作总结”。

任务评价

考核项目	考核标准	分值	自评分	小组评分	综合得分
创建演示文稿	使用“新建”命令创建的方法	10			
文本输入	在占位符中准确输入文本内容	10			

续表

考核项目	考核标准	分值	自评分	小组评分	综合得分
幻灯片基本操作	新建幻灯片	10			
	复制幻灯片	10			
	移动幻灯片	10			
设置字体格式	“字体”选项卡的设置方法使用是否正确	10			
设置段落格式	行间距的设置	10			
	项目符号和编号的设置	20			
保存文档	使用“保存”命令保存文档	10			
总分		100			
努力方向：		建议：			

任务2 制作产品宣传介绍（一）

任务目标

通过本任务的学习，你将学会如下操作方法：

1. 修改幻灯片母版
2. 设置幻灯片的背景
3. 插入并设置图片
4. 设置艺术字
5. 创建表格
6. 使用图表
7. 创建SmartArt图形
8. 添加音频与视频

任务情境

小王是公司销售部的销售人员，公司最近进行新产品的推介说明工作，由小王负责产品的现场宣传和演示。样稿如图3-16所示。

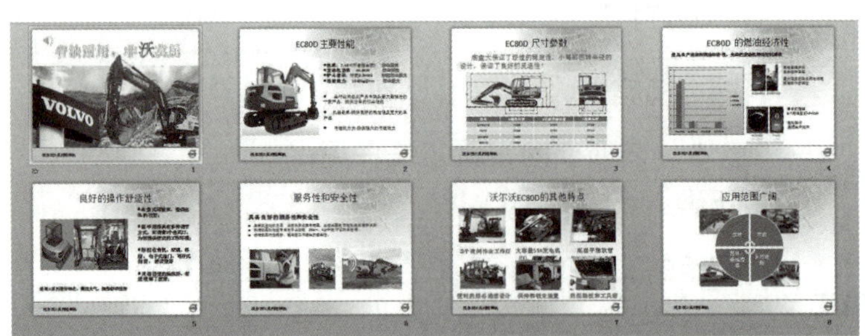

图3-16 “沃尔沃EC80D挖掘机介绍”样稿

任务解析

使用PowerPoint制作产品演示可以提高产品的知名度，辅助产品的宣传工作，让人们了解产品的性能、特点、功能以及部件组成。在设计和制作演示文稿时，用户不仅可以插入各种文本，还可以插入图片、剪贴画以及艺术字等对象，并且使用表格和图表来组织内容，使各数据之间的关系更直观地呈现，使幻灯片更易说明内容主题，而SmartArt图形可以以各种几何图形的位置关系来显示这些文本，从而使演示文稿更加美观和生动。为了使幻灯片的界面具有丰富的视觉效果，需要对幻灯片的背景进行配置。需要制作统一的标志和背景时，可以使用幻灯片母版。音频和视频的插入则可以增加幻灯片的感染力。

实践操作

训练1 修改幻灯片母版

步骤1： 选择“视图”选项卡，单击“母版视图”选项组中的“幻灯片母版”按钮，切换至幻灯片母版视图。选中第一张幻灯片，在左下角插入文本框，在文本框中输入“沃尔沃D系列挖掘机”，文字格式设置为“宋体，16号，加粗”。

步骤2： 选择“插入”选项卡，单击“图片”按钮，在“插入图片”对话框中选择图片插入幻灯片中合适的位置，选中图片右击，在弹出的快捷菜单中选择“置于底层”。

步骤3：选择“幻灯片母版”选项卡，单击“关闭母版视图”按钮，关闭母版视图，如图3-17所示。

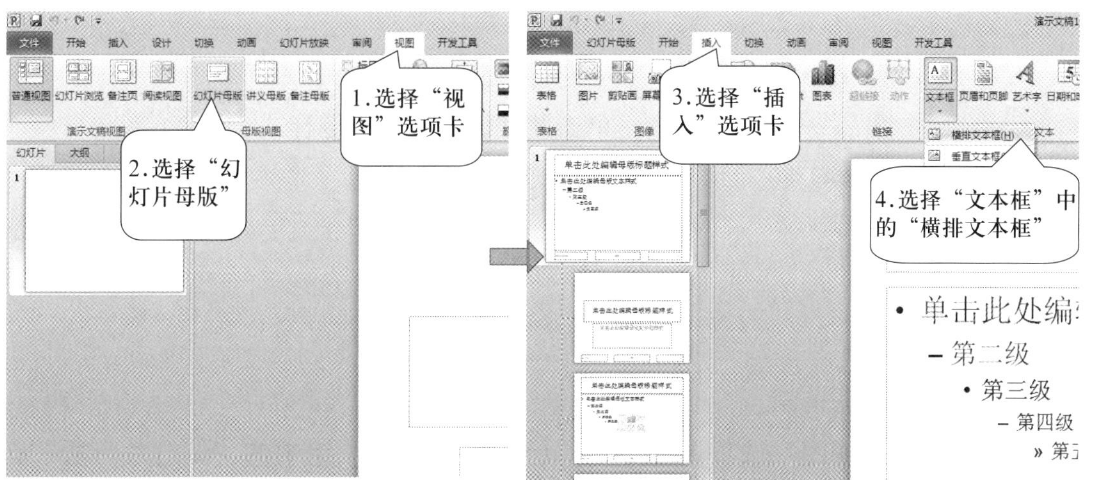

（a）修改幻灯片母版

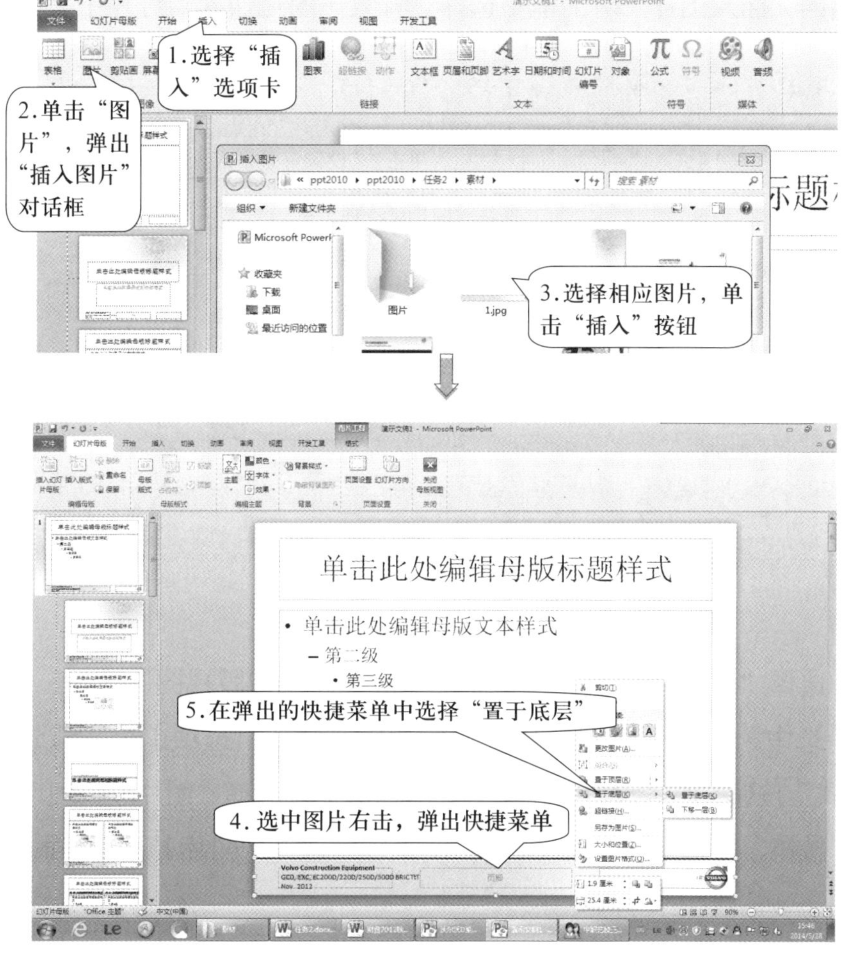

（b）修改幻灯片母版

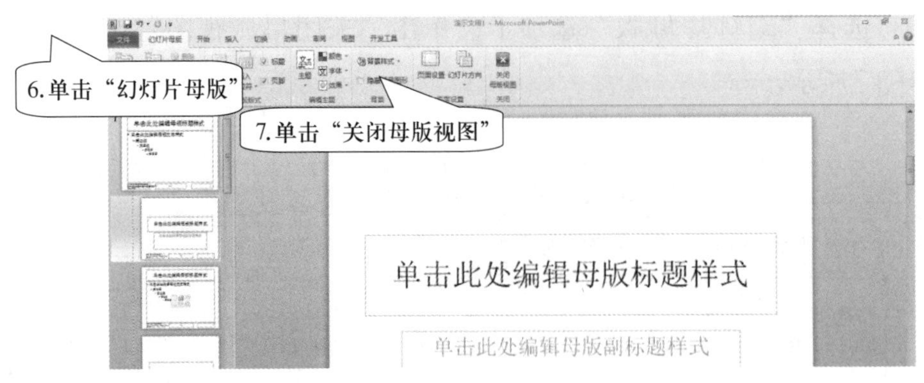

（c）修改幻灯片母版

图3-17

训练2　设置幻灯片的背景

步骤1：选择“视图”选项卡，单击“母版视图”选项组中的“幻灯片母版”按钮，切换至幻灯片母版视图。选中第一张幻灯片，单击“背景”选项组中的“设置背景格式”按钮，在“设置背景格式”对话框中，选中“图片或纹理填充”单选按钮，单击“文件”按钮，在弹出的“插入图片”对话框中选择“背景”图片插入幻灯片中，如图3-18所示。

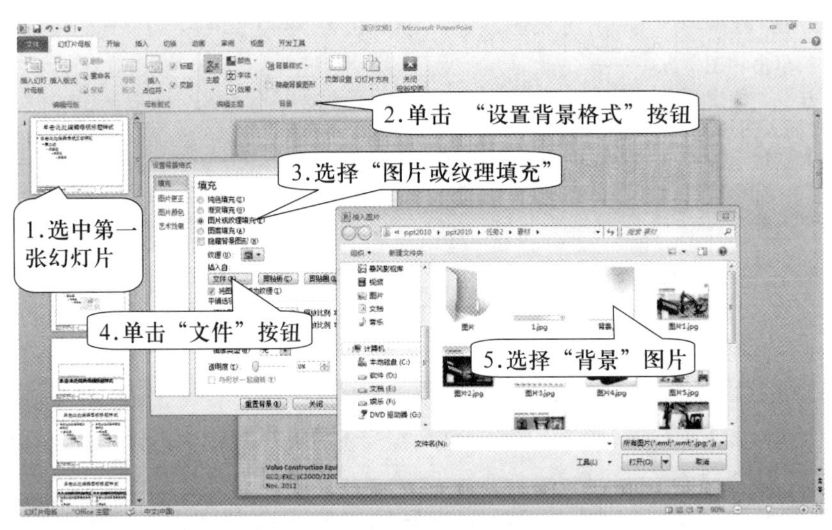

图3-18　设置幻灯片的背景

步骤2：选择“幻灯片母版”选项卡，单击“关闭母版视图”按钮，关闭母版视图。

步骤3：选中第一张标题幻灯片，单击选择“设计”选项卡中“背景”选项组里的“设置背景格式”按钮，在“设置背景格式”对话框中，选择“图片或纹理填充”单选按钮，单击“文件”按钮，在弹出的“插入图片”对话框中选择“图片1”文件插入幻灯片中。

小技巧

用户也可以在“幻灯片”窗格中右击，选择“设置背景格式”命令，在弹出的“设置背景格式”对话框进行相应设置。

训练3　插入图片

步骤1：单击选择第2张幻灯片，选择“插入”选项卡，单击“图像”选项组中的“图片”按钮，在“插入图片”对话框中选择任务2素材文件夹中的“图片2.jpg”文件。将图片移至合适的位置，如图3–19所示。

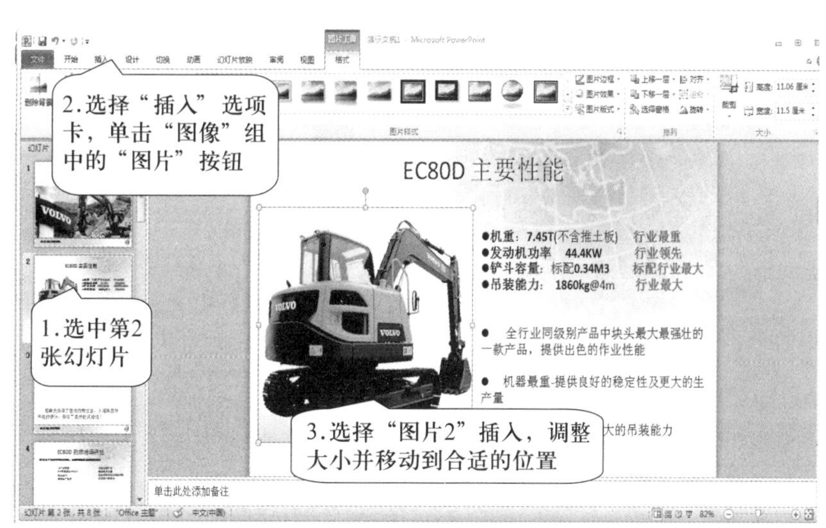

图3–19　插入图片

步骤2：按照步骤1的方法，依次在第3~7张幻灯片里插入素材文件夹中提供的相应图片，依样稿调整好位置。

训练4　修饰图片

当我们选中图片，在面板选项中会自动出现“图片工具”的“格式”选项卡，该选项卡下有“调整”“图片样式”“排列”和“大小”选项组，可以对图片进行修饰。

步骤1：选中第7张幻灯片，单击选中其中一张图片，然后按住Ctrl键，依次选中其他5张图片，此时就同步选中了这6张图片。

步骤2：单击“图片工具格式”选项卡，单击“大小”工具组下拉按钮，打开“设置图片格式”对话框，取消勾选“锁定纵横比”，然后设置高度为5 cm，宽度为7 cm。具体操作如图3–20（a）所示。

步骤3：选中上排3张图片，单击“排列”工具组中的“对齐”命令下拉按钮，在弹出的菜单中选择“底端对齐”。使用“对齐”命令可以调整页面上各种元素之间的位置关系，使版面显得整洁。操作如图3–20（b）所示。

步骤4：按照步骤1的方法，再次选中这6张图片，在“图片样式”中单击选中“矩形投影”。操作如图3–20（c）所示。

小技巧

在选择了不同图片修饰效果后，若不满意，可以单击“重置”按钮，清除图像的所有艺术效果，将其还原为默认状态。

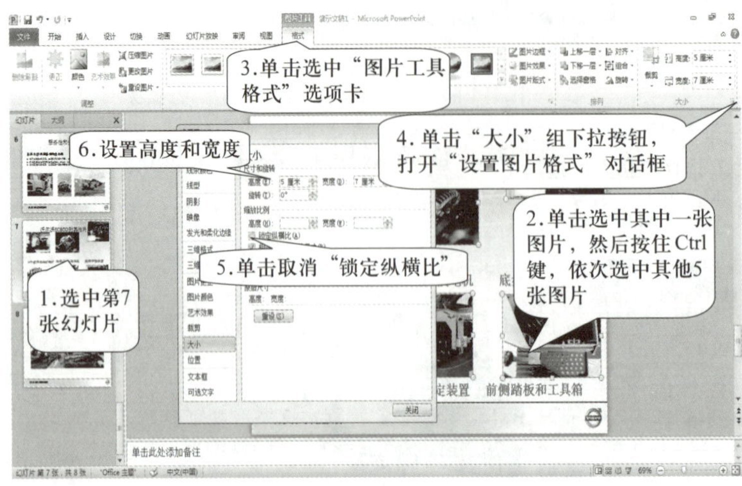

（a）修改图片大小

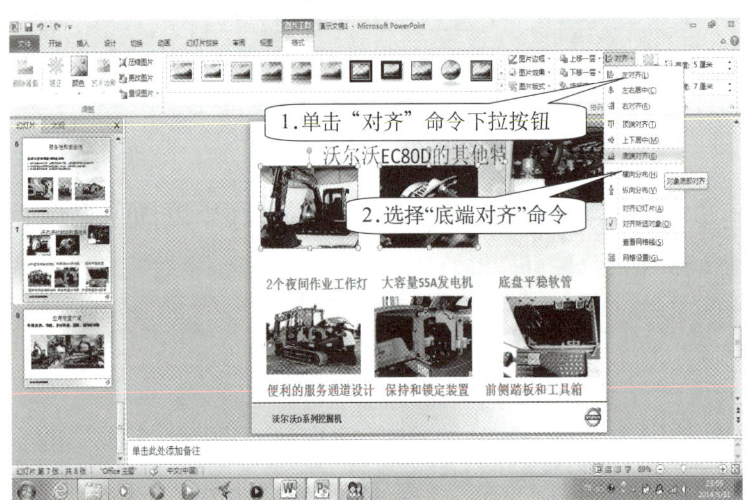

（b）对齐图片

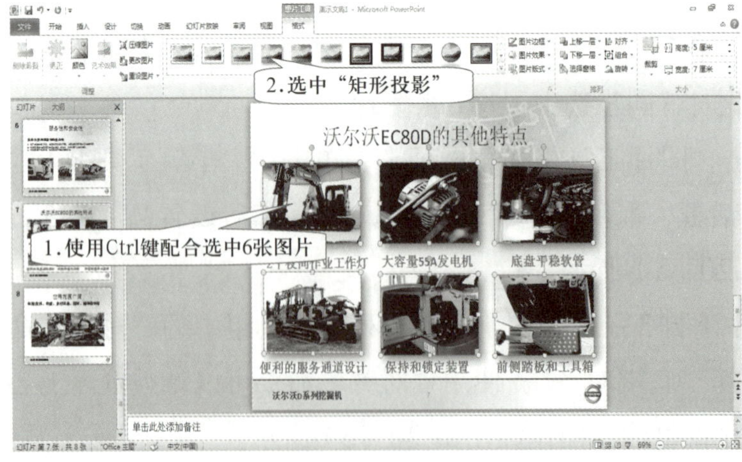

（c）选择图片样式

图3-20

训练5　设置艺术字

步骤1：选中第1张幻灯片，然后选择“插入”选项卡，单击“艺术字”下拉按钮，在弹出的样式表中选择第4排第1列的样式，此时在页面上出现“请在此放置您的文字”，将其改为“省油耐用，非沃莫属”。操作如图3-21（a）所示。

步骤2：将此艺术字移动到幻灯片的上方正中，选中“沃”字，单击“艺术字样式”中的“其他”按钮，选中“填充—白色，投影”。操作如图3-21（b）所示。

步骤3：单击“开始”选项卡，调整字号为72。

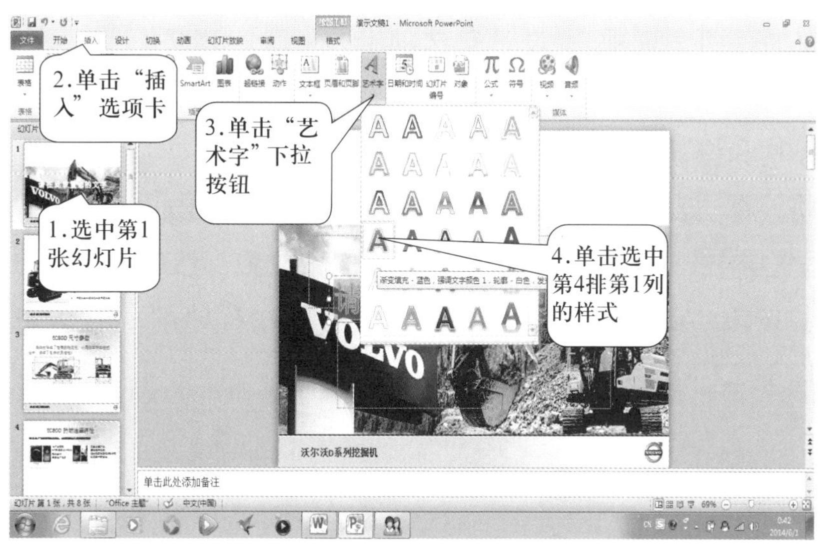

（a）插入艺术字

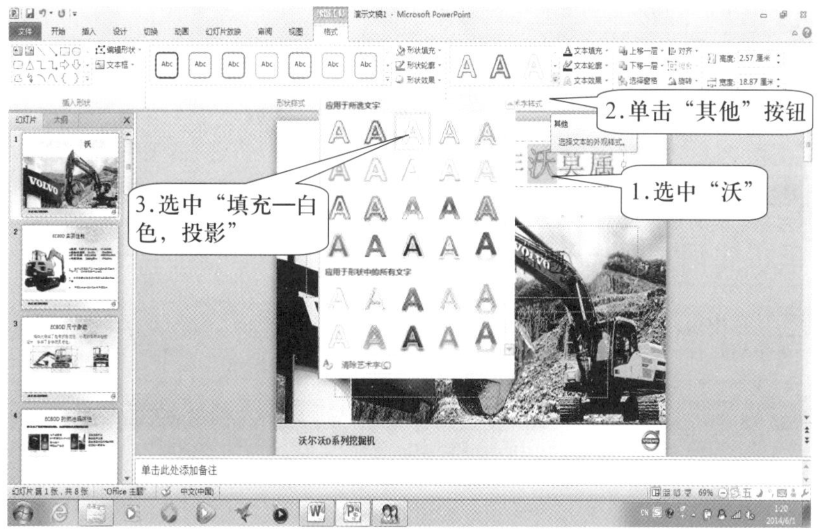

（b）修饰图片

图3-21

训练6 创建表格

步骤1： 选中第3张幻灯片，选择“插入”选项卡，单击“表格”下拉按钮，在弹出的下拉列表中，通过拖曳的方式选择4×5表格，此时幻灯片中同步出现一个4×5表格。操作如图3–22（a）所示。

步骤2： 按照素材文件夹中“EC80D尺寸参数”的内容，在表格中输入数据。

步骤3： 当我们选中表格，在面板选项中会自动出现“表格工具”选项卡，下面又分为“设计”和“布局”两个选项。“设计”选项卡可以对表格进行修饰和美化，“布局”选项卡则可以对表格的结构和位置进行调整。

> 小技巧
>
> 在拖动表格的4个角时，用户可以按住Shift键，然后以等比例的方式修改表格的宽度和高度。

选中该表格，在“表格工具”的“布局”选项卡中，单击“对齐方式”选项组中的“居中”和“垂直居中”按钮，使表格中的数据居中放置，然后单击“排列”选项组中的“对齐”下拉按钮，在弹出的下拉列表框中选择“左右对齐”，使表格在页面中居中放置。操作如图3–22（b）所示。

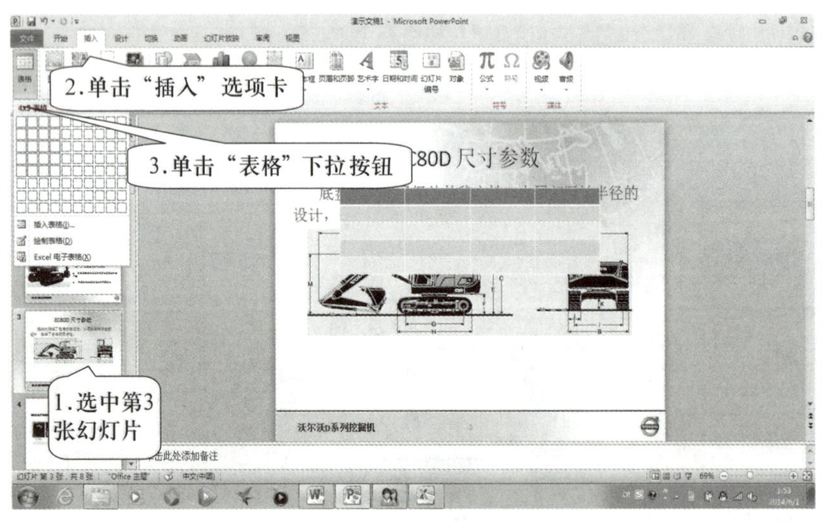

（a）创建表格

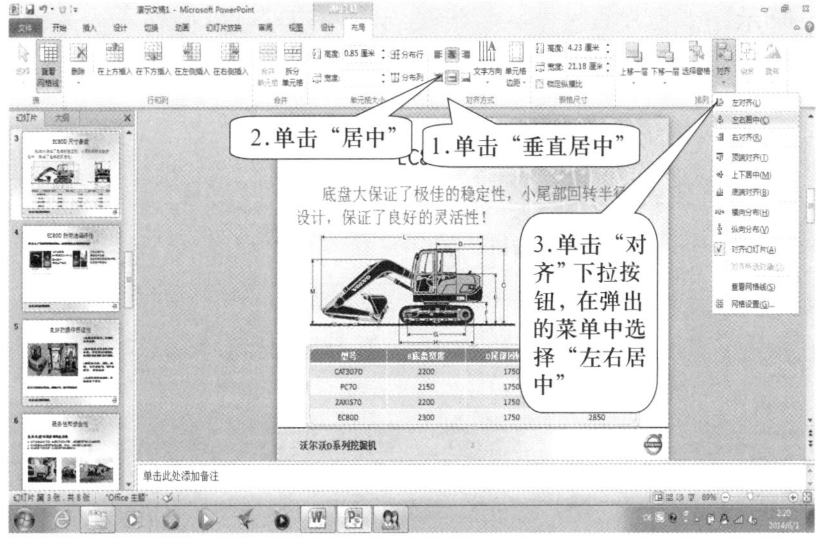

（b）修改表格布局

图3-22

训练7　使用图表

步骤1：打开素材文件夹中“燃油经济性”文件，选中A2：D6的数据，制作一张在“最大油门”状态下的各项指标的对比图表。并将其复制粘贴到本文件中。

步骤2：在选中图表后，在面板选项中会自动出现“图表工具”选项卡，下面又分为“设计”“布局”和“格式”三个选项。操作步骤如图3-23所示。

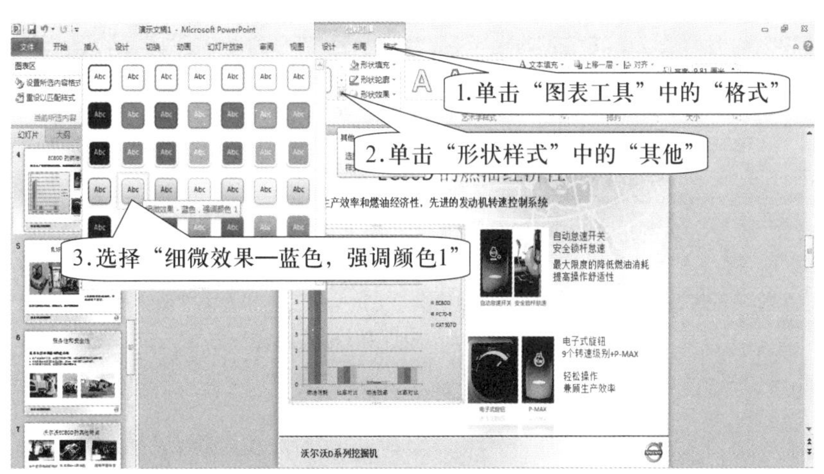

图3-23　设置图表格式

训练8　创建SmartArt图形

步骤1：选择第8张幻灯片，选择“插入”选项卡，然后单击“插图”选项组中的SmartArt按钮，弹出“选择SmartArt图形”对话框，用户可选择SmartArt图形的分类，并在分类中选择相应的SmartArt布局，单击“确定”按钮，即可将其插入幻灯片中。操作如图3-24（a）所示。

步骤2：依据样稿输入相关文字，设置相关图片。操作如图3-24（b）所示。

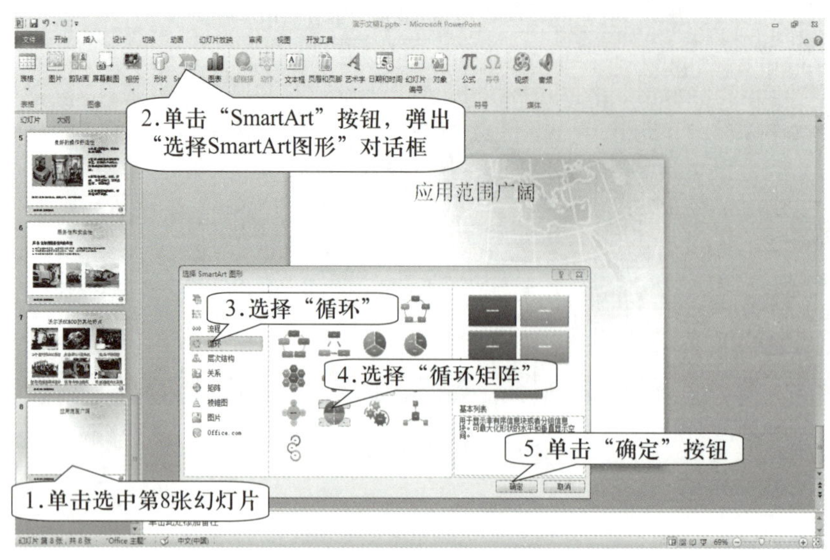

（a）创建SmartArt图形

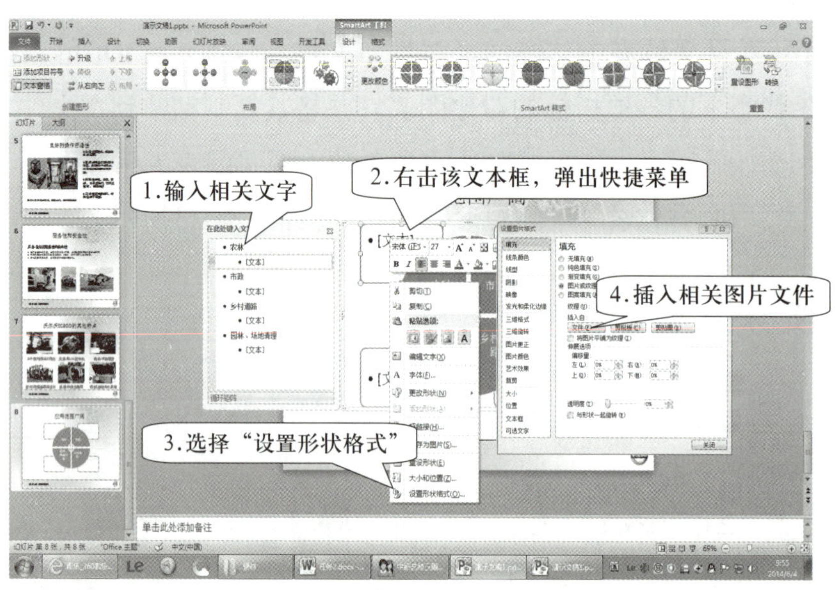

（b）修改SmartArt图形相关内容

图3-24

训练9　插入音频

步骤1：选择第1张幻灯片，单击“插入”选项卡，在其中的“媒体”工具组中单击“音频”的下拉按钮，在下拉列表中选择“文件中的音频”命令，弹出“插入音频”对话框，插入项目3任务2“素材”文件夹中的音频文件。操作如图3-25（a）所示。

步骤2：选择音频图标，单击“音频工具”，设置“播放”选项卡中的“音频选项”

组中“音量”为“中”，“开始”为“跨幻灯片播放”；循环播放，直到停止；播完返回开头；并勾选“放映时隐藏”复选框。操作如图3-25（b）所示。

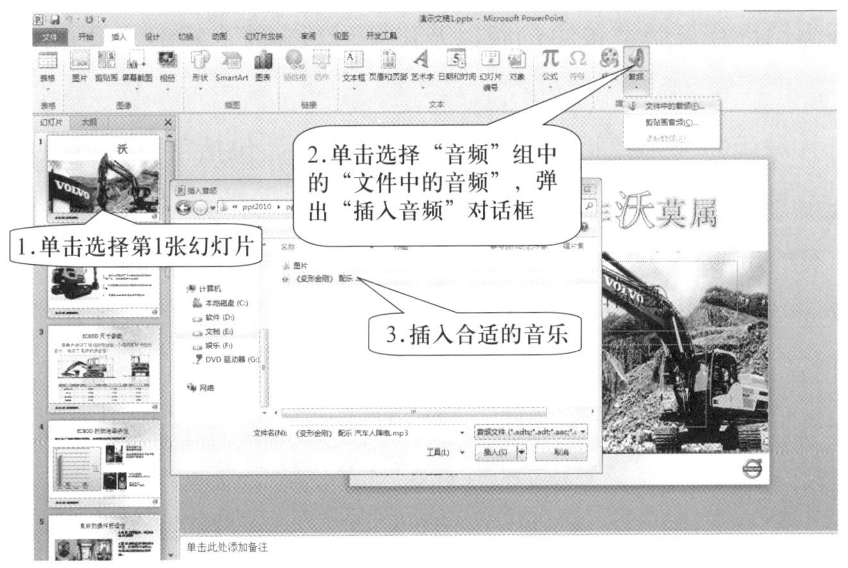

（a）插入音频

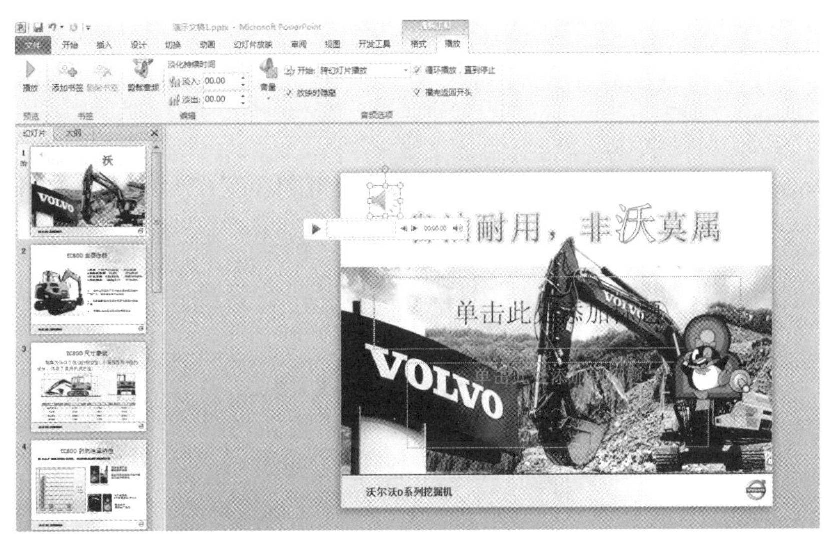

（b）设置音频格式

图3-25

训练10　保存演示文稿

步骤：选择“文件”→“另存为”命令，在文件名输入框中输入“沃尔沃EC80D挖掘机介绍”，单击“保存”按钮。

知识链接

1. 幻灯片母版

母版可分为幻灯片母版、备注母版以及讲义母版3种。其中，最常用的母版即幻灯片母版。

（1）幻灯片母版是一种模板，可以存储多种信息，包括字形、占位符大小和位置、背景设计和主题颜色等。在一个母版中，可以包含任意数量的版式。在“幻灯片选项卡”栏中，所有的母版都以编号的方式显示，而母版的版式则在母版下方显示。

（2）讲义母版通常用于教学备课工作中，其可以显示多个幻灯片的内容，便于用户对幻灯片进行打印和快速浏览。

（3）备注母版也常用于教学备课中，其作用是演示文稿中各幻灯片的备注和参考信息。

2. 应用幻灯片背景

在PowerPoint 2010中，允许用户使用5种类型的内容作为幻灯片或母版的背景：应用背景样式、纯色背景、渐变背景、图片或纹理背景和图案背景。

（1）应用背景样式。背景样式是内置的12种渐变颜色的组合。选择“设计”选项卡，然后单击“背景”选项组中的“背景样式”按钮，然后即可在弹出的菜单中选择应用的样式。

（2）在PowerPoint中选择“设计”选项卡，如图3-26所示，然后单击“背景”选项组中的“设置背景格式”按钮，弹出“设置背景格式”对话框，即可在纯色背景、渐变背景、图片或纹理背景和图案背景中任选其一进行背景的设置，如图3-27所示。

图3-26 “设计”选项卡

3. 创建SmartArt图形

SmartArt图形是Office系列软件内置的一些开关图形的集合，比文本更有利于用户的理解和记忆。类型包括列表、流程、循环、层次结构、关系、矩阵、棱锥图和图片等。插入SmartArt图形后，在面板选项中会自动出现“SmartArt工具”选项卡，该选项卡下又分“格式”和“设计”两个选项卡，分别如图3-28（a）、（b）所示，通过对其中相关选项的操作，可以对SmartArt图形进行编辑。

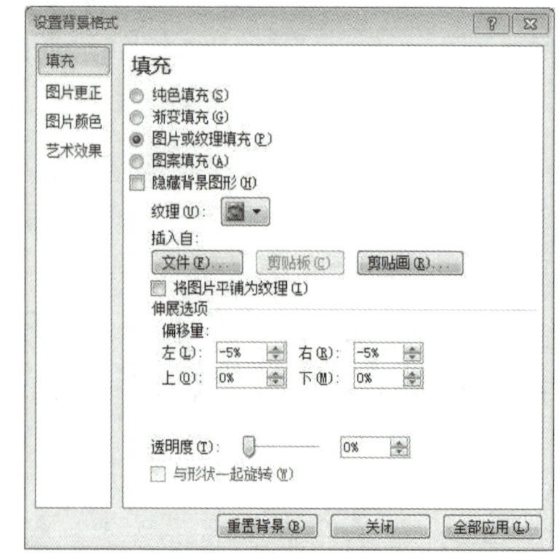

图3-27 “设置背景格式”对话框

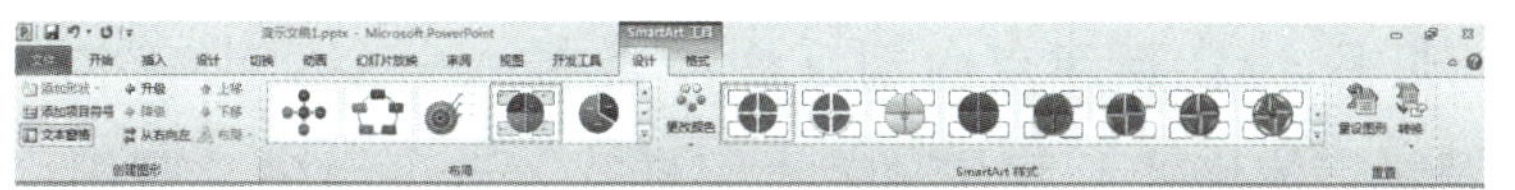

（a）“设计”选项卡

（b）“格式”选项卡

图3-28　SmartArt工具

拓展训练

制作一份“数码相机宣传展示”演示文稿。样文如图3-29所示。

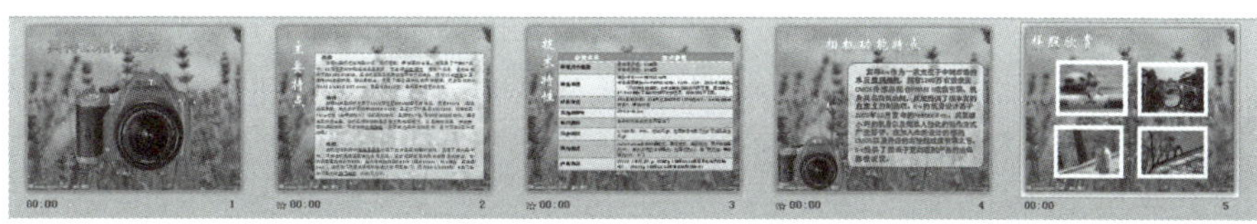

图3-29　“数码相机宣传展示”样稿

制作要求：

（1）新建一个PowerPoint演示文稿。

（2）修改幻灯片母版。在幻灯片母版中设置背景图片为“背景.jpg”。

（3）第1张幻灯片：① 绘制一个横排文本框，在该文本框中输入“宾得kx相机展示”并设置文本格式及样式。② 插入产品图像，并为产品图像应用“删除背景”并调整图像尺寸。

（4）第2张幻灯片：① 新建空白幻灯片。② 插入一个“垂直文本框”，输入“主要特点”，字体为“华文新魏”，大小为54，在“艺术字样式”选项组中，应用“填充—白色，金属棱台，映像”样式；插入一个横排文本框，输入样稿文本，字体为黑体，大小为18，颜色为“深红”。设置文本框为“纯色填充”，颜色为“白色，背景1”，透明度为“30%”，选择“线型”项中的短划线类型为“方点”，线条颜色为“蓝色，文字2”。

（5）第3张幻灯片：① 新建空白幻灯片。添加垂直文本框，输入文本并设置文本格式；② 插入一个9行×2列的表格，在“设计”选项卡中，应用“主题样式1—强调5”表格样式；③ 在表格中输入相应的内容，并设置字体为“宋体”，大小为14，设置表格的第1列文本字体加粗，设置文本对齐方式为“居中对齐”和“左对齐”。

（6）第4张幻灯片。① 新建空白幻灯片；② 插入一个横排文本框，输入“相机功能特点”文本，设置字体格式，并在“艺术字样式”选项组中，应用“填充—白色，金属棱台，映像”样式，然后再绘制一个横排文本框，输入文本，并设置字体为“微软雅黑，大小为20，文本颜色为“橙色，强调文字颜色6，深色60%”；③ 绘制圆角矩形，选择“设置形状格式”命令，为圆角矩形设置填充及线条属性，填充为“纯色填充”，设置颜色为“白色，背景1”，透明度为30%，选择线型项中的短划线类型为“方点”，线条颜色为“蓝色，强调文字颜色1”。然后，单击“排列”选项组中的“下移一层”按钮，并输入文本；④ 在幻灯片左下角插入相机图像，并调整大小。

（7）第6张幻灯片。① 新建空白幻灯片。插入背景图像及横排文本框。在横排文本框中输入标题文本并设置文本格式。② 插入照片，设置图片格式，选择“图片效果”→“阴影”中的“右上对角透视”命令。

任务评价

考核项目	考核标准	分值	自评分	小组评分	综合得分
修改幻灯片母版	会使用“幻灯片母版”选项卡中的工具组对母版进行修改	20			
设置幻灯片背景	准确使用设置背景格式对话框	20			
插入并设置图片	插入图片	10			
	会灵活使用“图片工具格式”	10			
设置艺术字	恰当选用艺术字样式并设置	10			
创建表格	掌握表格的插入和设置	10			
使用图表	恰当选用图表来表达内容	10			
插入音频和视频	会插入音频和视频	10			
总分		100			
努力方向：		建议：			

任务3 制作产品宣传介绍（二）

任务目标

通过本任务的学习，你将学会如下操作方法：

1. 使用超链接和动作按钮
2. 幻灯片的切换
3. 动画的设置
4. 放映幻灯片

任务情境

小王制作好了产品介绍的演示文稿后，发现静态的演示无法吸引观众的注意力，平铺直叙的方式没有凸显产品的优势和特点，于是他决定给幻灯片添加动态效果，以紧紧抓住与会者的目光，使产品形象深入人心。样稿见项目3任务3文件夹。

任务解析

一般情况下，幻灯片在放映时都是按照幻灯片的顺序来进行放映的，但有时希望幻灯片在放映时实现跳转，这时可利用PowerPoint中的超链接或动作按钮来实现。在幻灯片中，可以为文本或其他对象创建超链接，也可以利用动作按钮创建超链接。

在幻灯片放映过程中，如果从一张幻灯片进入另一张幻灯片时出现类似动画的效果，就能使幻灯片放映的效果更加生动，这种效果就是幻灯片切换。

为幻灯片的每个对象设置动画效果，可以使幻灯片在放映过程中更具观赏性。

实践操作

打开项目3任务3素材文件夹的“沃尔沃EC80D挖掘机介绍”文件。

训练1　建立超链接

步骤1： 把第2张幻灯片的“主要性能”四个字，设置超链接，链接到“EC80D主要性能”幻灯片。操作如图3-30所示。

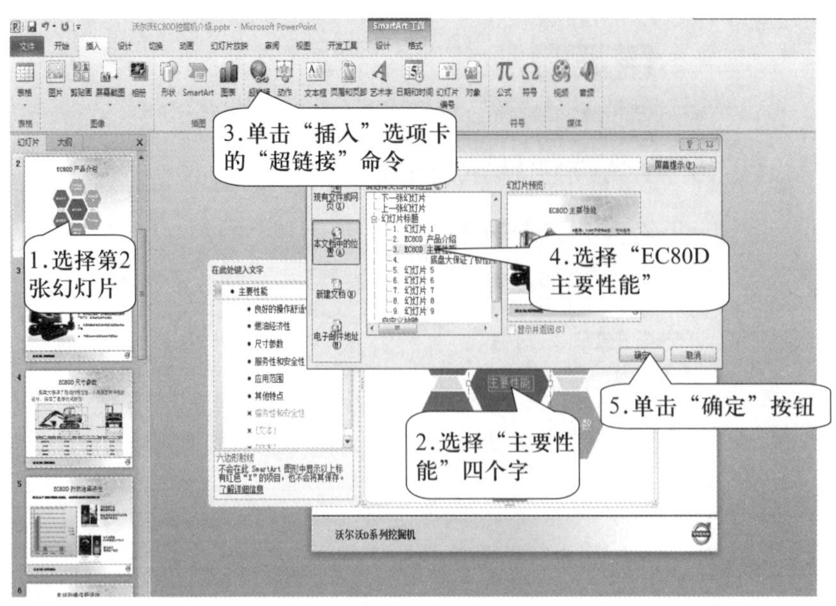

图3-30　插入超链接

步骤2：同理，给第2张幻灯片的“良好的操作舒适性”“燃油经济性”“尺寸参数”“服务性和安全性”“应用范围”和“其他特点”分别设置超链接。

训练2　设置动作按钮

步骤1：选择“EC80D主要性能”幻灯片，选择“插入”选项卡，单击其中“插图”选项组的“形状”按钮，插入“箭头总汇”中的“左箭头”。给“左箭头”设置超链接动作，链接返回“幻灯片2”。操作如图3-31所示。

步骤2：同理，给“良好的操作舒适性”“燃油经济性”“尺寸参数”“服务性和安全性”“应用范围”和“其他特点”幻灯片，分别设置动作按钮，超链接到第2张幻灯片。

训练3　幻灯片的切换

除第1张幻灯片的切换效果设置为“自右侧擦除”，其余均设置为“溶解”。

步骤1：单击选择第2张幻灯片，选择“切换”选项卡，将幻灯片的切换设置为“溶解”，如图3-32所示。

步骤2：单击选择第1张幻灯片，在“切换”选项卡中，单击“切换到此幻灯片”的下拉按钮，选择“擦除”，在“效果选项”中选择“自顶部”。

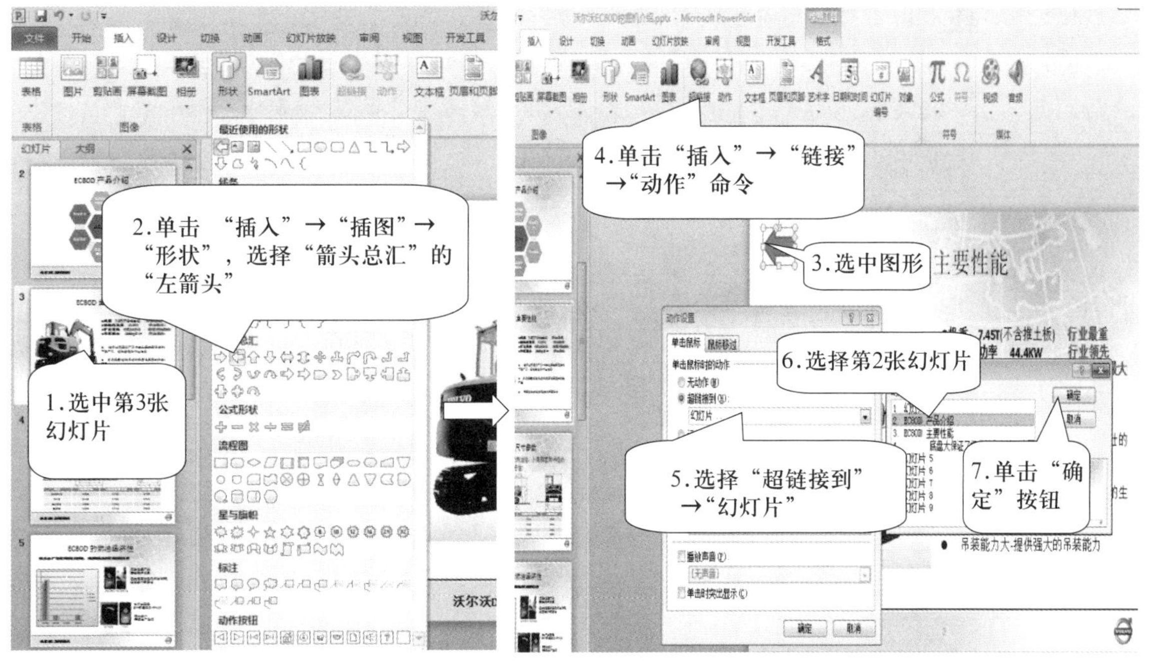

图3-31　设置动作按钮

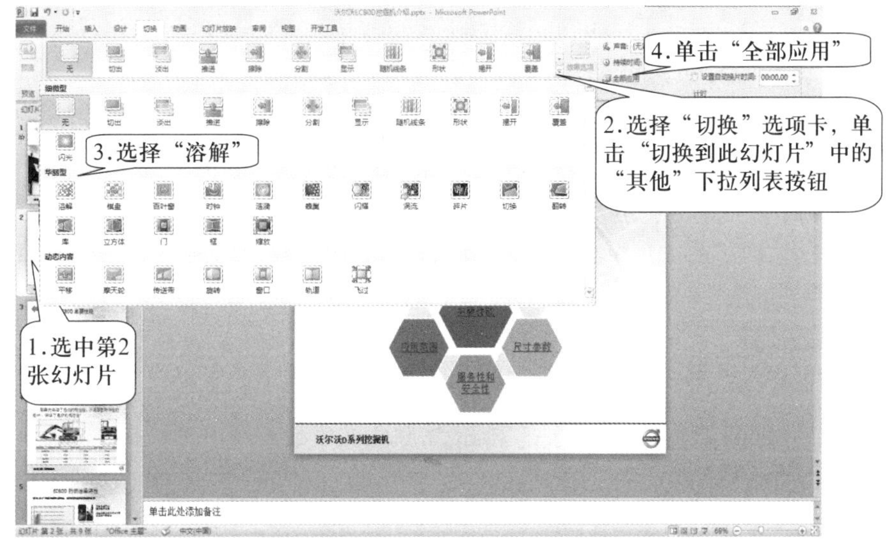

图3-32　幻灯片的切换

训练4　设置动画效果

步骤1：进入动画。选中第1张幻灯片，选择艺术字"省油耐用，非沃莫属"，在"动画"选项组中，添加"缩放"进入动画并设置"开始"为"上一动画之后"，如图3-33所示。

步骤2：退出动画。选中第9张幻灯片，选择其中一张图片，在"动画"选项组中，添加"淡出"退出动画并设置"开始"为"单击时"。使用动画刷使其余3张图片做同样设置，如图3-34所示。

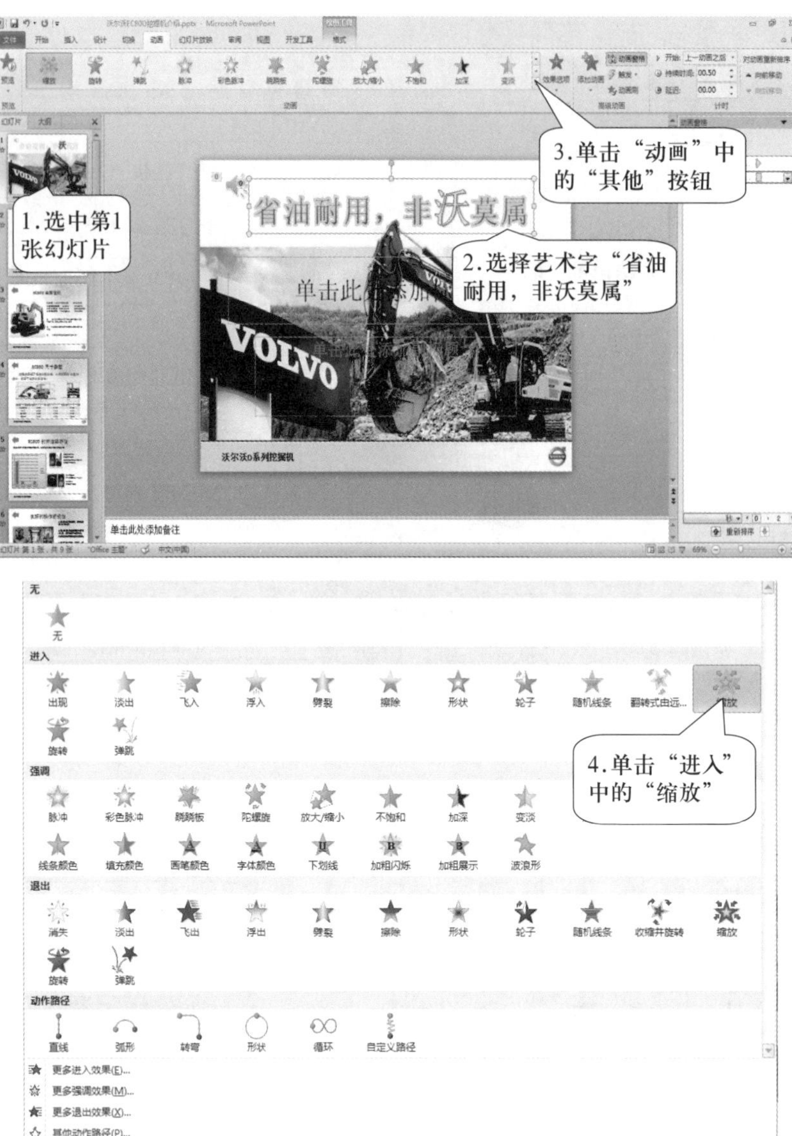

图3-33　设置动画效果

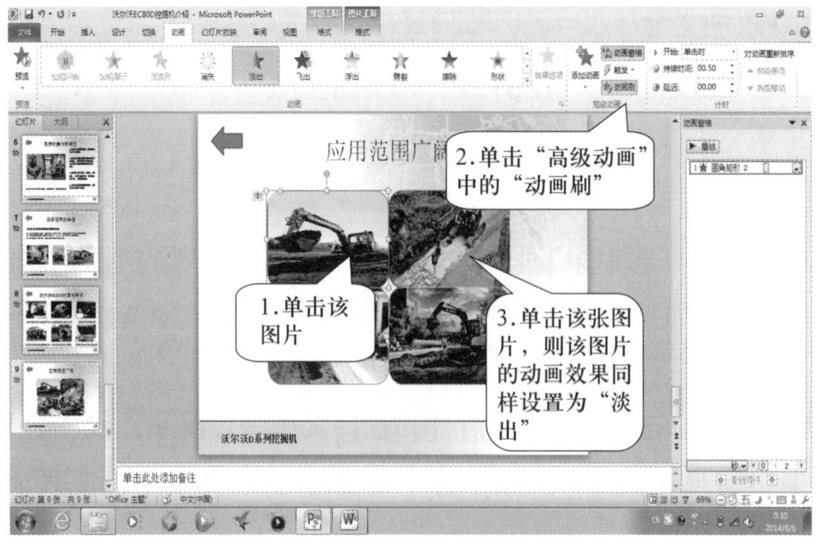

图3-34　动画刷的使用

步骤3：强调动画。选中第3张幻灯片，选择文字“行业最重”，在“动画”选项组中，添加“波浪形”强调动画。使用动画刷使“行业领先”“标配行业最大”和“行业最大”做同样设置。

步骤4：路径动画。选中第6张幻灯片，选择其中的图片，添加“对角线向右上”路径动画，并将动画的终点调至合适位置，如图3-35所示。

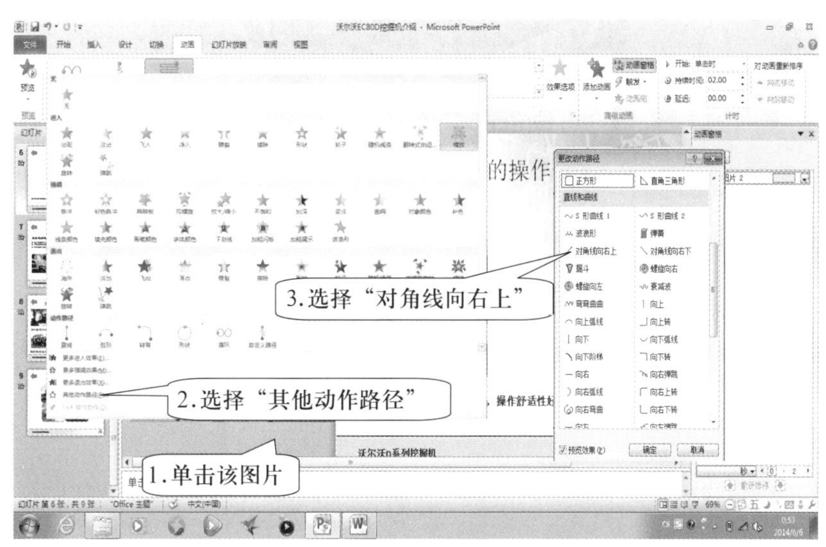

图3-35 路径动画的设置

步骤5：选择第8张幻灯片，选择上排第1张图片，在“动画”选项组中，添加“随机线条”进入动画并设置“开始”为“单击时”。然后，单击“高级动画”中的“添加动画”的下拉按钮，选择“跷跷板”强调动画并设置“开始”为“上一动画之后”。使用动画刷使其他图片做同样设置。

训练5 放映演示文稿

使用PowerPoint用户还可以设置演示文稿的放映方式。

步骤1：在PowerPoint中，选择“幻灯片放映”选项卡，单击“录制幻灯片演示”按钮，选择“从头开始录制”命令，在弹出的“录制幻灯片演示”对话框中单击“开始录制”按钮，可以开始录制幻灯片演示，如图3-36所示。

步骤2：单击“录制”面板中的“暂停录制”按钮，可暂停或开始幻灯片演示的录制，录制完成后，单击“设置幻灯片放映”按钮，即可打开“设置放映方式”对话框设置幻灯片放映。

训练6 保存演示文稿

步骤：选择“文件”→“保存”命令。

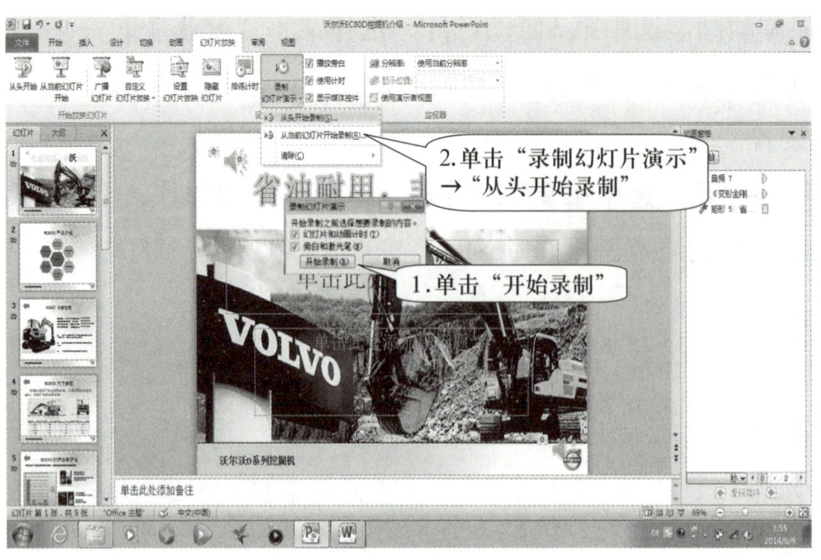

图3-36　录制演示文稿

知识链接

1. 超链接

超链接是一种最基本的超文本标记，可以为各种对象提供链接的桥梁，在PowerPoint中，允许用户通过两种方式为演示文稿添加超链接：直接添加超链接和添加动作按钮。要想取消超链接，可选中带有超链接的显示对象，右击选择“取消超链接”命令，此时，PowerPoint将自动删除显示对象的超链接属性。

2. 幻灯片切换

在PowerPoint 2010中，用户可以方便地为幻灯片添加切换动画，并选择PowerPoint预置的切换动画方案。切换方案主要包括细微型、华丽型、动态内容3种。与动画样式不一样，PowerPoint只允许用户为一幅幻灯片应用一种切换方案。用户还可以设置切换动画的属性，包括切换的触发、切换的持续时间以及在切换时播放的声音等，如图3-37所示。

图3-37　“切换”面板

3. 动画设置

使用PowerPoint 2010，用户可以方便地为各种多媒体显示对象添加动画效果。在

PowerPoint中，提供了4种类型的动画样式，包括进入式、退出式、强调式和路径动画等。允许用户为某个显示对象应用多个动画样式，并按添加的顺序进行播放，如图3-38所示。

图3-38 “动画”面板

拓展训练

对“数码相机宣传展示”演示文稿修改，进行动态设置。

制作要求：

（1）第1张幻灯片：① 选择相机图像，在“动画”选项组中，添加“浮入”进入动画。然后，在“高级动画”选项组中，单击“自定义路径”按钮，并绘制路径；② 选择“横排文本框”，在“动画”选项组中添加“切入”进入动画。

（2）第2张幻灯片。① 选择垂直文本框，在“动画”选项组中，添加“飞入”进入动画，并设置“效果选项”为“自右侧”。② 选择横排文本框，在“动画”选项组中，添加“缩放”进入动画，并设置“开始”为“上一动画之后”；然后在“高级动画”选项组中，添加“对比色”强调动画，并设置“开始”为“上一动画之后”。单击“显示其他效果选项”按钮，在弹出的“对比色”对话框中，设置声音为“打字机”，动画播放后的颜色为“蓝色”，动画文本为“按字母”，字母之间延迟百分比为10，设置“开始”为“上一动画之后”。

（3）第3张幻灯片。① 选择垂直文本框，在“动画”选项组中，添加“空翻”进入动画；② 然后，为表格添加“升起”进入动画，设置“开始”为“上一动画之后”，“持续时间”为“3.5秒”。

（4）第4张幻灯片。① 选择横排文本框，为其添加“淡出”进入动画，设置“开始”为“与上一动画同时”，“持续时间”为“0.5秒”，“延迟”为“1秒”；② 选择圆角矩形和横排文本框，添加“浮入”进入动画；③ 选择放置在圆角矩形上的横排文本框，添加“对比色”强调动画，并在“对比色”对话框中，依样稿效果设置声音、播放后文本颜色以及动画文本的属性。

（5）第5张幻灯片。① 选择右下角的图片，添加“淡出”进入动画，“开始”为“上一动画之后”。② 依次为其余3张图片设置相同的动画效果。

任务评价

考核项目	考核标准	分值	自评分	小组评分	综合得分
插入超链接和动作按钮	会使用超链接	10			
	会使用动作按钮	10			
设置幻灯片的切换	会设置幻灯片的切换效果	10			
设置动画效果	会设置进入、退出、强调、动作路径	30			
放映演示文稿	同一对象两个或两个以上动画设置	20			
	会录制演示文稿	10			
	会设置演示文稿放映方式	10			
总分		100			
努力方向：		建议：			

任务4 制作旅游产品推介

任务目标

通过本任务的学习，你将学习到幻灯片作品的设计流程，并且进一步巩固加深关于文本的处理方式、幻灯片的布局、多媒体元素（图形、表格、图表、音频、视频）的插入和编辑、动画效果的制作。

任务情境

小李就职于国内某大型旅行社武汉分社，目前旅游旺季即将来临，总部要求各分社制定一份最新的本地旅游线路规划，小李被安排制作一份现场演示文稿，如图3-39所示。

图3-39 作品示例

任务解析

一部好的多媒体作品应该主题鲜明，层次分明，逻辑清晰。应该包括精彩的片头、漂亮的封面、制作良好的目录页和过渡页、内容丰富的主题内容页以及个性化的封底，缺一不可。而这些都离不开充分的事前准备工作：整体规划、素材收集、熟练的软件技能操作等。

实践操作

训练1 制作片头视频文件

步骤1： 用“新建”命令创建幻灯片文件：选择“文件”→“新建”命令，在打开的“新建”界面的“可用的模板和主题”栏中保持默认选择“空白演示文稿”选项，然后单击“创建”按钮。

步骤2： 单击第一张幻灯片，右击幻灯片空白的地方，选择“设置背景格式”，在弹出的“设置背景格式”窗口中选择“图片或纹理填充”，单击“文件”按钮，选择项目3任务4/素材文件夹/武汉美景文件夹中的“武汉图片1”插入。

步骤3： 选择PPT菜单功能的“切换”，在“切换到此幻灯片”的组中选择“切换方案”中“细微型”的“分割”，设置换片方式的“设置自动换片时间”为“0秒”，如图3-40所示。

步骤4： 右击左侧的幻灯片普通视图窗口中的空白处，选择菜单“新建幻灯片”，

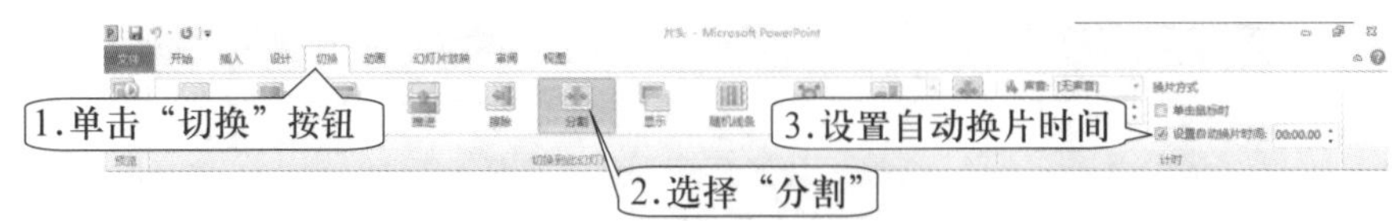

图3-40 设置切换效果

PowerPoint 2010会自动新建一张幻灯片，按步骤2的方法插入“省博”图片作为背景，然后按照步骤3的方法设置切换效果为“华丽型”中的“立方体”，设置换片方式的“设置自动换片时间”为“3秒”。

步骤5：单击左侧的幻灯片普通视图窗口中的第二张幻灯片，右击选择菜单“复制幻灯片”，复制18张，把接下来的幻灯片之中的背景依次更改为任务4/素材文件夹/武汉美景文件夹中的图片。

步骤6：为了让“立方体”给我们展示魔方一样的效果，可以设置在“切换方案”的右侧的“效果选项”为不同的方向。例如，设置第二张幻灯片的方向为从“自右侧”，第三张幻灯片的方向为“自顶部”，依此类推，如图3-41所示。

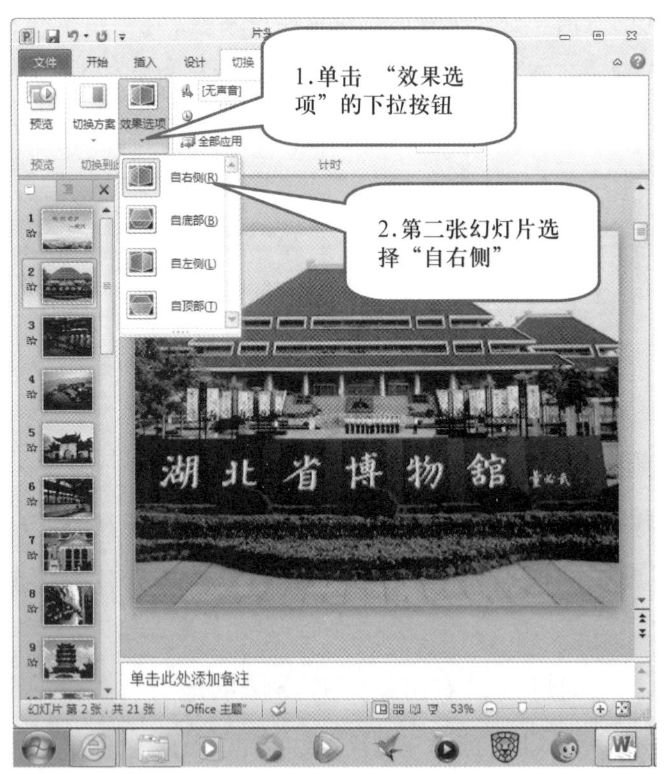

图3-41 设置切换效果选项

步骤7：选择第1张幻灯片，单击“插入”选项卡，在其中的“媒体”工具组中单击“音频”的下拉按钮，在下拉列表中选择“文件中的音频”命令，弹出“插入声音”对话框，插入项目3任务4/素材文件夹中的音频文件。

步骤8：选择音频图标，单击“音频工具”，设置“播放”选项卡中的“音频选项”选项组中的“音量”为“中”，“开始”为“跨幻灯片播放”；循环播放，直到停止；播完返回开头；并启用“放映时隐藏”复选框。

步骤9：选择“文件”→“另存为”命令，在保存类型中选择“Windows Media视频”，在文件名输入框中输入“片头”，单击“保存”按钮，片头视频即制作成功，如图3-42所示。

图3-42 “另存为”对话框设置

训练2 制作封面

封面一般应该有公司LOGO，主标题、副标题和作者单位及姓名。设计要求简约、大方，突出主标题，弱化副标题和作者名称，使用图片时，其内容要尽可能与主题相关或接近，避免毫无关联的引用。封面配色要切合主题，确定后面的幻灯片都要保持统一。

步骤1：用“新建”命令创建一个新的幻灯片文件。

步骤2：选择第一张幻灯片，插入训练1中制作的片头视频，调整大小与幻灯片背景同样大小。设置为自动开始，如图3-43所示。

步骤3：新建第二张幻灯片，选择项目3任务4/素材文件夹/武汉美景文件夹中的“武汉图片1”作为背景插入。

步骤4：① 绘制一个横排文本框作为标题，在该文本框中输入文本“魅力武汉”并设置文本格式：字体为华文隶书，字号96，并调整文本框至合适位置，如图3-44所示。② 绘制一个横排文本框作为副标题，在该文本框中输入文本“——武汉旅游推介”并设置文本格式：字体为华文行楷，字号44，并调整文本框至合适位置，如图3-45所示。③ 选择PPT功能菜单“切换”，在“切换到此幻灯片”选项组中选择“切换方案”中“细微型”的“分割”，设置换片方式的“设置自动换片时间”为“0秒”。

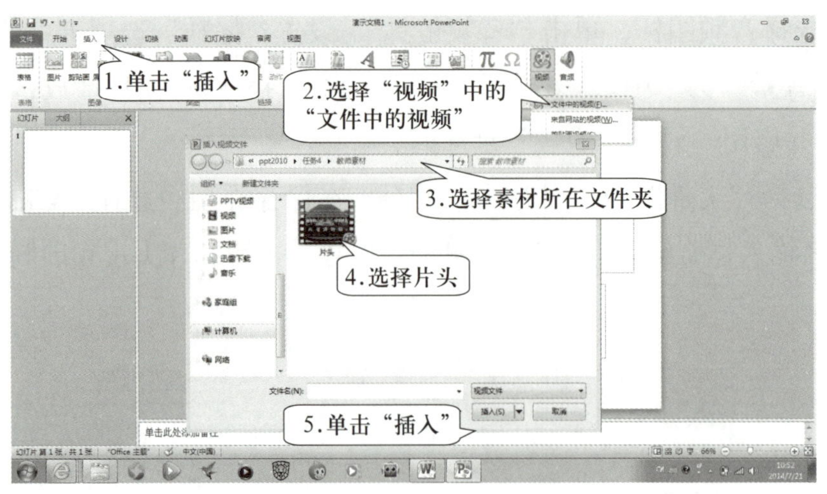

图3-43 插入视频文件

图3-44 绘制文本框

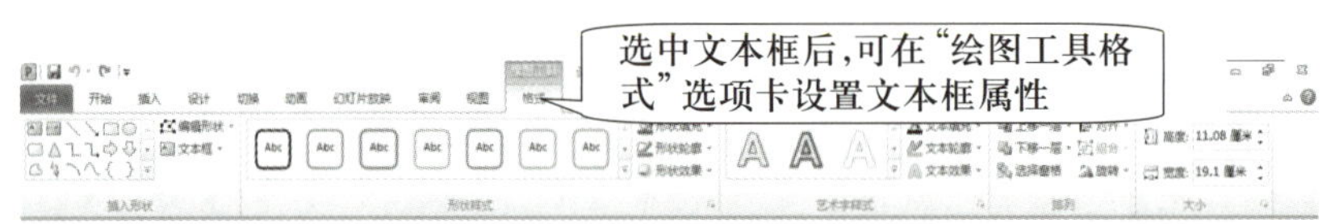

图3-45 设置文本框属性

训练3 制作目录页

目录在PPT里起着提纲挈领的作用，使整个演示文稿脉络清晰，便于观看者理解作者意图。常见目录页的设计可以分为图文结合和纯文字型。

步骤1： 新建第三张幻灯片，选择项目3任务4/素材文件夹/武汉美景文件夹中的“武汉图片1”作为图片插入，并调整其和页面同样大小。

步骤2： 插入一条直线，设置其宽度为25.2厘米，高度为0，粗细为2.25磅，颜色为白色，在幻灯片上的位置为自左上角垂直12.33厘米。复制该直线，调整其宽度为0，高度为12.33厘米，在幻灯片的位置为自左上角水平6.3厘米，如图3-46和图3-47所示。

小技巧

“形状”选项组内容丰富，包括线条、矩形、基本形状、箭头总汇、公式形状、流程图、星与旗帜、标注和动作按钮，充分利用这些图形的排列组合，可以创作出个性化的版面布局。

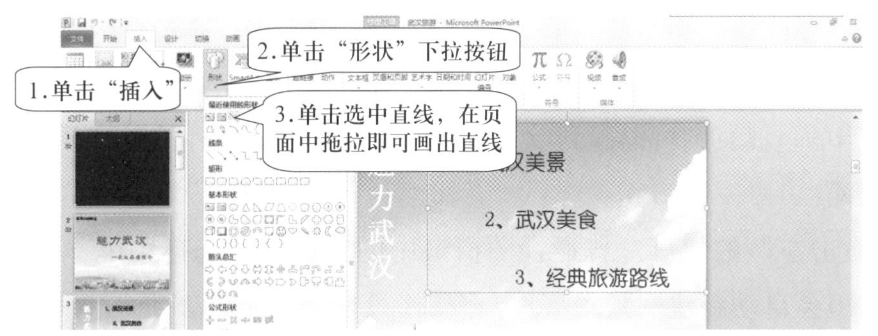

图3-46 绘制直线

图3-47 设置直线属性

步骤3：插入竖排文本框，设置其无轮廓，无填充颜色，输入文本“魅力武汉”，属性设置为宋体、54号、加粗、白色，位置如图3-48所示。

步骤4：插入横排文本框，设置其无轮廓，无填充颜色，输入文本“1.武汉美景 2.武汉美食 3.经典旅游路线”，属性设置为幼园、40号、加粗、黑色，行距为2.25倍，排版、位置如图3-48所示。

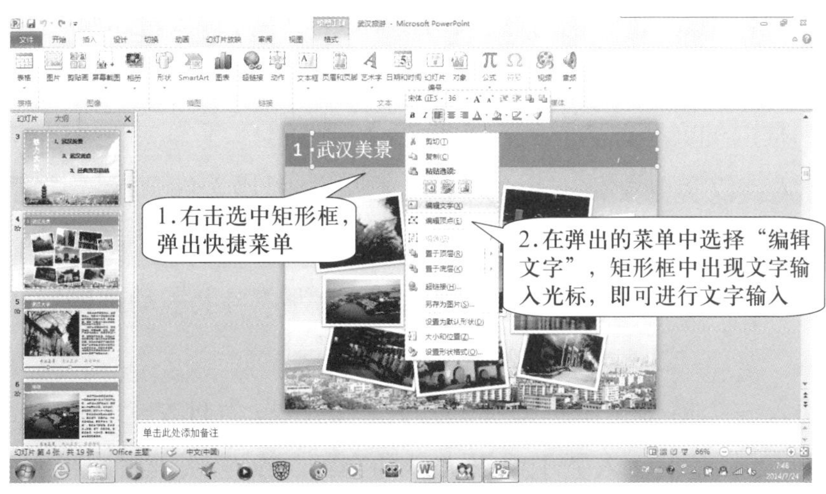

图3-48 在矩形框中输入文字

训练4　制作过渡页

在不同的内容之间若没有过渡页，则内容之间缺少衔接，容易显得突兀，不利于观众接受，而恰当的过渡页则可以起到承上启下的作用。独立设计的过渡页，能够展示该部分内容的提纲。

步骤1： 右击左侧的幻灯片普通视图窗口中的空白处，选择菜单“新建幻灯片”，PowerPoint 2010会自动新建一张幻灯片，按训练1步骤2的方法插入“武汉图片1”作为背景。

步骤2： 插入一个矩形框，设置其形状填充色为橙色，强调文字颜色6，深色25%，无轮廓，高度为2.2厘米，宽度为1.7厘米，位置为自左上角垂直0.72厘米，在其中输入文本“1”，字体为Calibri，字号为36，颜色为白色。

步骤3： 再插入一个矩形框，设置其形状填充色为蓝色，强调文字颜色1，无轮廓，高度为2.2厘米，宽度为23.56厘米，位置为自左上角垂直0.72厘米，水平1.84厘米，在其中输入文本“武汉美景”，字体为宋体，字号为36，颜色为白色，左对齐，如图3-48所示。

步骤4： 插入武汉美景文件夹中的图片文件，如图3-39所示适当调整其大小和位置，设置其图片样式为“简单框架，白色”。设置图片动画为进入里的“缩放”，效果选项设置为“幻灯片中心”，除第一张图片开始为“与上一动画同时”，其余图片开始均设置为“上一动画之后”。

训练5　制作武汉美景、美食一条街及其介绍

步骤1： 右击左侧的幻灯片普通视图窗口中的空白处，选择菜单“新建幻灯片”，PowerPoint 2010会自动新建一张幻灯片。

步骤2： 右击该幻灯片空白处，选择“设置背景格式”，在弹出的“设置背景格式”对话框中选择“纯色填充”，颜色为蓝色，强调文字颜色1，淡色80%。

步骤3： 将过渡页绘制的两个矩形框复制粘贴过来，然后去除橙色矩形框内的文字，将蓝色矩形框内的文字改为“武汉大学”。

步骤4： 插入武汉美景文件夹中的“武大樱花”图片文件，设置其宽度为15厘米，高度为11.91厘米，在幻灯片上的位置为自左上角垂直3.57厘米。设置图片动画为进入里的“随机线条”，效果选项设置为“垂直”，开始为“与上一动画同时”，持续时间为“1.00”。

步骤5： 插入一个横排文本框，在幻灯片上的位置为自左上角垂直3.57厘米，水平15.3厘米。在文本框中输入关于武汉大学的介绍，文字从素材文件夹中的“景点介绍”文件中复制粘贴。字体为宋体，字号为18，颜色为黑色，左对齐。设置文本框动

画为进入里的“浮入”，效果选项设置为“下浮”，开始为“上一动画之后”，持续时间为“1.00”。

步骤6：单击左侧的幻灯片普通视图窗口中的第五张幻灯片，右击选择菜单“复制幻灯片”，复制9张，将蓝色矩形框内的文字分别改为“东湖”“黄鹤楼”“汉口江滩”“湖北省博物馆”“长江大桥”“归元寺”“木兰天池”“户部巷”和“吉庆街”。并从武汉美景和武汉美食文件夹中选择相关图片插入，其设置同步骤4，文本框中的文字同步更换为相关景点文字，设置同步骤5。图片和文字动画效果可使用“动画刷”复制。

训练6 制作“武汉美食”页

步骤1：右击左侧的幻灯片普通视图窗口中的空白处，选择菜单“新建幻灯片”，PowerPoint 2010会自动新建一张幻灯片，将其位置调整为第13张幻灯片。

步骤2：右击该幻灯片空白处，选择“设置背景格式”，在弹出的“设置背景格式”窗口中选择“图片或纹理填充”，选择纹理为“纸莎草纸”。

步骤3：将第5页绘制的两个矩形框复制粘贴过来，将橙色矩形框内的数字改为2，将蓝色矩形框内的文字改为“武汉美食”。

步骤4：插入一个4×4表格，表格尺寸高13.24厘米，宽20厘米，单元格尺寸：第一、三排高5.59厘米，宽5厘米，第二、四排高1.03厘米，宽5厘米。从素材文件夹中的武汉美食文件夹中导入八种美食图片到第一、三排单元格中，并在相应位置输入其名称。

训练7 制作“经典旅游线路”页

步骤1：点击左侧的幻灯片普通视图窗口中的第4张幻灯片，右击选择菜单“复制幻灯片”，将橙色矩形框内的数字改为3，将蓝色矩形框内的文字分别改为“经典旅游线路”。删除页面上所有的美景图片，只保留背景图片。将此幻灯片位置调整为第16页。

步骤2：插入“素材”文件夹中的“小鱼”图片，设置透明色，高3.37厘米，宽4.31厘米，位置为自左上角水平2.75厘米，垂直5.45厘米。复制该图片，并设置第二张小鱼图片位置为自左上角水平6.39厘米，垂直11.02厘米，如图3-49所示。

步骤3：插入横排文本框，设置其无轮廓，无填充颜色，输入文本“精华一日游”，属性设置为华文琥珀、40号、黑色，位置为自左上角水平7.39厘米，垂直6.13厘米。复制该文本框，并将文字改为“经典二日游”，设置第二个文本框位置为自左上角水平11.1厘米，垂直11.73厘米。

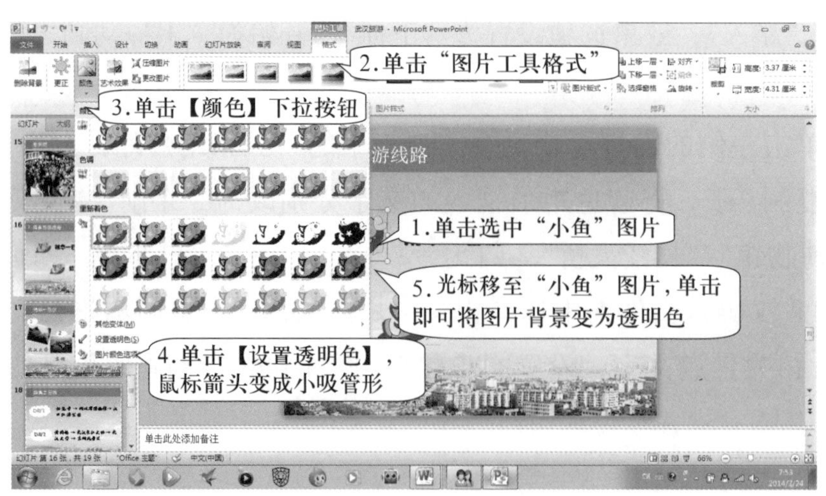

图3-49　图片设置透明色

训练8　制作旅游线路介绍页

步骤1：单击左侧的幻灯片普通视图窗口中的第16张幻灯片，右击选择菜单“复制幻灯片”，将橙色矩形框内的数字删除，将蓝色矩形框内的文字改为“精华一日游”。删除页面上的小鱼图片和文本框。

步骤2：单击左侧的幻灯片普通视图窗口中的第17张幻灯片，右击选择菜单“复制幻灯片”，将蓝色矩形框内的文字改为“经典二日游”。

步骤3：选择第17张幻灯片，在该幻灯片中插入“武汉大学”“东湖”“黄鹤楼”和“汉口江滩”的图片，并设置其大小均为高4.47厘米，宽6厘米，图片样式为“简单框架，白色”，适当旋转图片角度，并如图3-39所示位置放置。

步骤4：选择“插入”菜单，选择“形状”选项组下“基本形状”中的“云形”插入，设置无轮廓，填充色为白色，高1.6厘米，宽2.8厘米，在其中输入数字1，并设置为字体Calibri，字号36，加粗，居中，颜色为绿色。将该图形复制3个，并将其中数字改为2，3，4，颜色分别修改为红、蓝、橙色。并按图3-39所示位置进行放置。

步骤5：插入横排文本框，设置其无轮廓，无填充颜色，输入文本“武汉大学”，属性设置为华文行楷、36号、加粗，颜色为橙色，强调文字颜色6，深色25%。复制3个该文本框，并将文字依次改为“东湖”“黄鹤楼”和“汉口江滩”。将其分别放置在相应图片下方。

步骤6：选择第18张幻灯片，插入“基本形状”中的“云形”，无轮廓，填充色为白色，高3.1厘米，宽5.61厘米，在其中输入文字“DAY1”，并设置为字体Calibri，字号40，加粗，居中，颜色为绿色。复制该图形，并将其中文字“DAY1”改为“DAY2”，颜色修改为红色，并放置在图3-39所示位置。

步骤7：插入横排文本框，设置其无轮廓，无填充颜色，输入文本“归元寺 → 湖北省博物馆→汉口江滩公园”，属性设置为华文行楷、36号、加粗，颜色为黑色。复制该文本框，并将文字改为“黄鹤楼→武汉长江大桥→武汉大学→东湖风景区”。并按图3-39所示位置进行放置。

训练9 制作导航栏

大型演讲需要使用PPT制作演讲稿，由于内容较多，又需要在几个页面之间跳转，这就需要制作导航栏，用超链接的方式实现页面之间的跳转。

步骤1：选中第5张幻灯片，插入一个矩形框，设置其形状填充色为深蓝，文字2，无轮廓，高度为0.32厘米，与页面同宽，位置为自左上角垂直18.08厘米。

步骤2：插入一个圆形，设置其形状填充色为橙色，强调文字颜色6，深色25%，轮廓色为橙色，强调文字颜色6，淡色40%，高度和高度均为1厘米，位置为自左上角垂直17.67厘米，水平6厘米。在其中输入文本“1”，字体为黑体，字号为24，加粗，居中，颜色为白色。将该圆形复制两个，垂直位置均为自左上角17.67厘米，水平位置一为自左上角12厘米，一为自左上角18厘米，将其中数字分别改为2和3，并将其形状填充色为白色，背景1，深色35%，无轮廓。

步骤3：插入一个横排文本框，在幻灯片上的位置为自左上角垂直16厘米，水平4厘米。在文本框中输入“武汉美景”，字体为华文行楷，字号为32，颜色为橙色，强调文字颜色6，深色25%。将该文本框复制两个，垂直位置均为自左上角16厘米，水平位置一为自左上角10厘米，一为自左上角16厘米，将其中文字分别改为“武汉美食”和“经典线路”，并将其文字颜色改为白色，背景1，深色35%。

步骤4：选中数字1所在圆形，单击“插入”菜单下的“超链接”，在弹出的对话框中，选择“本文档中的位置”中的“幻灯片4”，确定即可。依此，将数字2所在圆形超链接到“本文档中的位置”中的“幻灯片13”，将数字3所在圆形超链接到“本文档中的位置”中的“幻灯片16”，至此，导航栏制作完毕。

步骤5：将导航栏复制粘贴到第6~12张、第14、15、17、18张幻灯片上，并将第14、15、17、18张幻灯片导航栏上的数字1圆形形状填充色为白色，背景1，深色35%，无轮廓，将“武汉美景”文字颜色改为白色，背景1，深色35%。将第14、15张幻灯片导航栏上的“武汉美食”颜色改为橙色，强调文字颜色6，深色25%，数字2圆形设置其形状填充色为橙色，强调文字颜色6，深色25%，轮廓色为橙色，强调文字颜色6，淡色40%。将第17、18张幻灯片导航栏上的“旅游路线”颜色改为橙色，强调文字颜色6，深色25%，数字3圆形设置其形状填充色为橙色，强调文字颜色6，深色25%，轮廓色为橙色，强调文字颜色6，淡色40%。

训练10　制作超链接

步骤1：选择第4张幻灯片，选中“武汉大学”图片，单击“插入”菜单下的“超链接”，在弹出的对话框中选择“本文档中的位置”中的“幻灯片5”，确定即可。依此，将“东湖”、“黄鹤楼”、“汉口江滩”、“湖北省博物馆”、“长江大桥”、“归元寺”、“木兰天池”图片分别与其介绍页面建立超链接。

步骤2：选择第16张幻灯片，选中“精华一日游”文本框，单击“插入”菜单下的“超链接”，在弹出的对话框中选择“本文档中的位置”中的“幻灯片17”，确定即可。依此，将“经典二日游”文本框也与“幻灯片18”建立超链接关系。

训练11　制作封底

封底一般用于表达感谢和保留作者信息，但是在整体上和前面内容要形成一个统一的风格，每一个PPT都需要专门设计一个封底。

步骤1：右击左侧的幻灯片普通视图窗口中的空白处，选择菜单“新建幻灯片”，PowerPoint 2010会自动新建一张幻灯片，插入图片“武汉图片1”，设置其大小为高11厘米，与页面同宽，放置在页面的上方。

步骤2：插入艺术字THANK YOU，其图片样式为“填充-橙色，强调文字颜色6，渐变轮廓-强调文字颜色6”。放置在图片的右下角。插入艺术字“咨询请致电：823××847”，其图片样式为“填充-蓝色，强调文字颜色1，金属棱台，映像”。插入艺术字“武汉××旅行社”，其图片样式为“填充-橙色，强调文字颜色6，内部阴影”。放置在页面下方。

训练12　保存文件

步骤：选择“文件”→“保存”命令，在文件名文本框中输入“武汉旅游”，单击“保存”按钮，文件保存成功。

知识链接

在制作演示文稿之前，应做好作品的需求分析和规划设计。在需求分析阶段，要明确作品的发布对象和制作目的，作品所包含的内容和呈现方式。设计作品时，首先要进行结构设计，其次进行内容设计和版面设计，最后制作脚本。在制作阶段，首先搜集素材，然后根据脚本使用软件进行制作，最后进行展示和评价。

示例：本课实例的部分分析与设计

1. 作品需求分析

问题	分析
对象与制作目的	针对利用周末进行短期旅行的客户，使其初步了解武汉的经典景点和美食，吸引其前来旅游
内容	武汉经典美景、经典美食和旅游线路介绍
形式	采用PowerPoint制作多媒体作品进行呈现
发布方式	现场演示

2. 规划与设计

（1）结构设计

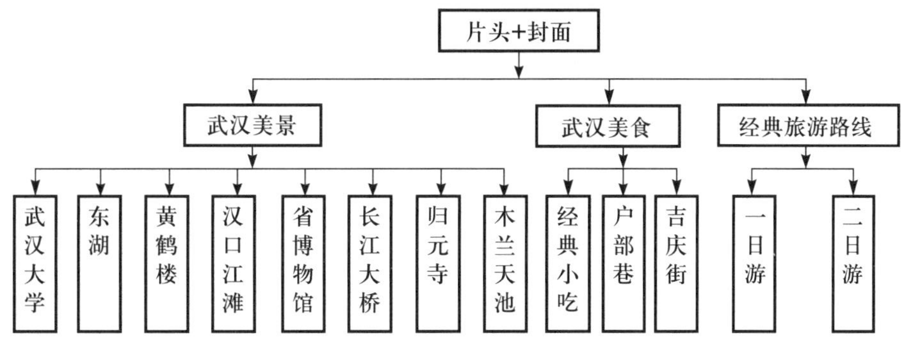

（2）内容设计

编号	栏目名称	详细内容
1	片头视频	背景音乐和武汉经典美景制作的视频
2	封面	作品名称、制作者
3	目录页	背景图片和目录
4	武汉美景	若干张武汉美景图片和动画效果
5~12	武汉经典美景详细介绍	分页显示武汉经典美景及其文字介绍
13	武汉美食	图片展示武汉经典小吃
14~15	户部巷、吉庆街	分页介绍武汉两大经典小吃一条街
16	经典旅游线路	背景图片和目录
17	精华一日游简介	简要介绍旅游线路景点
18	经典二日游简介	简要介绍旅游线路景点
19	封底	背景图片和艺术字

（3）脚本设计

以“武汉大学”页面为例：

<table>
<tr><th>页面名称：“武汉大学”</th><th>类别序号1-1</th></tr>
<tr><td colspan="2">页面设计：
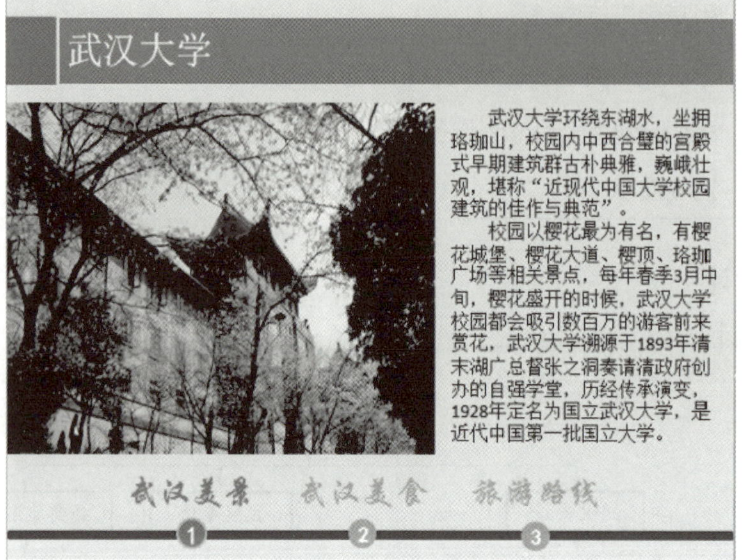
</td></tr>
<tr><td>进入方式：从武汉美景页面，通过超链接方式。
呈现方式：
1. 通过导航栏中的“数字1圆形”设置的超链接返回“武汉美景”页面。
2. 通过导航栏中的“数字2圆形”设置的超链接进入“武汉美食”页面。
3. 通过导航栏中的“数字3圆形”设置的超链接进入“经典旅游线路”页面</td><td>呈现顺序说明：
1. 其余文本以静态文本方式随页面一同出现。
2. 设置图片动画为进入里的“随机线条”，效果选项设置为“垂直”，开始为“与上一动画同时”，持续时间为“1.00”。
3. 设置文本框动画为进入里的“浮入”，效果选项设置为“下浮”，开始为“上一动画之后”，持续时间为“1.00”</td></tr>
</table>

拓展训练

演示文稿主题：可根据自己兴趣来选择，题目自定

例如：某产品介绍、我的家乡、我最喜爱的一本书、我的同学、中国的节日、希望工程、公益宣传片、科普知识（防辐射知识、防震知识、防火知识）、公司宣传片、我的母校、宣传片（奥运、亚运会、世博会）、某门课程教学课件等。

制作要求：

（1）对作品进行需求分析。

（2）对作品进行结构设计、内容设计和脚本设计（具体到每一张页面）。

（3）演示文稿中幻灯片10张以上，必须有片头、封面、目录页、过渡页、主要内容页和封底。

（4）幻灯片中文字部分具备1~2级或以上标题，文字错误率应小于2%，对文字进行字体、字号、段落格式和颜色的设置；恰当运用项目符号和编号。

（5）根据需要设置母版，使用模板和配色方案。

（6）恰当运用图片、剪贴画以及艺术字等对象，并且会根据需要使用表格和图表来组织内容。

（7）增加多媒体效果，包括声音、动画、视频等媒体的使用和编辑。

（8）动态效果的使用。包括：超级链接、切换和动画的使用。

（9）将文件命名为“***PPT作业”。

任务评价

考核项目	考核标准	分值	自评分	小组评分	综合得分
创意	主题明确，设计思路清晰，创意新颖	20			
技术	逻辑严谨，表达通顺，节奏流畅	10			
	文字切合主题，无错别字	10			
	恰当运用多媒体对象来组织和表现内容（包括图片、艺术字、自选图形、声音、视频等）	20			
	超链接、切换和动画等动态效果的使用合理	20			
美感	动画形象细腻、生动。版面设计有特色。作品风格和音乐的风格和谐统一。色彩运用合理，风格清新，独具美感	20			
总分		100			
努力方向：		建议：			

项目4
数据库管理Access 2010

项目概述

Access 2010是Office 2010办公系列软件的一个重要组成部分，主要用于数据库管理。通过本项目的学习了解Access 2010的基本功能，窗口构成和数据库的基础知识；学会在Access 2010中创建数据库，查询数据；掌握窗体和报表的操作，了解数据安全的相关知识。

项目分解

任务1　初识Access 2010和创建数据库

任务2　学会查询

任务3　认识窗体

任务4　创建报表

任务5　数据安全和共享

任务1 初识Access 2010和创建数据库

任务目标

通过本任务的学习，你将掌握以下知识和操作方法：

1. Access 2010的启动
2. 认识Access 2010的界面
3. 创建Access 2010数据库文件
4. 编辑Access 2010数据库

任务情境

公司人事部门需要对公司人员的基本情况进行统计，为了更快速地完成此项工作，要求人事部门的工作人员利用办公软件制作相关报表方便统计。人事情况报表如图4-1所示。

人事报表1

ID	姓名	出生日期	婚否	工资	单击以添加
1	陈良才	1977/7/2	☑	¥2,100.00	
2	李明辉	1984/6/12	☐	¥3,200.00	
3	董红	1979/11/17	☑	¥2,300.00	
4	刘兵	1988/3/9	☐	¥1,900.00	
5	陈红	1981/9/8	☑	¥3,500.00	
6	吴红	1971/9/2	☑	¥2,700.00	
7	王明	1960/3/2	☑	¥2,400.00	
8	陈军	1969/4/11	☐	¥2,480.00	
9	邓明辉	1984/3/1	☐	¥2,900.00	
10	钟小阳	1989/5/2	☐	¥2,290.00	
11	吴天明	1973/8/12	☑	¥2,700.00	

图4-1　人事情况报表

此人事报表我们将使用微软Office 2010中的一个数据库工具软件Access 2010来完成。

打开项目4\任务1\素材\人事报表4-1.accdb文件。

任务解析

在这一环节中将学会启动Access 2010，了解Access 2010界面和窗口结构，同时学习创建数据表的基本方法。

实践操作

训练1 启动Access 2010

启动Access 2010的方式与启动一般的Windows程序相同，即：桌面快捷图标启动、开始菜单选项启动和通过已有文件启动等方式。

如图4-2所示，通过Windows开始菜单启动Access 2010。

步骤1： 单击Windows“开始”按钮。

步骤2： 在出现的“开始”菜单中寻找并选择“Office程序组”。

步骤3： 在Office程序组中选择并单击“Access 2010”，启动Access 2010。

启动Access 2010后，出现Access 2010首页，如图4-3所示。

> 小技巧
>
> 通过桌面快捷图标也能启动Access 2010，进入首页。

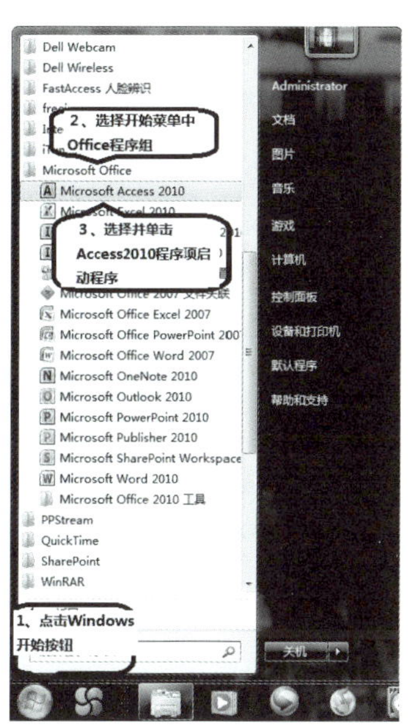

图4-2 启动Access 2010

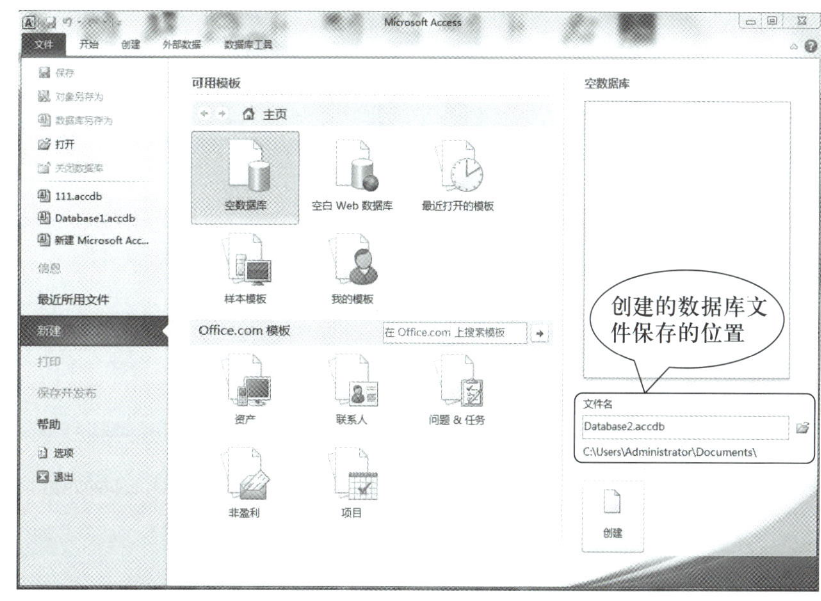

图4-3 Access 2010首页

训练2 创建数据表

如图4-4所示，按以下步骤进行数据表文件的创建。

步骤1： 选择“可用模板”中的“空数据库”模板。

步骤2： 设置数据表文件名为“人事报表”。

步骤3： 设置保存数据表文件的位置。

步骤4： 单击“创建”进入工作界面如图4-5所示。

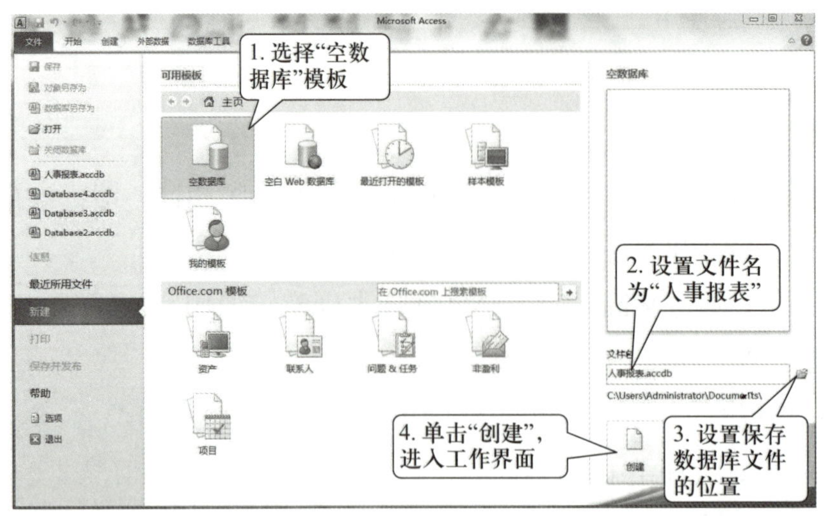

图4-4　创建数据表

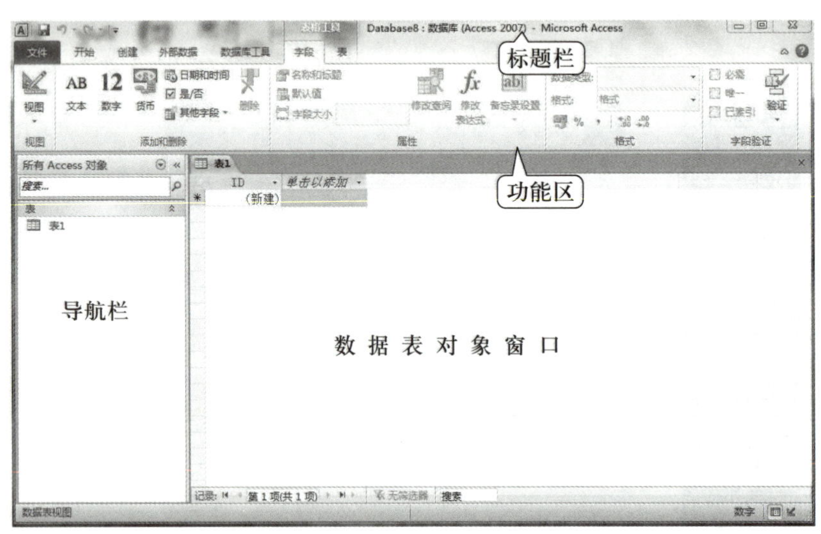

图4-5　Access 2010工作界面

训练3　创建人事情况报表“姓名”字段

在图4-1人事情况报表中有若干行和若干列，每一行是一个人的信息情况，而每一列都是同一个类型的信息，如“姓名”这一列保存的就是相关姓名信息。

步骤1：在Access 2010工作界面中单击“单击以添加”下拉按钮，在下拉列表中选择“文本”作为第一个字段“姓名”的数据类型，如图4-6所示。

步骤2：如图4-7所示，再输入“姓名”作为第一个字段的名字，同时也是“人事报表”的第一列的名字。至此“人事报表”的第一列设置完成。

训练4　创建“出生日期”字段

步骤1：在Access 2010工作界面中单击“单击以添加”下拉按钮，在下拉列表中

图4-6　字段名列表　　图4-7　姓名字段名　　图4-8　“出生日期”字段数据类型

选择“日期与时间”作为第二个字段“出生日期”的数据类型，如图4-8所示。

步骤2： 输入“出生日期”作为该字段的名字，如图4-9所示。

训练5　输入数据信息

步骤： 单击字段名“姓名”下方的空格编辑输入信息，完成第一条记录的输入，如图4-10所示。

图4-9　“出生日期”字段名

图4-10　输入第一条记录

小技巧

1. 在输入“日期/时间”类型数据时可以在空格中直接输入“1977年7月2日”，也可选择空格旁边的“日期输入按钮”来进行直观的选择输入，如图4-11所示。

2. 在输入货币型数据时，只需要直接输入金额数字，按回车键确认后货币符号系统会自动加上。

图4-11

训练6　保存数据库文件

数据输入完毕后，如图4-12所示，按以下步骤完成数据库文件的保存。

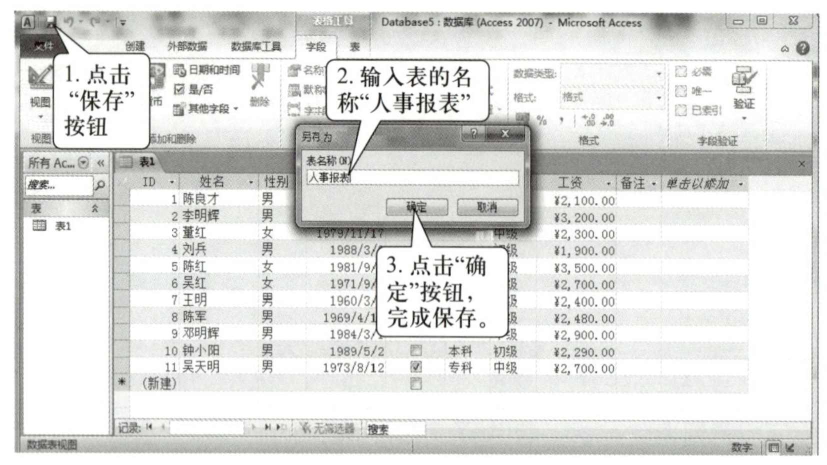

图4-12　保存数据表文件

步骤1：单击窗口左上角的“保存”按钮。

步骤2：在弹出的“另存为”对话框中输入文件名“人事报表”。

步骤3：单击“确定”按钮即完成对数据库文件的保存。

训练7　添加一个字段“学历”

步骤1：打开“人事报表”数据表，单击“表格工具”选项，如图4-13所示。

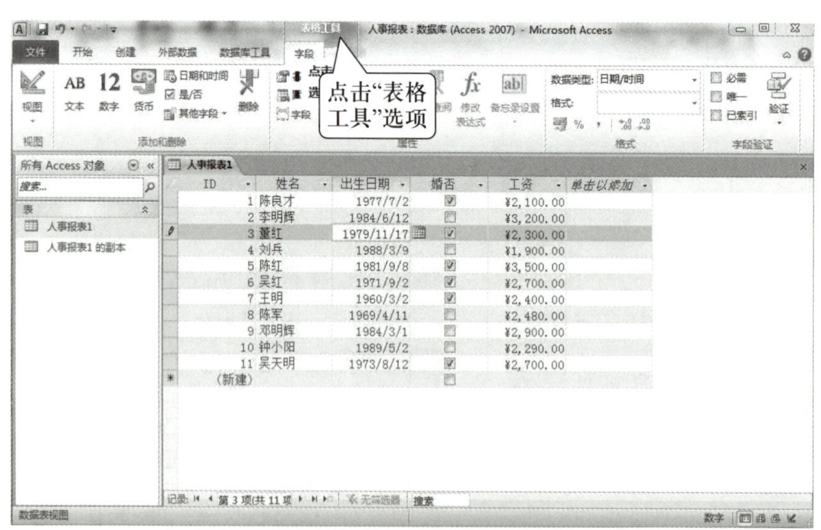

图4-13　表格工具选项

在此有“字段”和“表”两个选项卡，在“字段”选项卡下有“添加和删除”、“属性”、“格式”和“字段验证”几个功能区域。

步骤2： 若要在“人事报表”中“出生日期”这一字段之后添加“学历”字段，选择并单击“出生日期”这一列中任意一个数据。

步骤3： 单击“文本”按钮。

步骤4： 在新出现的字段处输入新字段名“学历”，如图4-14所示。

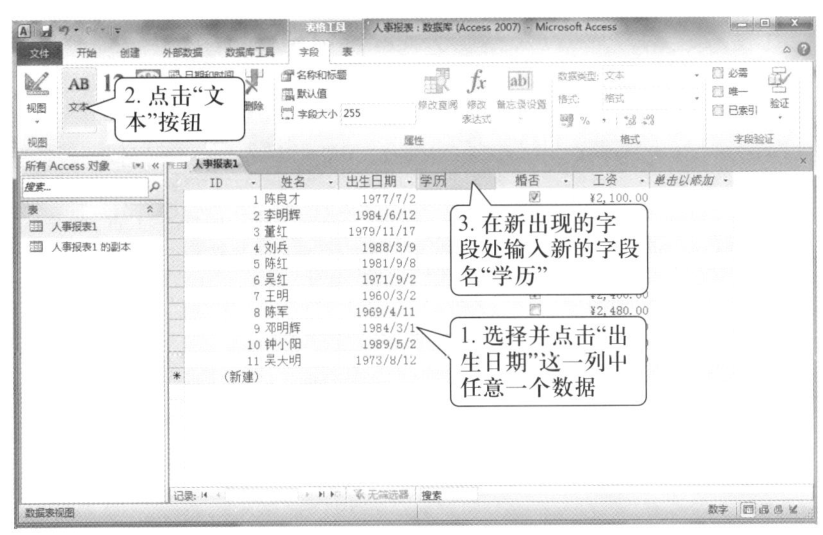

图4-14　添加字段“学历”

训练8　删除“学历”字段

如图4-15所示，按以下步骤完成操作。

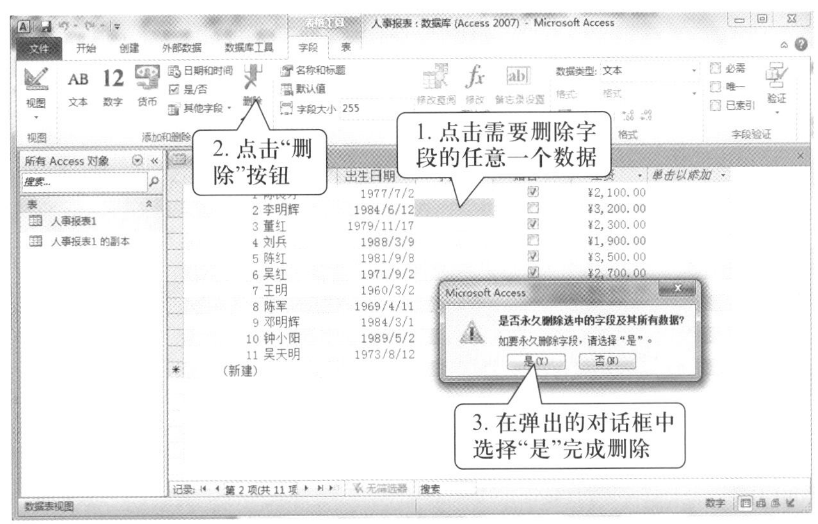

图4-15　删除字段“学历”

步骤1： 先选择此字段下的任意一个数据。

步骤2： 再单击“删除”按钮。

步骤3： 在弹出的对话框中选择“是”，即可完成删除。

当删除一个字段的时候，该字段中的原有数据也被删除。

训练9　修改“工资”字段名为“基本工资”

如图4-16所示，按以下步骤完成操作。

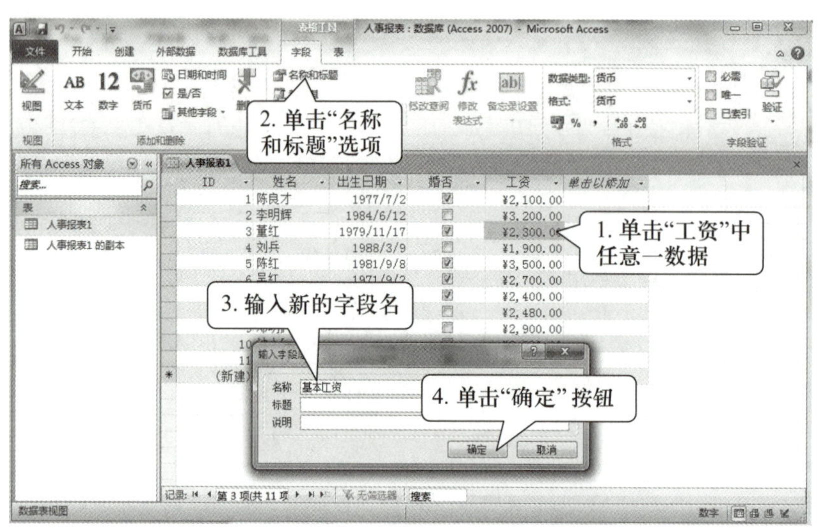

图4-16　更改字段名

步骤1： 先选择此字段中的任意一个数据。

步骤2： 再在字段属性区域单击“名称和标题”。

步骤3： 在弹出的“输入字段属性”对话框中输入新的字段名。

步骤4： 单击“确定”按钮，完成修改。

小提示

在修改字段数据类型时一定要注意：如果数据表中已有数据，那么在修改数据类型可能会对数据造成危险，因此，对于有数据的数据表此类操作一定要谨慎。

知识链接

1. 数据库简介

Access数据库管理系统是由美国微软公司推出的Office系列办公软件中的一个应用程序项，是典型的新一代桌面数据库管理系统。其主要用户为个人和小型企业，它最大的特点是易学易用，开发简单。前面的人事情况报表是一个典型的二维数据表（表格有纵横两个方向），它就是在实际工作中应用最为广泛的关系型数据库，关系型数据库的基本特征是按关系数据模型组织数据库，它结构简单，具有较为严格的数据理论基础，数据独立性高等优点，是发展前景很大的一类数据库。

2. 数据库的构成

（1）字段　在Access数据库中数据元素称为“字段”，在一个数据表中由若干字段构成，每一个字段作为数据表的一个列。每个字段必须具有一个唯一的名字，称为字段名。每个字段都具有一些相关的属性。

例如，图4-1“人事情况报表”中的“姓名”就是一个字段名，它所在的列为存放有“姓名”相关数据的字段。

（2）记录　在Access中数据元组被称为“记录”，一个数据表的每一行就是一个记录。记录由若干个字段构成。每个记录都有一个唯一的编号，称为记录号。

如图4-2“人事情况报表”中的每一行就是一个人的相关情况记录。

（3）数据表　在Access中具有相同字段的所有记录的集合称为“数据表”。一个数据库中的每一个数据表均具有一个唯一的名字，称为表名。

3. 字段类型

Access 2010提供了常用的文本、数字、货币、日期和时间、是/否等常用的十多种数据类型，不同的数据类型，不仅其保存方式可能不同，而且占用计算机的存储空间也有差异，下面将常用的五种数据类型的特性和数据大小作一个介绍。

（1）文本　可接受文本或文本与数字相结合的数据；大小为255字个符（每个中文字占2个字符）。

（2）数字　用于数学计算的数字；大小为1、2、4、8个字节。

（3）日期与时间　从100到9999的时间与时间数据；8个字节。

（4）货币　用于数值数据，整数位为15，小数位为4；8个字节。

（5）是/否　只包含两者之一；1个字节。

拓展训练

前面学习了创建一个基本数据表的过程，了解了有关的类型设置，请同学们在Access 2010中创建如图4-17所示人事报表，并按下面的要求进行相关字段的设置。

制作要求：

（1）将“婚否”设置为“是/否”类型数据。

（2）将“工资”字段设置为“货币”类型数据。

（3）在“出生日期”后添加“家庭住址”字段。

人事报表1

ID	姓名	出生日期	婚否	职称	工资	单击以添加
1	陈良才	1977/7/2	☑	中级	¥2,100.00	
2	李明辉	1984/6/12	☐	高级	¥3,200.00	
3	董红	1979/11/17	☑	中级	¥2,300.00	
4	刘兵	1988/3/9	☐	初级	¥1,900.00	
5	陈红	1981/9/8	☑	高级	¥3,500.00	
6	吴红	1971/9/2	☑	中级	¥2,700.00	
7	王明	1960/3/2	☑	中级	¥2,400.00	
8	陈军	1969/4/11	☐	中级	¥2,480.00	
9	邓明辉	1984/3/1	☐	高级	¥2,900.00	
10	钟小阳	1989/5/2	☐	初级	¥2,290.00	
11	吴天明	1973/8/12	☑	中级	¥2,700.00	
12	钱高明	1976/2/13	☑	中级	¥2,980.00	
13	杜进	1987/11/9	☐	初级	¥2,110.00	
14	胡书朋	1971/3/12	☑	高级	¥3,300.00	
15	陈静	1973/12/6	☑	高级	¥3,170.00	

图4-17　人事报表

（4）删除“职称”字段。

最终得到“人事报表4-1练习”数据表文件，打开项目4\任务1\样稿\人事报表4-1练习.accdb文件。

任务评价

考核项目	考核标准	分值	自评分	小组评分	综合得分
启动 Access 2010	使用桌面快捷图标启动	5			
	使用开始菜单选项启动	5			
	使用已有文件启动	5			
Access 2010 窗口结构	了解标栏、选项卡	5			
	了解“文件”选项卡功能	5			
	了解“开始”选项卡功能	5			
	了解“创建”选项卡功能	5			
	了解“外部数据”选项卡功能	5			
	了解“数据库工具”选项卡功能	5			
	了解“字段”选项卡功能	5			
	了解“表”选项卡功能	5			
数据表保存位置的设置	了解“数据表”保存位置的设置方法	5			
	学会在磁盘上保存数据表文件	5			

续表

考核项目	考核标准	分值	自评分	小组评分	综合得分
创建数据表	了解常用的字段类型	5			
	会创建数据表	5			
	能熟练输入数据	5			
	会保存数据表	5			
	会添加和删除字段	5			
	会修改字段名	5			
	会修改字段数据类型	5			
总分		100			
努力方向：		建议：			

任务2 学会查询

任务目标

通过本任务的学习，你将学习以下的操作：

1. 学会数据表中的选择查询功能。
2. 掌握条件查询的基本操作方法。

任务情境

在图4-1所示数据表中，需要查询和显示部分数据内容，统计满足一定条件的人员信息，此时可通过Access 2010提供的查询功能来完成此项工作。

任务解析

在这一部分，介绍如何通过选择查询功能来对数据表中的数据进行分类、通过使用参数查询从数据表中查找出符合要求的一类数据。

实践操作

训练1　使用选择查询

图4-1所显示的数据表中有四个字段，分别是姓名、出生日期、婚否、工资，现在要求查询姓名和工资数据，生成一个只有这两个字段信息的数据表。

步骤1：打开数据表文件，打开项目4\任务2\素材\人事报表4-2.accdb文件，如图4-18所示。

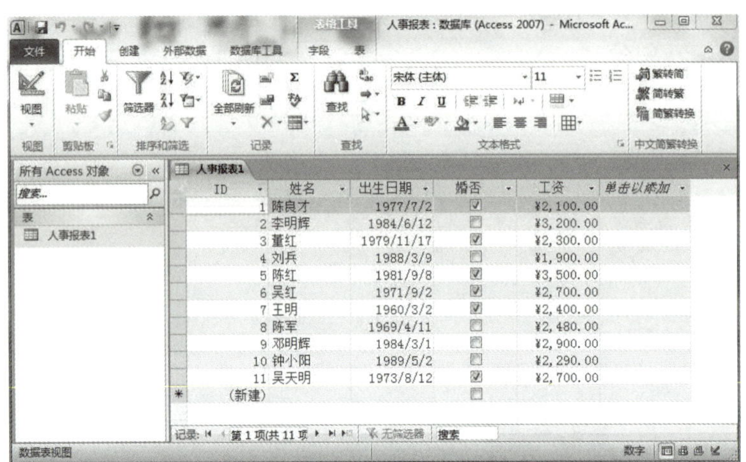

图4-18　打开数据表文件

步骤2：选择“创建”选项卡。

步骤3：在“查询”选项组中选择“查询向导”命令，如图4-19所示。

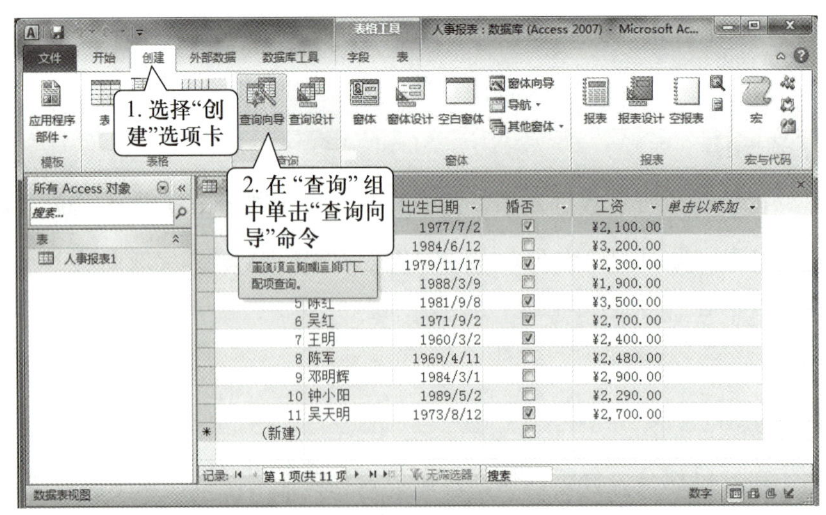

图4-19　选择“查询向导”

步骤4：在弹出的“新建查询”对话框中选择“简单查询向导”，单击“确定”按钮，如图4–20所示。

步骤5：在弹出的“简单查询向导”对话框的左侧“可用字段”窗口中选择“姓名”字段，如图4–21所示；单击发送按钮 > ，发送至“选定字段”窗口中，如图4–22所示。

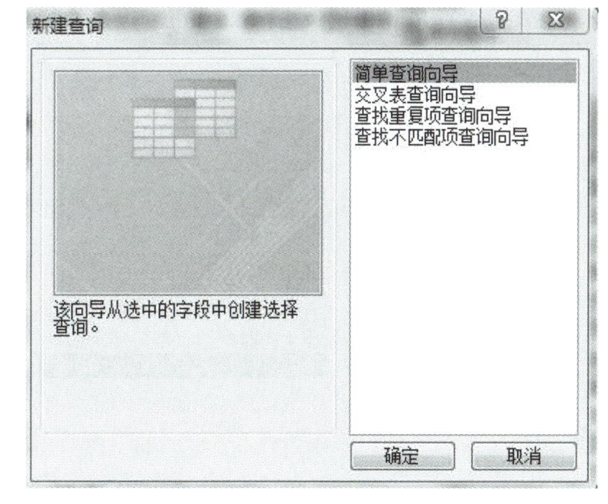

图4–20　新建查询对话框

小技巧

当我们在“可用字段”下选择一个字段通过“ > ”按钮将其发送至“选定字段”窗口，而使用“ >> ”按钮可将“可用字段”下的全部字段一次全部发送至“选定字段”窗口。同样，使用“ < ”和“ << ”可将选定的字段一个和全部发送回左则“可用字段”。

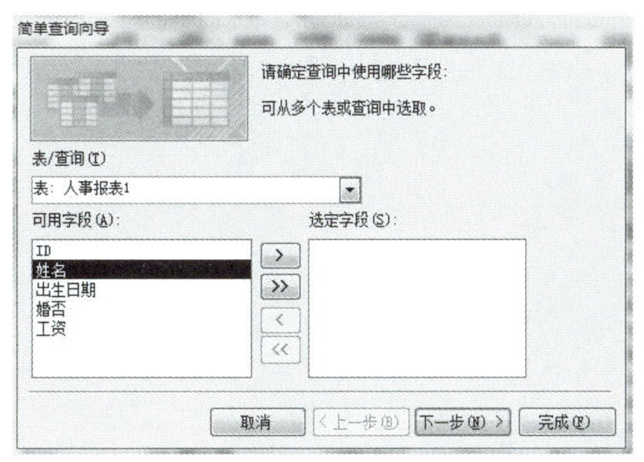

图4–21　选择可用字段

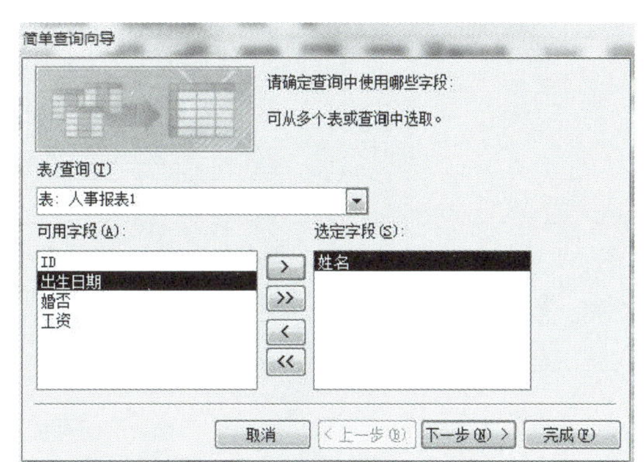

图4–22　发送“姓名”字段至选定字段

步骤6：同步骤5将“工资”字段从可用字段发送至选定字段窗口，如图4–23所示。

步骤7：在图4–23中单击“下一步”，进入“明细”和“汇总”选择项界面，此处采用默认的“明细”方式，并单击“下一步”，如图4–24所示。

步骤8：在“请为查询指定标题”对话框中使用系统默认的标题“人事报表1 查询”并单击“完成”按钮，如图4–25所示。

步骤9：得到查询结果，如图4–26所示。

在存放查询结果的数据查询表中只有前面选择的“姓名”和“工资”这两个字段的信息。

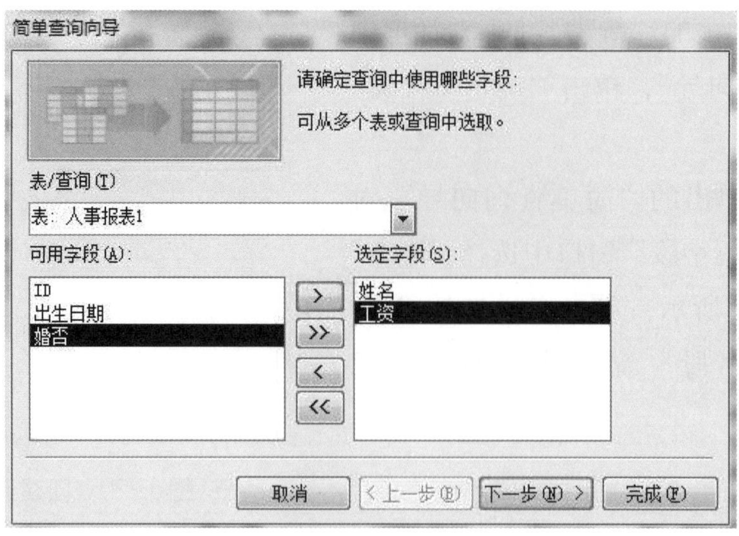

图4-23 设置选定字段

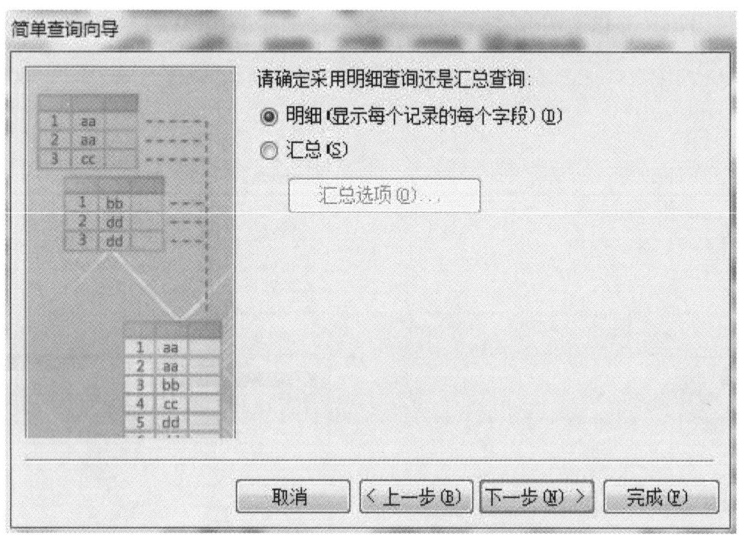

图4-24 “明细”和“汇总”选择界面

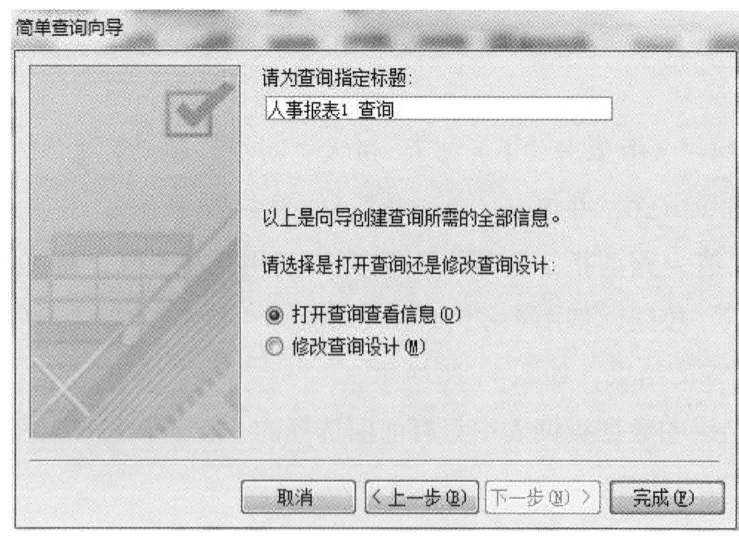

图4-25 “请为查询指定标题”对话框

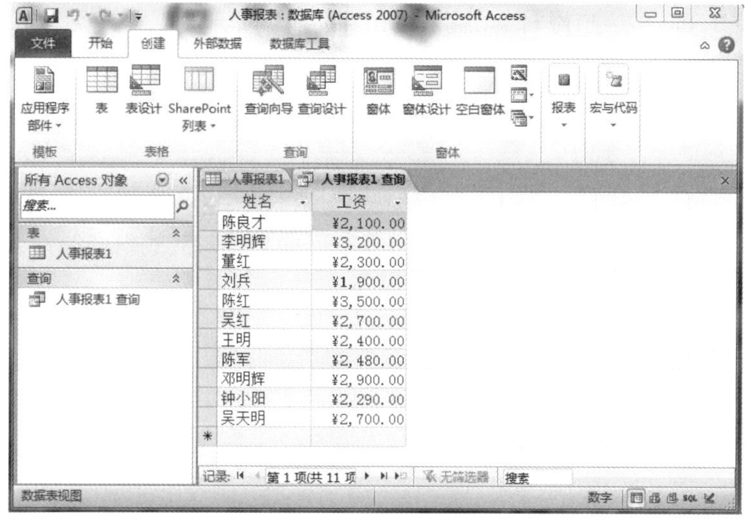

图4-26　查询结果

训练2　使用条件查询

在人事报表数据表中，要查询工资高于2 500元的员工姓名和对应的工资。

步骤1：如图4-18所示，打开数据表。

步骤2：选择“创建”选项卡。

步骤3：在“查询”选项组中选择“查询设计”命令，如图4-27所示。

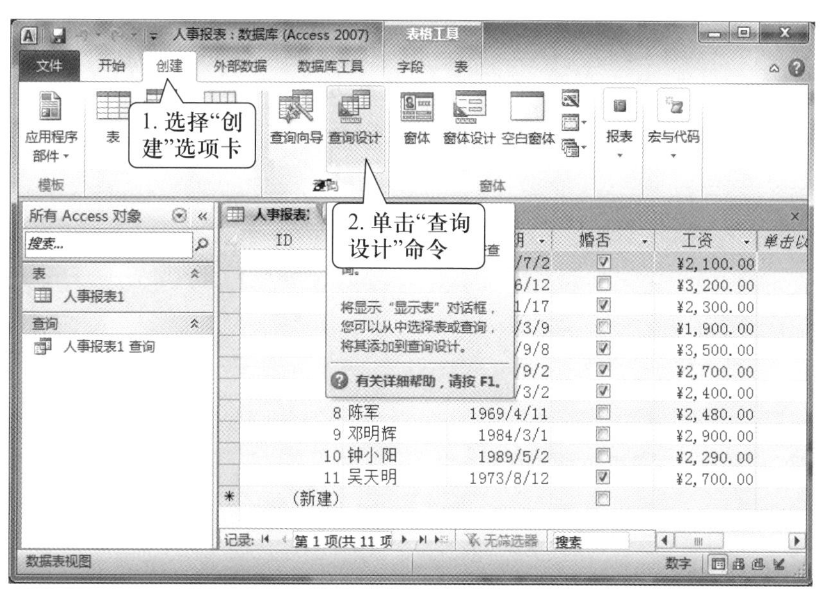

图4-27　选择“查询设计”命令

步骤4：在弹出的“显示表”对话框中选择“人事报表1”并单击“添加”按钮，如图4-28所示。

步骤5：单击“显示表”对话框中的“关闭”按钮，关闭此对话框。

步骤6： 此时出现“查询设计视图”，如图4-29所示。

小提示

查询设计视图分为上下两个部分，上面为“对象”窗口，显示选择的数据表中的字段；下面为“查询设计网格”，用于显示查询结果的字段和相对应的一些条件设置情况。

图4-28　显示表对话框

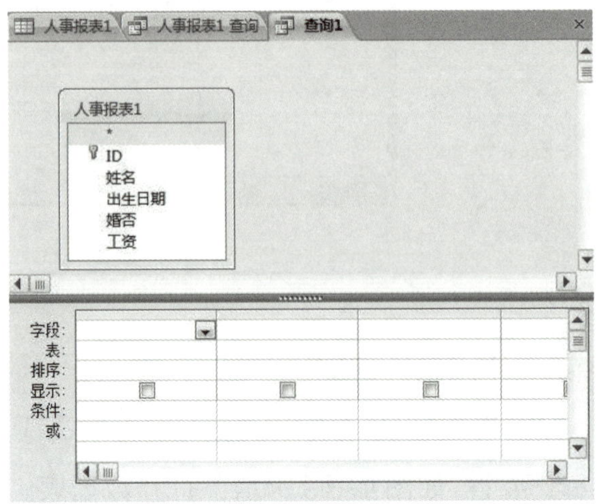

图4-29　查询设计视图

步骤7： 在“对象”窗口中双击“姓名”字段，将其添加到“查询设计网格”中，如图4-30所示。

步骤8： 同样，双击“工资”字段，将其添加到“查询设计网格”中，如图4-31所示。

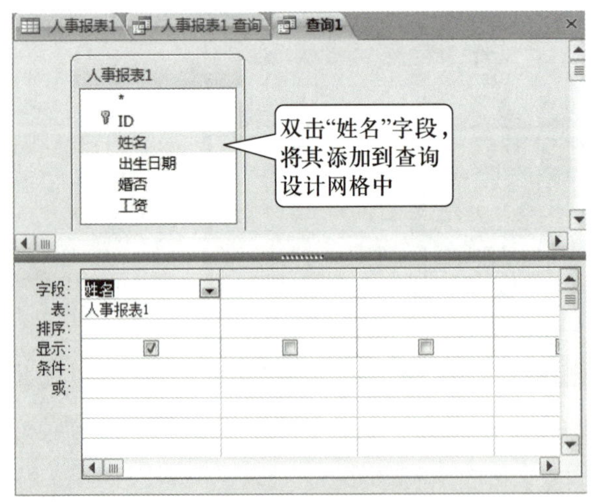

图4-30　添加“姓名”字段到查询设计网格

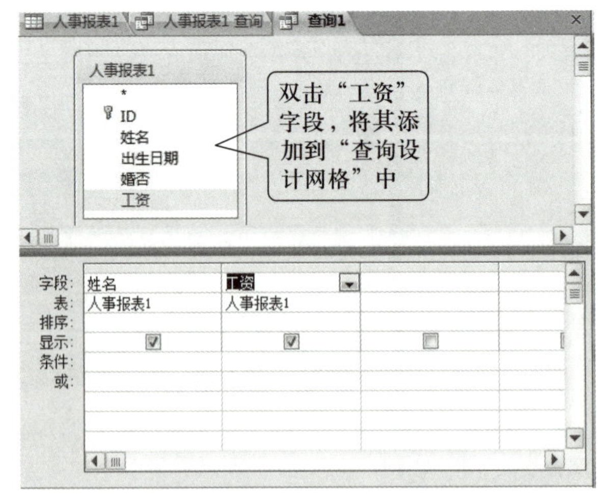

图4-31　添加“工资”字段到查询设计网格

步骤9：在查询设计网络区域中，设置“工资”字段的排序选项为“升序”，如图4-32所示。

步骤10：在“工资”字段的条件行处，输入“>2 500”，即查询工资高于2 500元的员工，如图4-33所示。

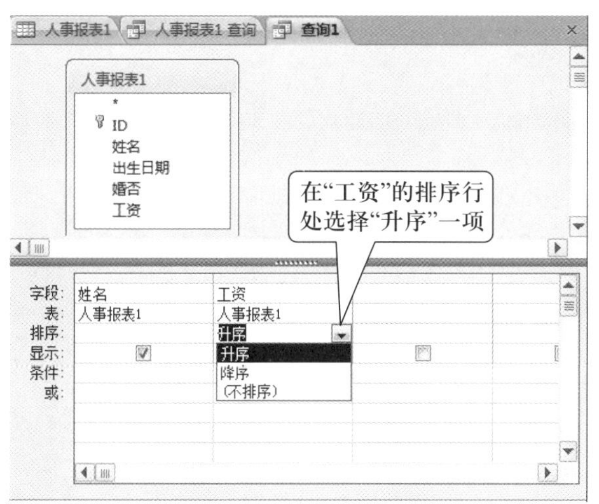

图4-32 设置工资排序为升序

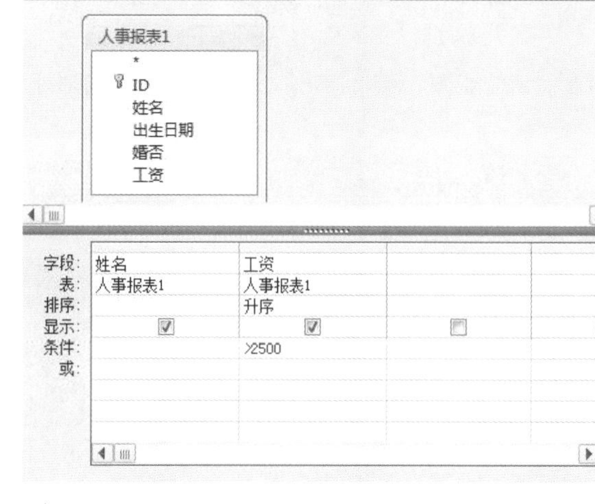

图4-33 设置条件为“>2 500”

步骤11：单击“设计”选项卡中“结果”选项组的“运行”按钮，如图4-34所示；显示查询结果，如图4-35所示。

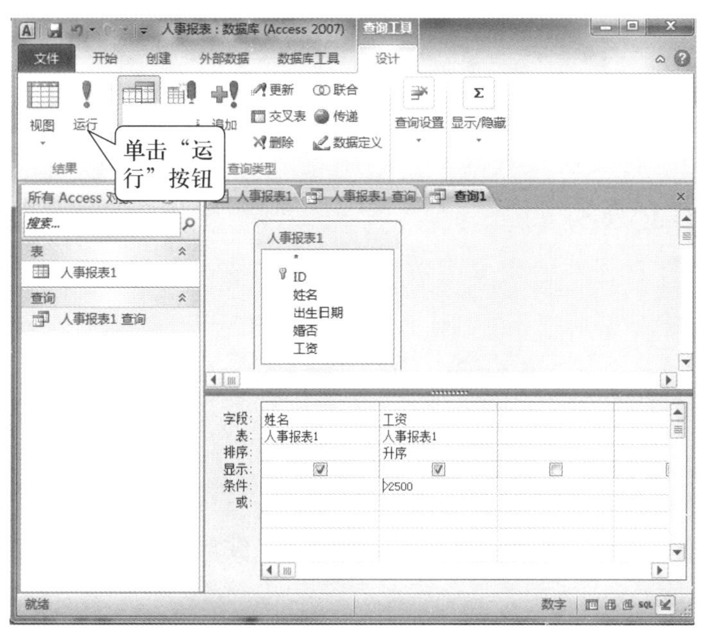

图4-34 单击“运行”按钮

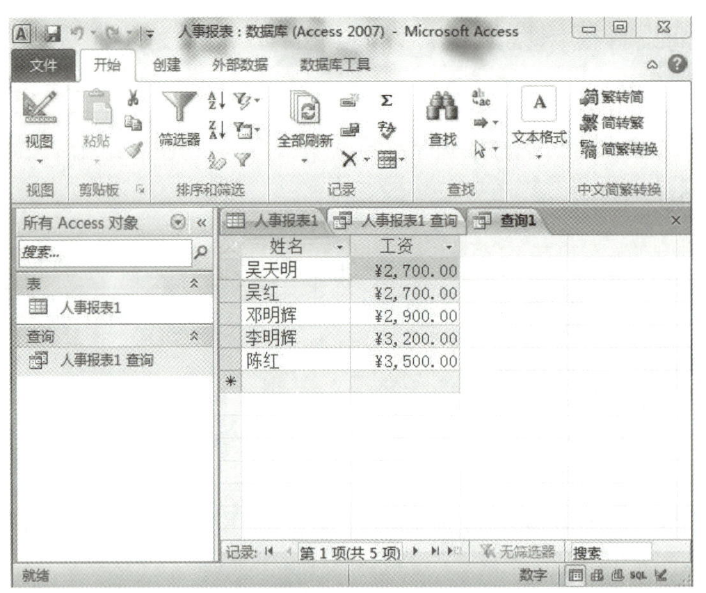

图4-35　查询结果

在这个显示查询结果的表中，只将工资高于2 500元的人员姓名和对应的工资显示出来，而从上到下显示的是工资从低到高的排列顺序，这是在图4-32选择工资字段“升序”的结果。

知识链接

1. 参数查询是一种交换式查询，它利用对话框来提示用户输入查询条件，然后根据所输入的条件检索记录。

2. 设置查询条件时，一般均可用数学的方式来描述条件：

（1）对于数字类型数据，可以用“>”、“<”、“>=”、“<=”、“=”等数学符号来表示大于、小于、大于等于、小于等于、等于某个数值。

（2）对于字符型的数据也可以用“=”来表示符合某个的数据。

（3）对于日期型数据也可以用“>月/日/年”来表示某个日期以后，“<月/日/年”表示某个日期以前（此处的日期也可用“#年/月/日#”表示，即在日期前后加上“#”符号）。

拓展训练

请同学们在Access 2010中创建下面这个数据表，保存的文件名为“个人情况”，其中具体的操作要求如下：

（1）表中“入职时间”字段采用“日期和时间”数据类型。

（2）工作证编号采用“数字”数据类型。

（3）使用“选择查询”方法查询姓名、工作证编号两个字段的数据。

（4）使用“条件查询”方法，查询专业是“会计”的人员信息，并按工作证编号的降序排列显示“姓名”、“专业”、“工作证编号”三个字段内容。

个人情况统计

姓名	入职时间	政治面貌	专业	工作证编号
陈良才	2003.8.1	党员	会计	90051212
李明辉	2009.11.1	党员	统计学	90051201
董　红	2008.12.11		应用数学	90051219
刘　兵	2009.4.3		会计	90051244
陈　红	2011.8.9		市场营销	90051102
吴　红	2001.2.9	党员	会计	90051103
王　明	1994.12.23	党员	会计	90051105
陈　军	1996.10.4		市场营销	90051213
邓明辉	2001.4.8	党员	应用数学	90051109
钟小阳	2012.4.19		数学	90051107
吴天明	1999.9.4	党员	计算机	90051201

基础数据表文件见项目4\任务2\样稿\人事报表4-2练习.accdb。

任务评价

考核项目	考核标准	分值	自评分	小组评分	综合得分
选择查询的使用	会打开已有的数据表	5			
	能熟练掌握数据表查询的需求	10			
	熟悉“创建”选项卡	5			
	能正确选择查询字段	10			
	会保存查询的结果	10			
条件查询的使用	熟悉“查询设计视图”	5			
	会选择条件查询的相关字段	10			
	能理解对查询的字段进行排序设置的意义和作用	10			
	能将查询的条件用“数学”表达方式进行描述	10			
	会设置查询条件	10			
	掌握条件查询的运行方式	5			
应用能力	能了解不同类型数据的排序特点	5			
	对数据表的查询功能有更进一步的认识	5			
总分		100			
努力方向：		建议：			

任务3 认识窗体

任务目标

通过本任务的学习，你将掌握以下应用和操作：

1. 学会创建单个记录的窗体
2. 学会使用“多个项目”创建窗体
3. 学会创建“分割窗体”
4. 掌握数据透视表的创建方法

任务情境

公司要进行员工的绩效考核，将公司员工的前5个月的业绩评分进行了统计，现在需要将相关的信息录入到数据库中利用Access 2010进行分析并得到所需的图表。

任务解析

在这一部分先创建一个数据表，再利用这一数据表来进行窗体的学习，最终学会利用Access 2010来进行数据分析并得到相关的图表。

实践操作

训练1 创建显示单个记录的窗体

步骤1： 打开已创建的数据表“绩效考核”，打开项目4\任务3\素材\绩效考核.accdb文件，如图4-36所示。

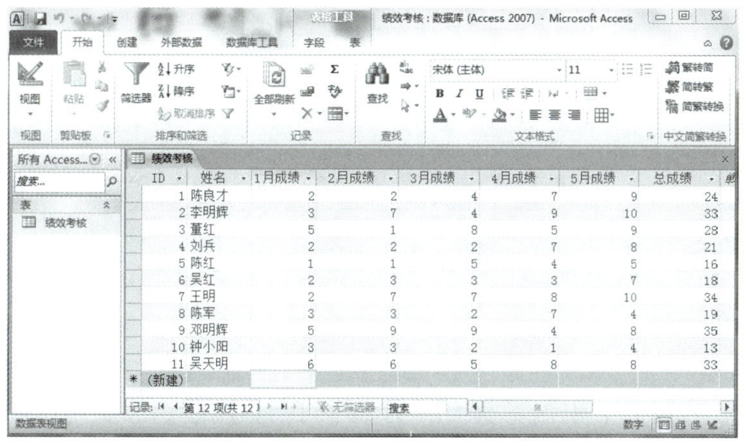

ID	姓名	1月成绩	2月成绩	3月成绩	4月成绩	5月成绩	总成绩
1	陈良才	2	2	4	7	9	24
2	李明辉	3	7	4	9	10	33
3	董红	5	1	8	5	9	28
4	刘兵	2	2	2	7	8	21
5	陈红	1	1	5	4	5	16
6	吴红	2	3	3	3	7	18
7	王明	2	7	7	8	10	34
8	陈军	3	3	2	7	4	19
9	邓明辉	5	9	9	4	8	35
10	钟小阳	3	3	2	1	4	13
11	吴天明	6	6	5	8	8	33
*	(新建)						

图4-36 绩效考核数据表

步骤2： 在功能区选择“创建”选项卡中的“窗体”选项组，单击“窗体”按钮，完成窗体的创建，如图4-37所示；弹出“绩效考核”窗体，如图4-38所示。

在窗体中一个页面上只显示数据表中的一条记录。

小提示

在窗体界面的下方有“记录: 第 1 项(共 11 项”一个区域，它显示当前窗体的数据状态，可通过它的向后、向前等按钮随时进行数据的选择。

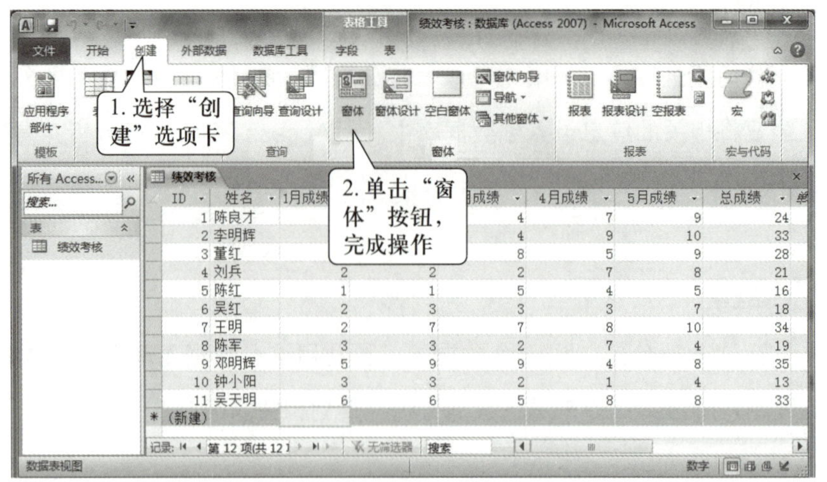

图4-37　单击“窗体”按钮

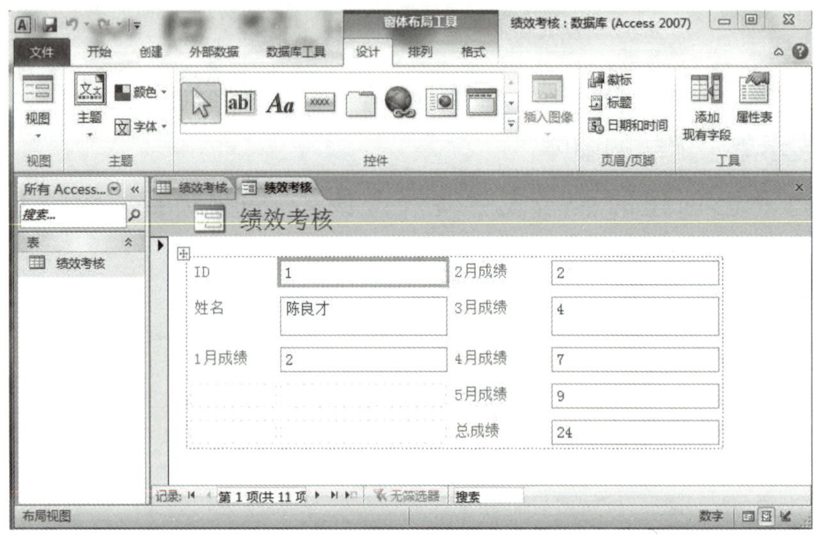

图4-38　窗体界面

训练2　保存窗体

步骤： 在快捷工具栏中单击“保存”按钮，在弹出的“另存为”对话框中输入窗体的名称“绩效考核2”，单击“确定”按钮，完成保存，如图4-39所示。

训练3　使用“多个项目”创建窗体

“多个项目”即是在窗体上显示多条记录的一种窗体布局形式。

步骤： 打开数据表，在功能区选择“创建”选项卡中的“窗体”选项组，单击“其他窗体”按钮，在下拉列表中，选择“多个项目”选项，如图4-40所示；得到多个项目布局窗体，如图4-41所示。

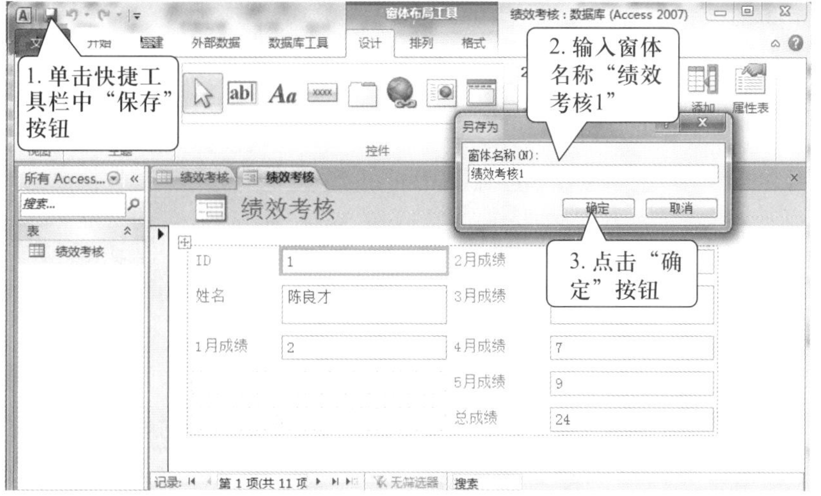

图4-39　保存窗体

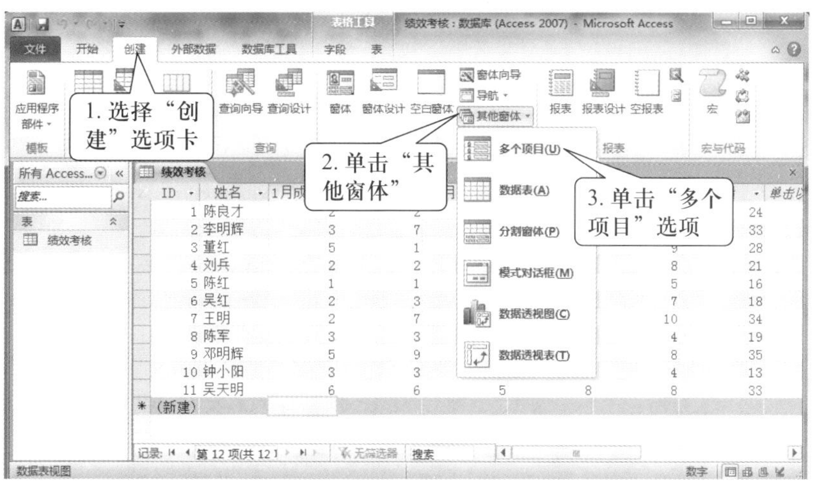

图4-40　单击“其他窗体”

图4-41　多个项目布局窗体

训练4　创建“分割窗体”

“分割窗体”是用于创建一种具有两种布局形式的窗体。其中窗体上半部分是单一记录布局方式，下半部是多个记录的数据表布局方式。这种分割窗体为用户浏览记录带来了方便，既可以全局浏览数据，也可以单一了解数据详情。

步骤：打开数据表，在功能区选择“创建”选项卡中的“窗体”选项组，单击“其他窗体”按钮，在下拉列表框中，选择“分割窗体”选项，如图4-42所示；得到分割窗体，如图4-43所示。

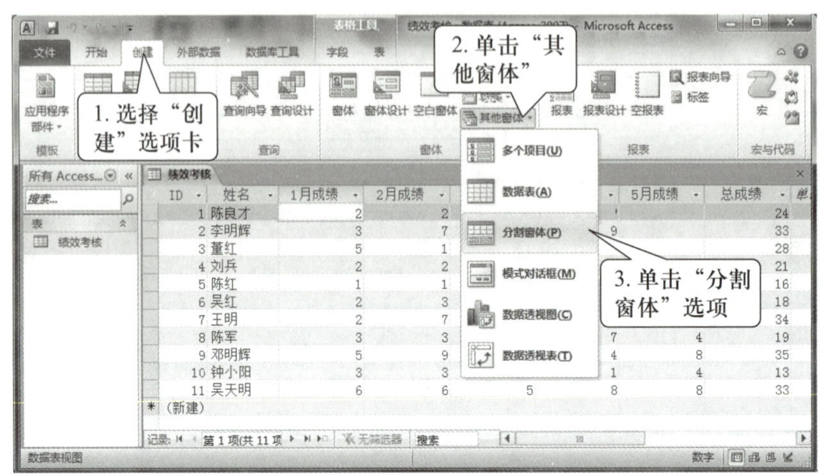

图4-42　选择“分割窗体”选项

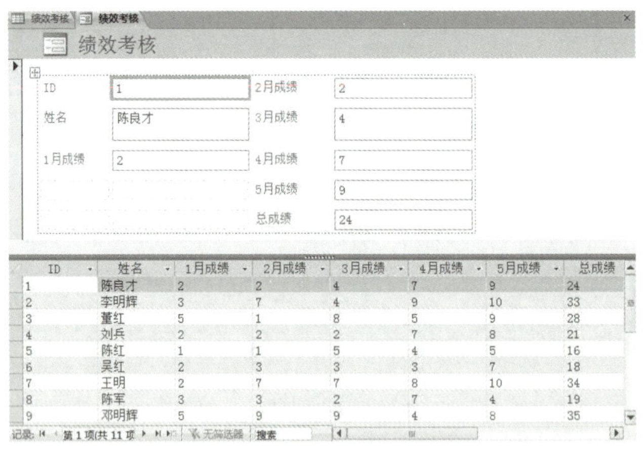

图4-43　分割窗体

在分割窗体的下半部分选择另一条记录时，窗体上半部分会随之发生变化，如图4-44所示。

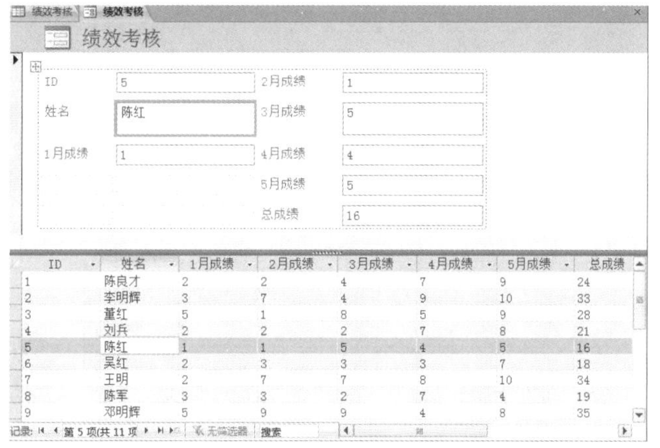

图4-44 分割窗体上下内容同步变化

训练5 创建数据透视图

数据透视图是一种把数据表中的数据以图形方式显示，从而实现直观读取数据。

步骤1：打开数据表，在功能区选择“创建”选项卡中的“窗体”选项组，单击“其他窗体”按钮，在下拉列表中，选择“数据透视图”选项，如图4-45所示。

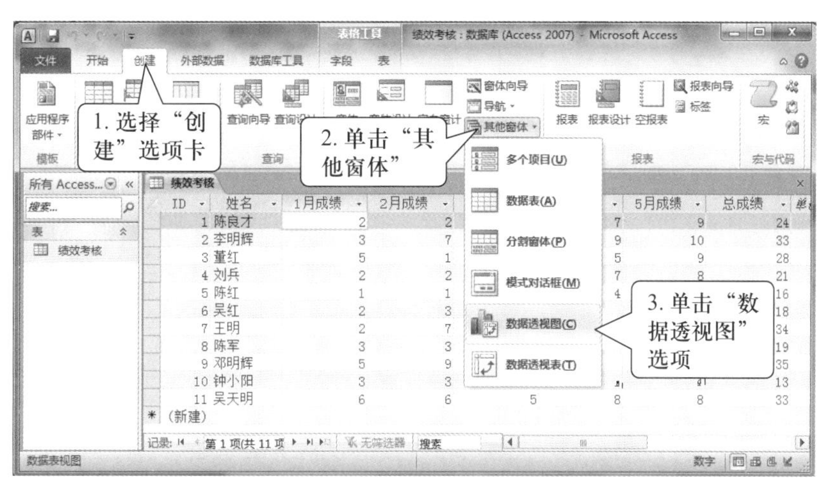

图4-45 选择“数据透视图”选项

步骤2：出现“数据透视图”框架，此时在“数据透视图工具”选项卡的“显示/隐藏”选项组中双击“字段列表”按钮，如图4-46所示。

步骤3：在弹出的“图表字段列表”中选择“姓名”字段并将其拖到下方的“将分类字段拖至此处”位置，如图4-47所示。

步骤4：将“总成绩”字段拖至图表显示区域（图中灰色部分），关闭“图表字段列表”，此时图表显示区出现柱形图，如图4-48所示。

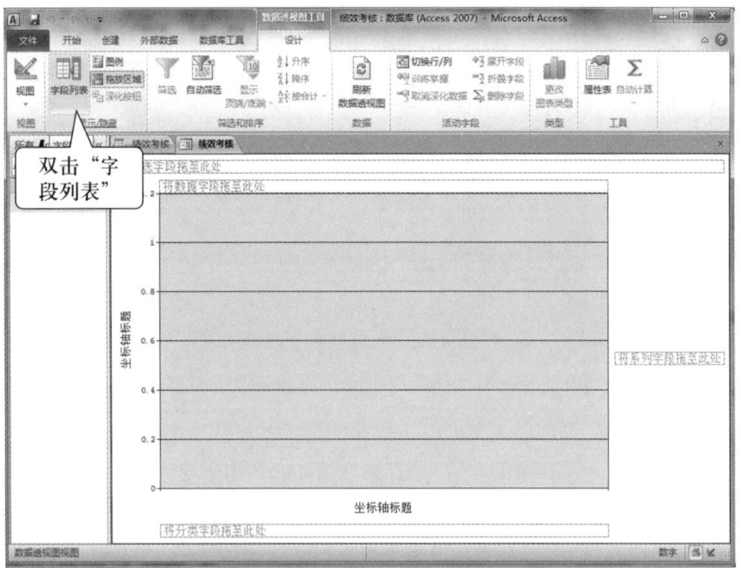

图4-46　数据透视图框架

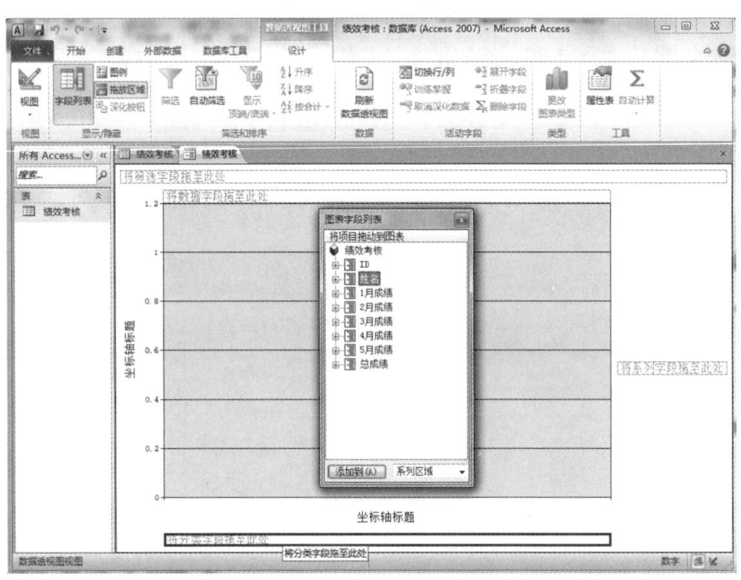

图4-47　拖“姓名”字段到横坐标处

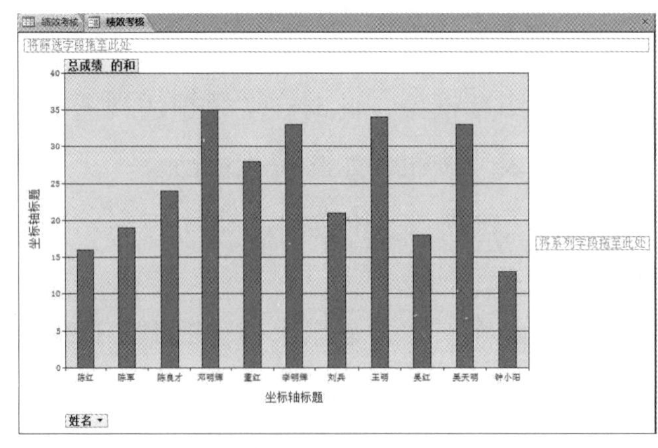

图4-48　显示柱形图

在此图形中横坐标显示员工姓名，纵坐标是显示总成绩的数量。从此图中可直观地看出各位员工的实际业绩评分。

训练6 深入使用数据透视图

在训练5中已经学会了使用数据透视图来直观地显示数据表中的数据，现在就来更进一步学习使用数据透视图来立体呈现“绩效考核”数据表中的全部数据。

步骤1：操作方法同训练5中的步骤1~3。此时已将“姓名”字段拖放到了水平X轴上。

步骤2：将“1月成绩”字段拖至图表显示区域（图中灰色部分），此时图表显示区出现柱形图（数据为字段“1月成绩”），如图4-49所示。

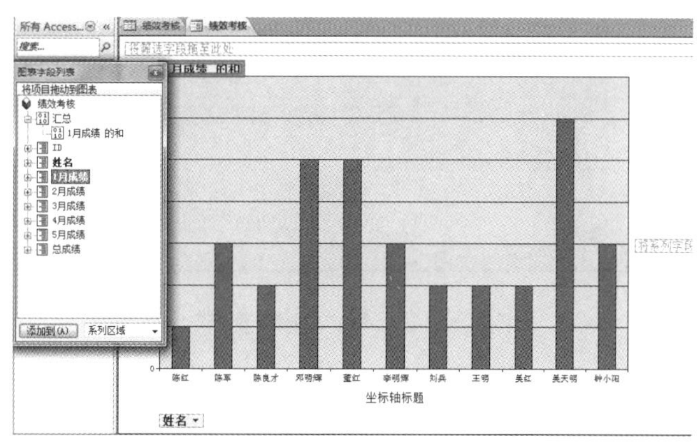

图4-49 1月成绩

步骤3：按步骤2的方法依次将“2月成绩”“3月成绩”“4月成绩”“5月成绩”“总成绩”几个字段拖放到图表显示区，得到了全部数据的柱状图，每个月的成绩都用不同的颜色显示出来，如图4-50所示。

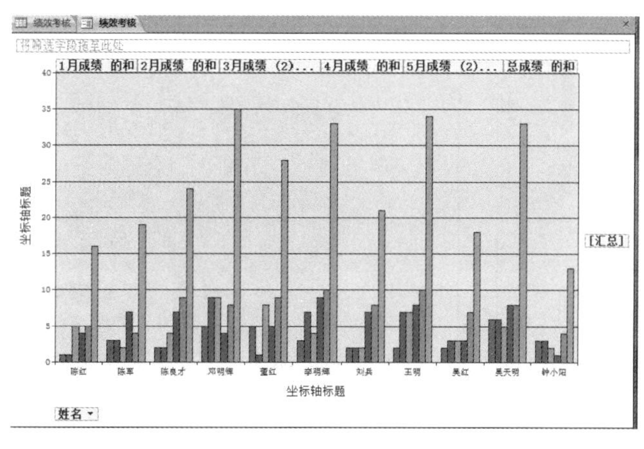

图4-50 全部数据的柱状图显示

此时的图形是在柱状图的状态下显示了全部数据，下面继续有关操作。

步骤4： 单击数据透视图的显示区，在“数据透视图工具”→“设计”选项卡中单击“更改图表类型”按钮，弹出“属性”对话框，如图4-51所示。

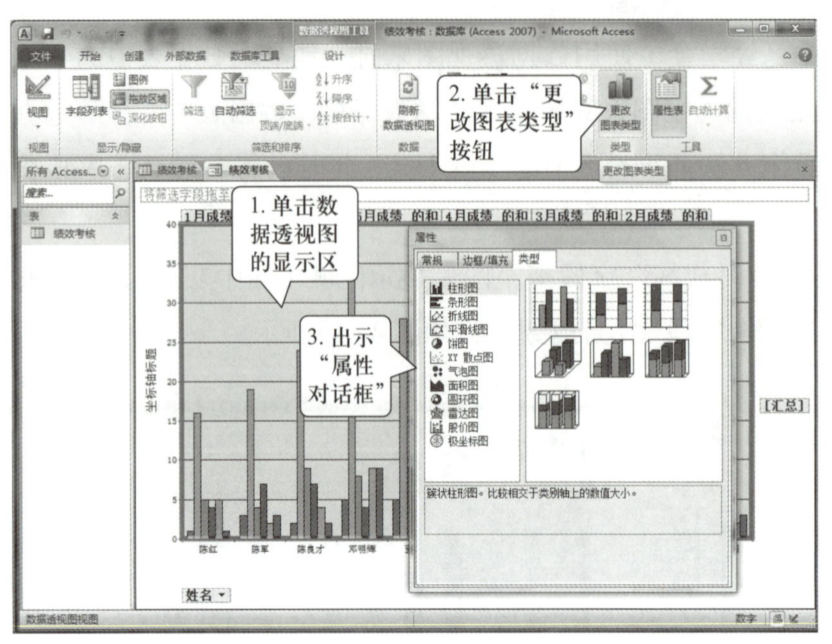

图4-51　更改图表类型

步骤5： 在“属性”对话框中，“类型”选项卡中选择左侧的“柱形图”（此时为默认项），在右侧的窗口中选择第二排第一个，如图4-52所示。

步骤6： 此时关闭“属性”对话框，视图发生变化，如图4-53所示。

在此数据透视图中水平（左右）方向显示的员工的姓名，水平（前后）显示的是1~5月的成绩和最后的总成绩，垂直方向则是通过柱形的高低显示了数值的大小，此显

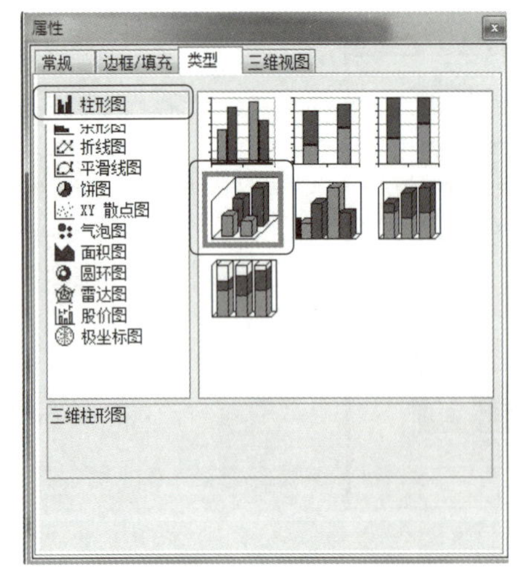

图4-52　改变图表属性

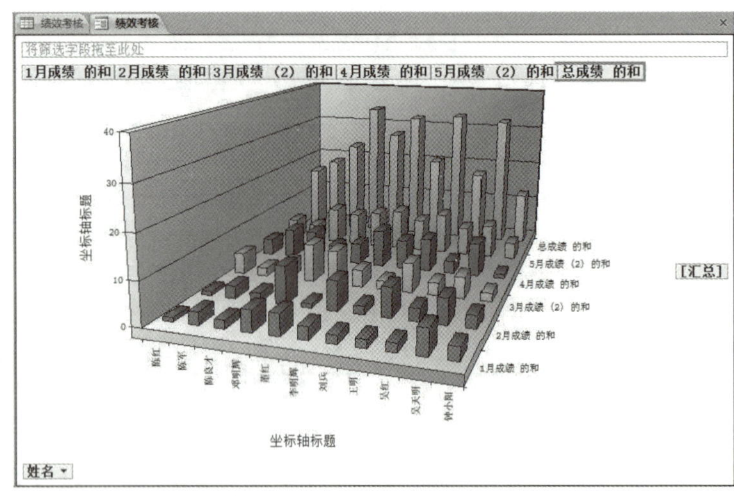

图4-53　变化后的数据透视图

示方式更加直观地显示了全表的数据。

小提示

在更改图表类型的“属性”对话框中有很多种表示数据的类型，但使用者一定要根据自己数据的特点选择合适的形式来表示自己的数据，尽量使用直观的方式来呈现数据之间的关系。

知识链接

窗体是Access数据库重的对象之一，它既是数据库的窗口，也是用户和数据库之间的桥梁。通过窗体可以方便地输入数据、编辑数据、查询、排序、筛选和显示数据，并能根据用户不同的要求用不同的显示方式呈现数据，通过窗体可以将数据库的数据以图形方式直观地显示数据内容，为统计和分析数据提供了重要的方式。

拓展训练

创建下面的数据表并输入数据，完成后面的练习：

工作证编号	1月份请假次数	2月份请假次数	3月份请假次数
800121	0	3	1
800127	1	1	0
800117	2	1	1
800098	5	7	1
800133	3	5	2
800115	6	2	1

制作要求：

（1）使用“多个项目”创建窗体，显示全表数据。

（2）创建“分割窗体”，并在此状态下修改工作证号为“800098”的员工2月份请假次数为“9”。

（3）创建此表的数据透视图，要求使用“数据点平滑线图”方式显示每位员工的请假次数曲线。

基础数据表打开项目4\任务3\样稿\Database9.accdb文件。

任务评价

考核项目	考核标准	分值	自评分	小组评分	综合得分
窗体的创建	会打开已有的数据表	5			
	会使用“窗体”创建一个单位的窗体	5			
	对窗体界面有一个清楚的认识	5			
	会使用“多个窗体”创建窗体	5			
	会保存窗体	5			
	会打开窗体文件	5			
	会创建“分割窗体”	5			
	能了解不同窗体的特性	5			
	能区分不同形式的窗体，以及会在实际应用中选择	10			
	会创建数据透视图	10			
	能熟练的改变透视图的类型	10			
	会根据不同类型的数据选择适合的图形	10			
应用能力	能根据数据表中的数据创建适合的窗体	10			
	会根据实际要求选择数据透视图的表现形式和内容	10			
总分		100			
努力方向：		建议：			

任务4 创建报表

任务目标

通过本任务的学习，你将了解以下知识和操作：

1. 了解报表的基本功能和作用
2. 能创建最基本的报表
3. 能使用报表向导创建指定字段的报表
4. 会制作指定信息的标签报表

任务情境

公司统计了人员的相关信息后，需要按统计的信息制作出有分类显示功能的报表，现在就来根据具体的要求来利用Access 2010提供的报表功能来完成此项工作。打开项目4\任务4\素材\人事报表4-4.accdb文件。人事信息数据表如图4-54所示。

人事报表1

ID	姓名	出生日期	婚否	职称	工资	单击以添加
1	陈良才	1977/7/2	☑	中级	¥2,100.00	
2	李明辉	1984/6/12	☐	高级	¥3,200.00	
3	董红	1979/11/17	☑	中级	¥2,300.00	
4	刘兵	1988/3/9	☐	初级	¥1,900.00	
5	陈红	1981/9/8	☑	高级	¥3,500.00	
6	吴红	1971/9/2	☑	中级	¥2,700.00	
7	王明	1960/3/2	☑	中级	¥2,400.00	
8	陈军	1969/4/11	☐	中级	¥2,480.00	
9	邓明辉	1984/3/1	☐	高级	¥2,900.00	
10	钟小阳	1989/5/2	☐	初级	¥2,290.00	
11	吴天明	1973/8/12	☑	中级	¥2,700.00	
(新建)			☐			

图4-54 人事数据表

任务解析

在这一部分将根据具体的要求利用报表功能来完成相应报表的制作，同学在了解报表功能的同时也掌握制作报表的操作步骤。

实践操作

训练1　创建内容最基本、操作最便捷的报表

使用“报表”按钮是操作最便捷的创建报表的方式，它既不向用户提示信息，也不需要用户做任何其他操作就立即生成报表。

步骤1： 打开“人事数据”数据表，如图4-54所示。

步骤2： 在“创建”选项卡的“报表”选项组中，单击“报表”按钮，如图4-55所示。人事数据报表即创建完成，同时在数据库对象窗口中立即显示出报表如图4-56所示。

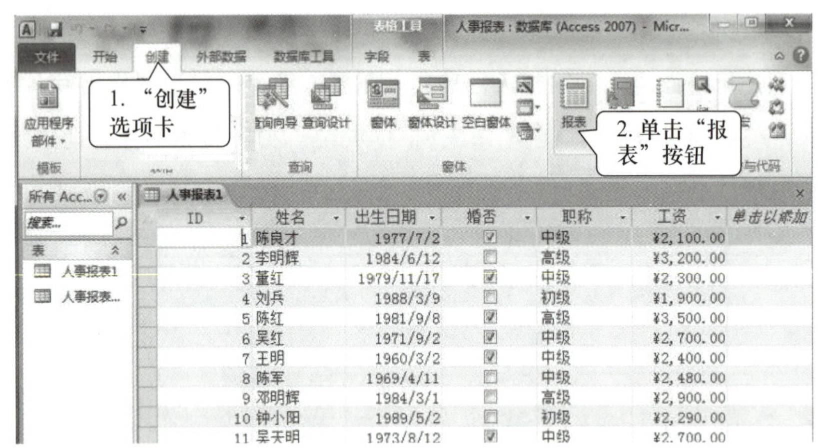

图4-55　使用“报表”按钮创建报表

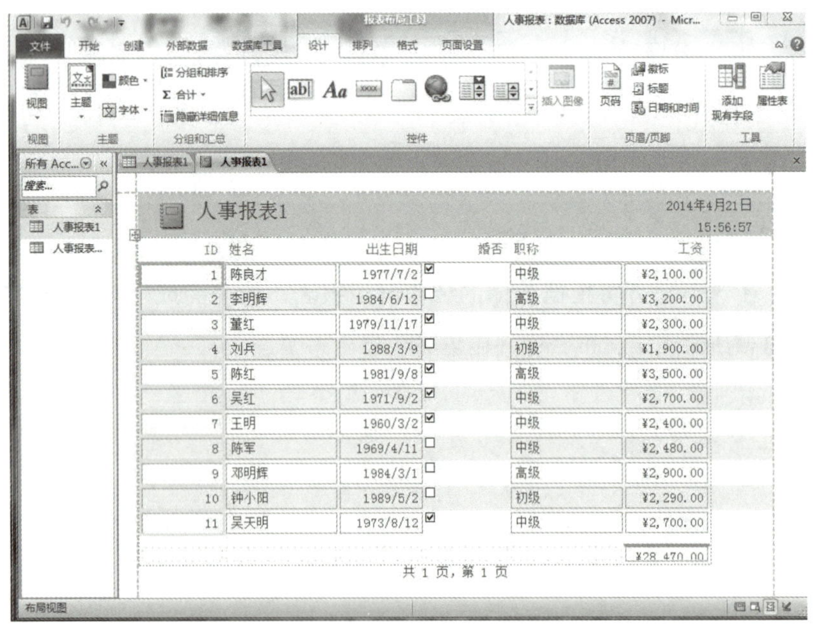

图4-56　创建完成的人事报表

训练2　使用报表向导创建报表

使用“报表”按钮创建报表虽然快捷，但不能满足多样化的定制需要，下面通过“报表向导”来创建符合要求的“订制报表”。

步骤1： 打开人事数据表，如图4-54所示。

步骤2： 在“创建”选项卡的“报表”选项组中，单击“报表向导”按钮，如图4-57所示。

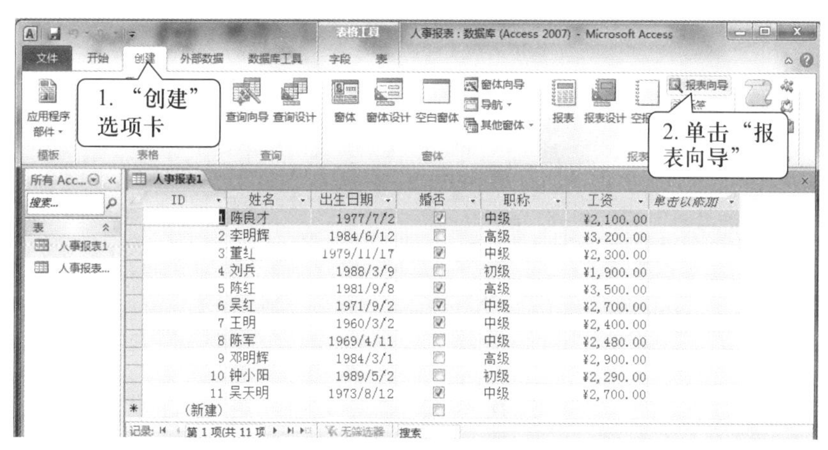

图4-57　单击“报表向导”按钮

步骤3： 在弹出的“请确定报表上使用哪些字段”对话框中选择最终报表中所需的字段。选择的方法和查询中选择查询字段的方法一样，如图4-58所示。选择“姓名”、“职称”、“工资”三个字段并单击“下一步”，如图4-59所示。

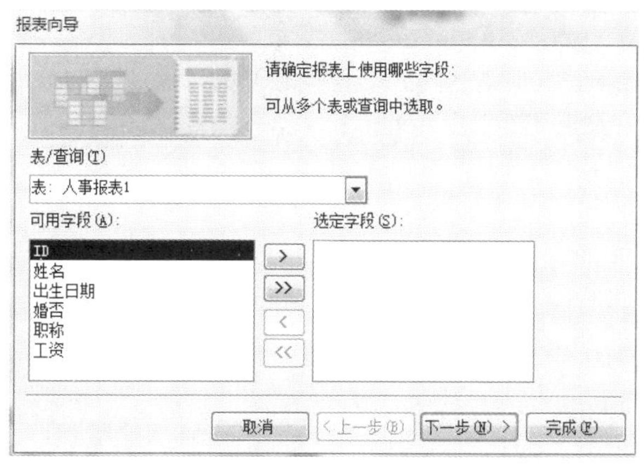

图4-58　“请确定报表上使用哪些字段”对话框

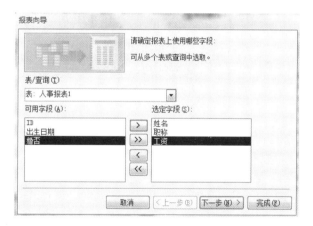

图4-59　选定好所需字段

小技巧

在选择字段时可以采用和前面查询时一样的方法，选定一个通过“可用字段”和“选定字段”之间的箭头来发送，也可以双击“可用字段”之中的字段将其发送至“选定字段”。

步骤4：在弹出的“是否添加分组级别”对话框中，指定“职称”作为报表分组显示的字段，即单击左侧窗口中的“职称”字段名。之后单击“下一步”，如图4-60所示。

步骤5：在弹出的“请确定明细信息使用的排序次序和汇总信息”对话框中，指定“姓名”和“工资”均按升序排列，并单击“下一步”按钮，如图4-61所示。

> 小提示
>
> 此处指定的分组级别是指在最终生成的报表中数据按什么来进行分类显示，即此处我们要求按职称进行分类，相同的职称的员工信息排列在一起。

步骤6：指定报表标题为“职称工资”，单击“完成”按钮，如图4-62所示。

步骤7：完成报表制作，此时在数据库对象窗口中出现生成的报表，数据按职称分类显示，如图4-63所示。

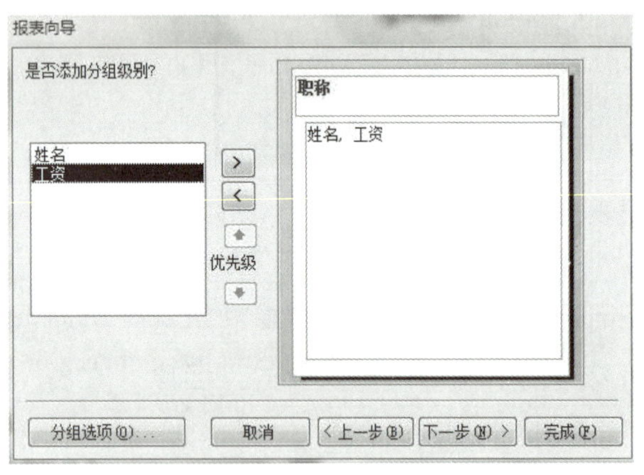

图4-60　指定“职称”作为分组信息

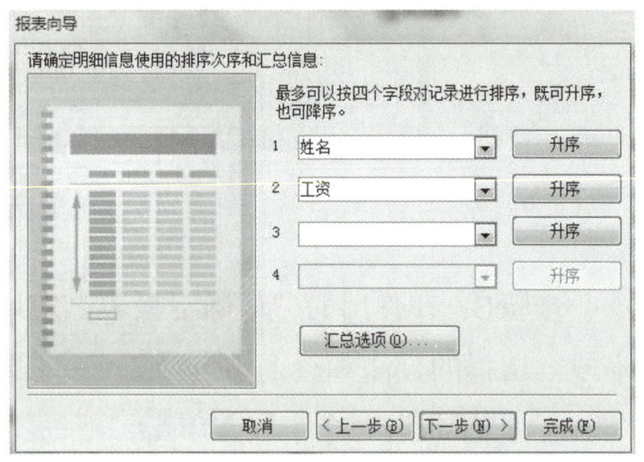

图4-61　指定排序次序

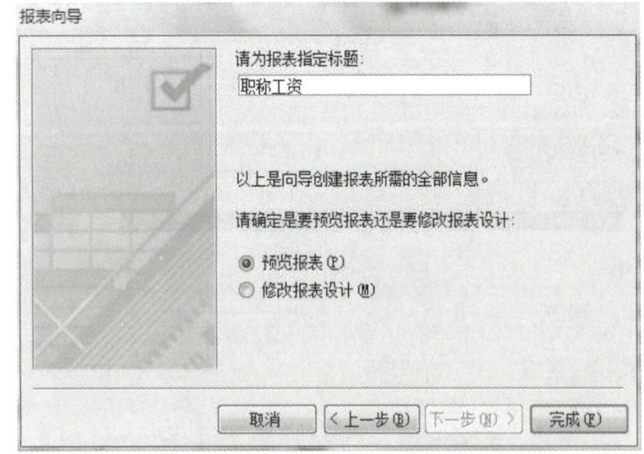

图4-62　指定报表标题

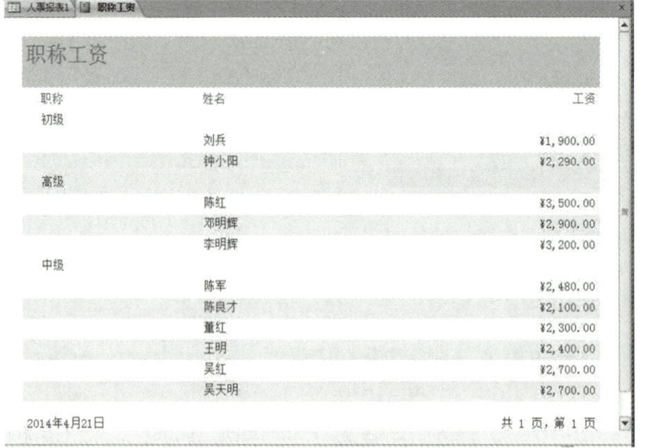

图4-63　成品报表

训练3　创建员工信息标签报表

标签是一种类似名片的短信息载体，通过“标签”功能可以方便地创建各种类型的标签报表。

步骤1：打开人事信息数据表，如图4-54所示。

步骤2：在“创建”选项卡的“报表”选项组中，单击“标签”按钮，如图4-64所示。弹出“请指定标签尺寸”对话框，在此采用默认数值，单击“下一步”按钮，如图4-65所示。

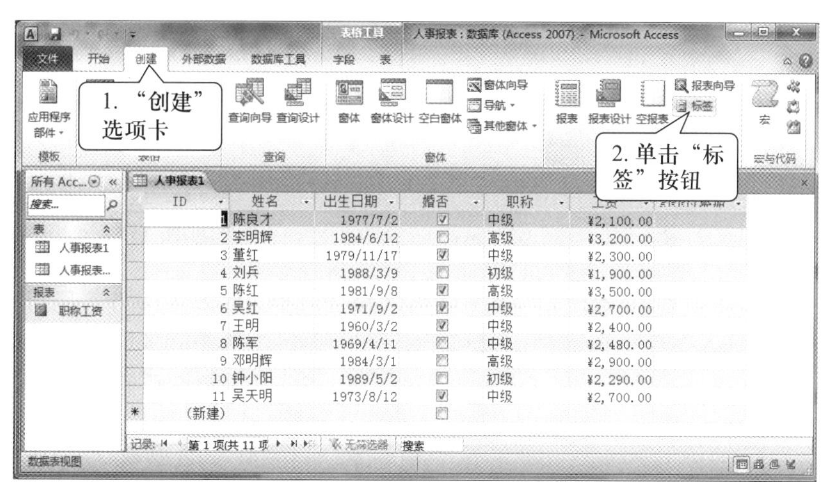

图4-64　单击“标签”按钮

步骤3：在弹出的“请选择文本的字体和颜色”对话框中选择字号为12，字体为“宋体”，字体粗细为“加粗”，颜色为默认黑色。单击“下一步”按钮，如图4-66所示。

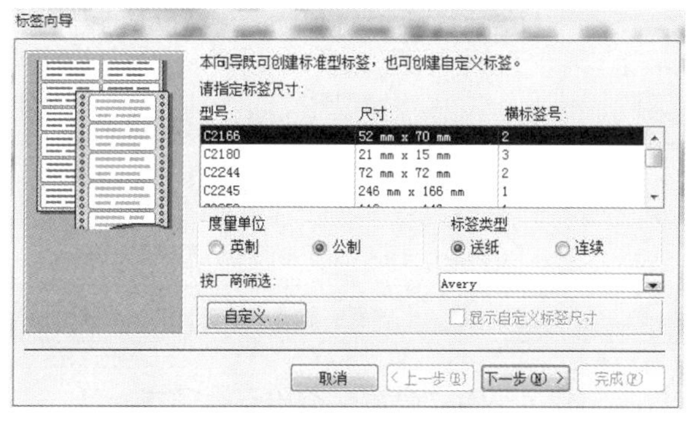

图4-65　指定标签尺寸对话框

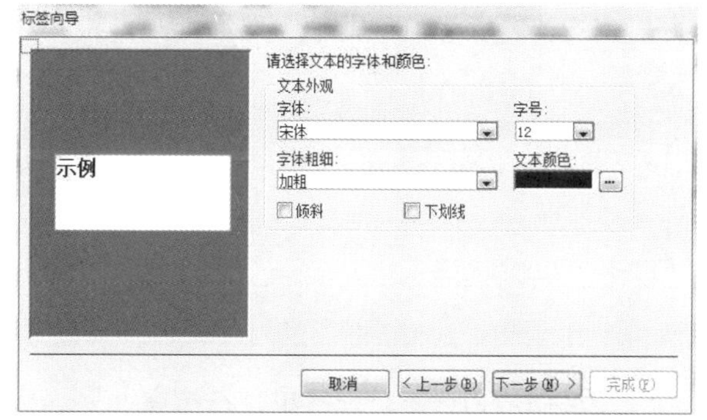

图4-66　设定文本字体等信息

步骤4：在弹出的“请确定邮件标签的显示内容”对话框中编辑标签的第一条显示内容，如图4-67所示。

在这个对话框右侧的“原型标签”窗口中第一行输入“姓名：”，再在左侧“可用字段”窗口中双击“姓名”字段，将它发送到刚才输入的“姓名：”后面，按回车键将光标移到第二行，如图4-68所示。

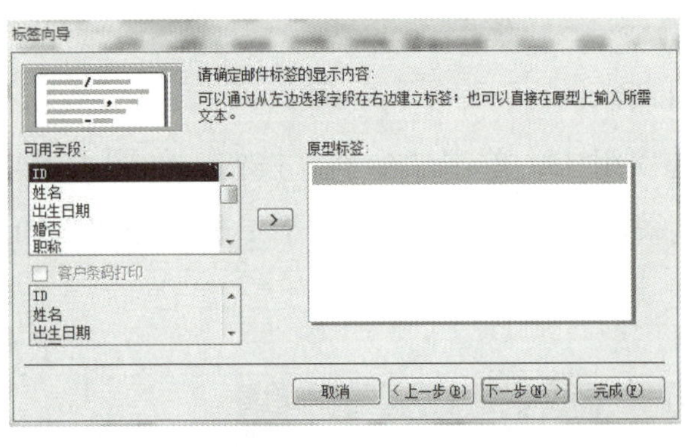

图4-67 “请确定邮件标签的显示内容”对话框

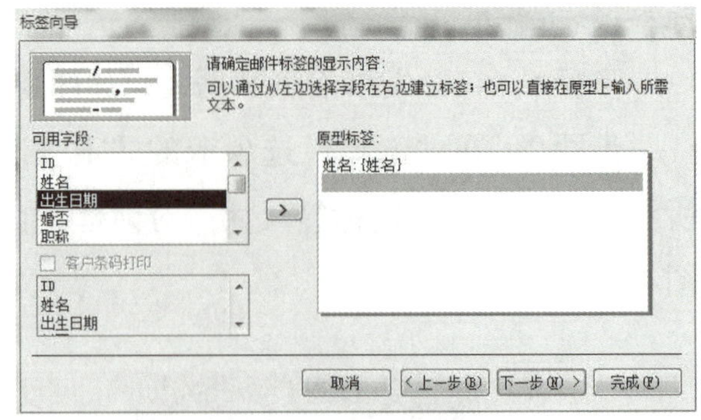

图4-68 设置标签第一行信息

小提示

在“原型标签”窗口中，前面是输入的“姓名:”，而后面“{姓名}”则是从“可用字段”选定的，这表示在最终标签的上面固定显示“姓名:”这个内容，后面则紧跟数据表中的不同员工的姓名信息。

步骤5：设置标签第二行信息，在这个对话框右侧的“原型标签”窗口中第二行输入“出生日期：”，再在左侧“可用字段”窗口中双击“出生日期”字段，将其发送到刚才输入的“出生日期：”后面，按回车键将光标移到第三行，如图4-69所示。

步骤6：同前面的操作步骤，设置标签第三行信息为“职称”，并单击“下一步”按钮，如图4-70所示。

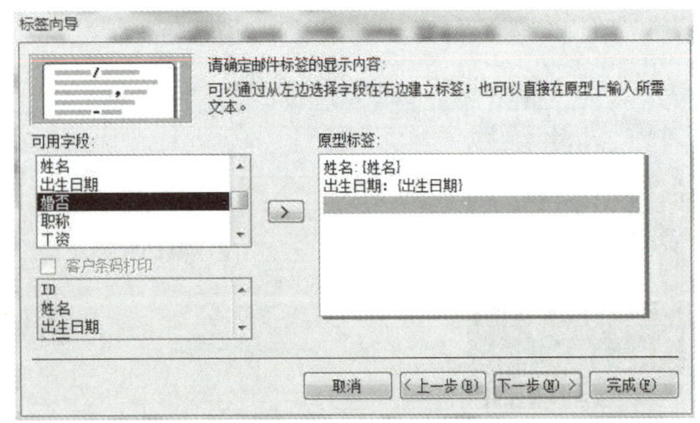

图4-69 设置标签第二行信息

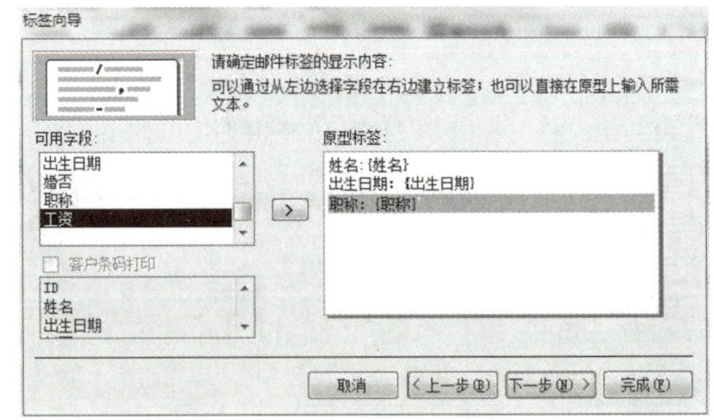

图4-70 设置标签第三行信息

步骤7：在弹出的“请确定按哪些字段排序”的对话框中以“职称”为排序依据，并单击“下一步”按钮，如图4-71所示。

步骤8：在弹出的“请指定报表的名称”对话框中指定名称为“员工信息标签”，并单击“完成”按钮，如图4-72所示。

此时在数据对象窗口中就显示出了标签报表的内容，按职称分类显示个人的指定信息，如图4-73所示。

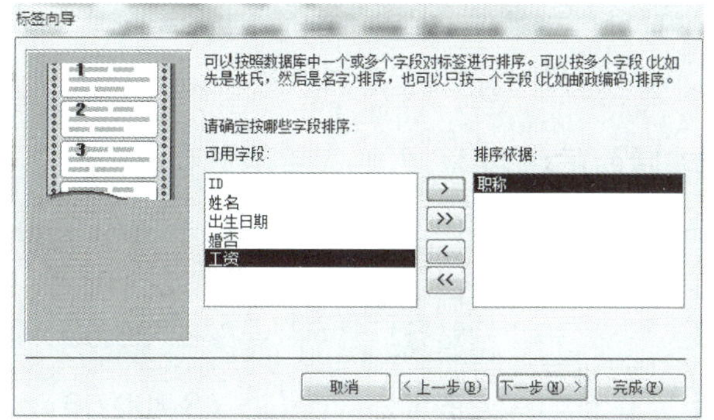

图4-71　指定排序字段

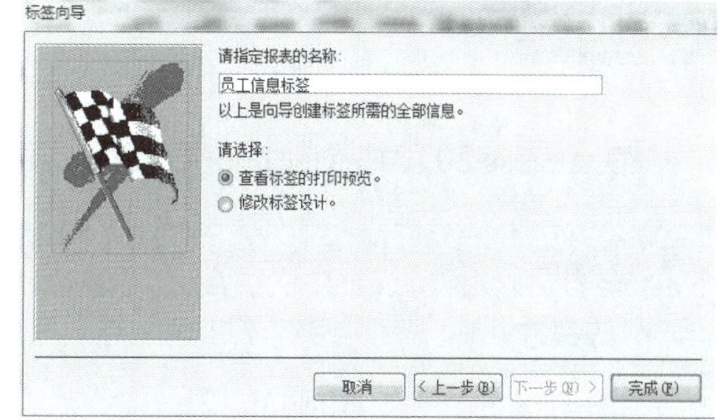

图4-72　指定报表名称

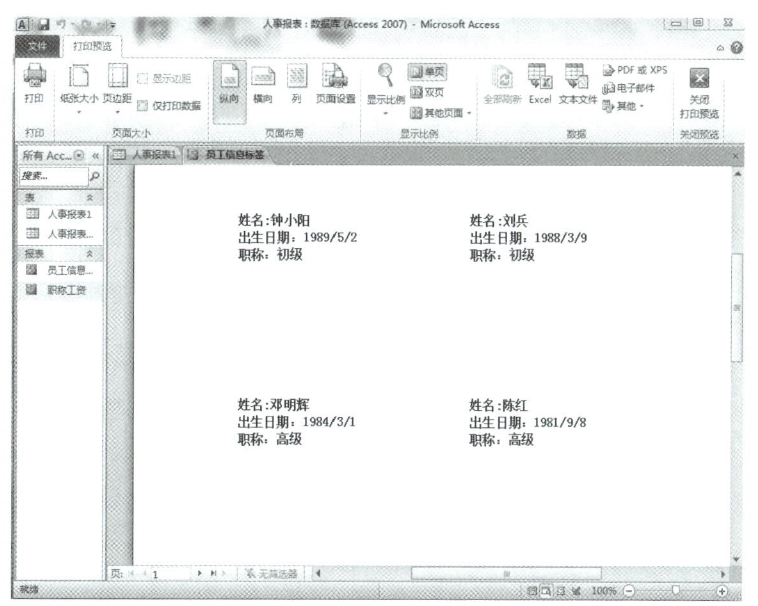

图4-73　创建完成的标签

知识链接

报表的主要功能就是将数据库中的数据按照用户选定的结果，以一定格式打印输入。其具体功能：

（1）在大量数据中进行比较、小计、分组和汇总，并可以通过对记录的统计来分析数据等。

（2）报表设计成美观的目录、表格、使用的发票、订单和标签等形式。

（3）生成带有数据透视图的报表，增强数据的可读性。

拓展训练

在Access 2010中创建以下数据表，并完成后面的练习。

姓名	出生日期	职称	工作岗位	工资
陈良才	1977/7/2	中级	财务	¥2 100.00
李明辉	1984/6/12	高级	销售	¥3 200.00
董　红	1979/11/17	中级	售后	¥2 300.00
刘　兵	1988/3/9	初级	销售	¥1 900.00
陈　红	1981/9/8	高级	财务	¥3 500.00
吴　红	1971/9/2	中级	财务	¥2 700.00
王　明	1960/3/2	中级	销售	¥2 400.00
陈　军	1969/4/11	中级	销售	¥2 480.00
邓明辉	1984/3/1	高级	销售	¥2 900.00
钟小阳	1989/5/2	初级	售后	¥2 290.00
吴天明	1973/8/12	中级	销售	¥2 700.00

（1）建此数据表，并以“销售”为名保存。

（2）用“报表”按钮创建最简易的报表。

（3）使用报表向导创建包括姓名、职称、工作岗位信息的报表，其中按工作岗位分组显示。

（4）制作包含姓名、工作岗位、职称三条信息的标签，要求按职称分组显示。

基础数据表文件打开项目4\任务4\样稿\岗位工资.accdb文件。

任务评价

考核项目	考核标准	分值	自评分	小组评分	综合得分
报表的创建	了解报表的基本作用	5			
	会使用“报表”按钮创建一个最简单的报表	5			
	了解报表向导按钮的位置和功能	5			

续表

考核项目	考核标准	分值	自评分	小组评分	综合得分
报表的创建	了解使用报表向导创建报表的基本过程	5			
	熟练掌握从"可选字段"窗口中选择字段	5			
	了解报表创建过程中分组和排序的含义	5			
	熟练创建一个指定字段的报表	10			
	会根据不同的要求选择适合的报表形式	5			
	了解标签的作用和用途	5			
	会创建标签报表	10			
	能正确设置标签的显示内容	10			
	能熟练运用报表功能显示数据	10			
应用能力	会对数据表中的数据进行分析，选择合适的报表	10			
	能熟练的创建报表，并进行分组排序操作	10			
总分		100			
努力方向：		建议：			

任务5 数据安全和共享

任务目标

通过本任务的学习，你将了解和掌握以下的操作方法：

1. 为数据库文件设置打开密码。
2. 取消设置的数据打开密码。
3. 设置自动压缩数据库文件。
4. 备份库文件。

任务情境

相关的数据库文件创建好后，这些数据在使用的过程中需要放到办公网络中与其他部门共享使用，但又要考虑到数据库中数据的安全性，因此需要让指定的员工打开使用，同时也要为数据库文件提供相应的备份，以防数据出现意外。因此，必须进行有关数据安全和共享方面的设置。

任务解析

在这个任务中，主要将学会设置数据库文件的打开密码，同时学会对数据库文件进行备份和压缩等操作。

实践操作

训练1　设置数据库文件打开密码

实现数据库系统安全最简单的方法是为数据库设置打开密码，以禁止非法用户进入数据库，为了设置Access数据库密码，要求必须以独占方式打开数据库。

步骤1：启动Access 2010，单击“文件”选项卡，在打开的“文件”窗口中，在左侧窗口中选择“打开”命令，选择需要设置密码的数据库文件“人事报表”，如图4-74所示。

步骤2：单击“打开”下拉按钮，选择“以独占方式打开”选项，此时就以“独占方式”打开人事报表数据库，如图4-75所示。

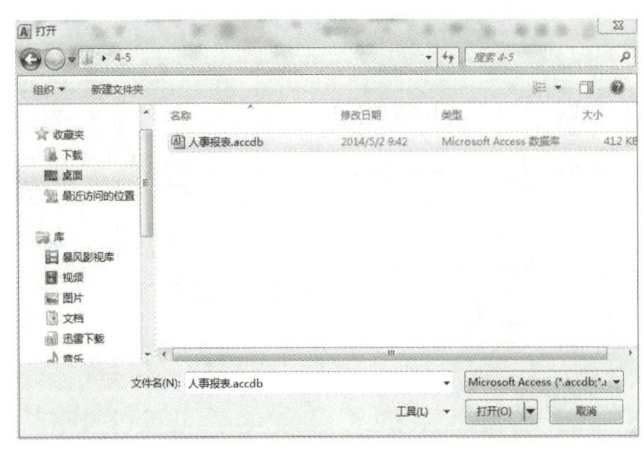

图4-74　选择需要设置密码的数据库文件

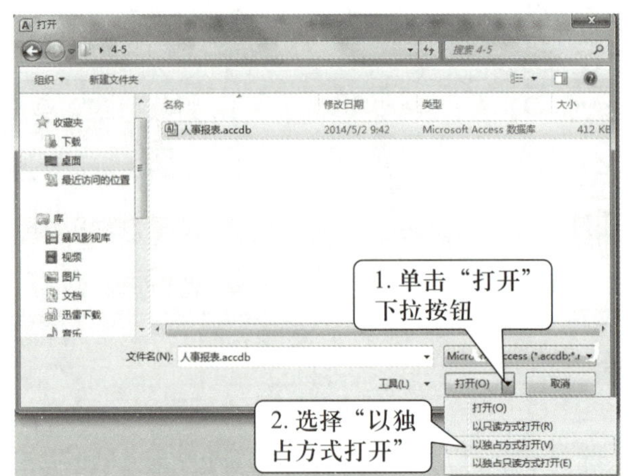

图4-75　选择“以独占方式打开”

步骤3：在“文件”选项卡中，在左侧窗口中选择“信息”命令，在右侧窗口中单击“用密码进行加密”按钮，如图4-76所示。

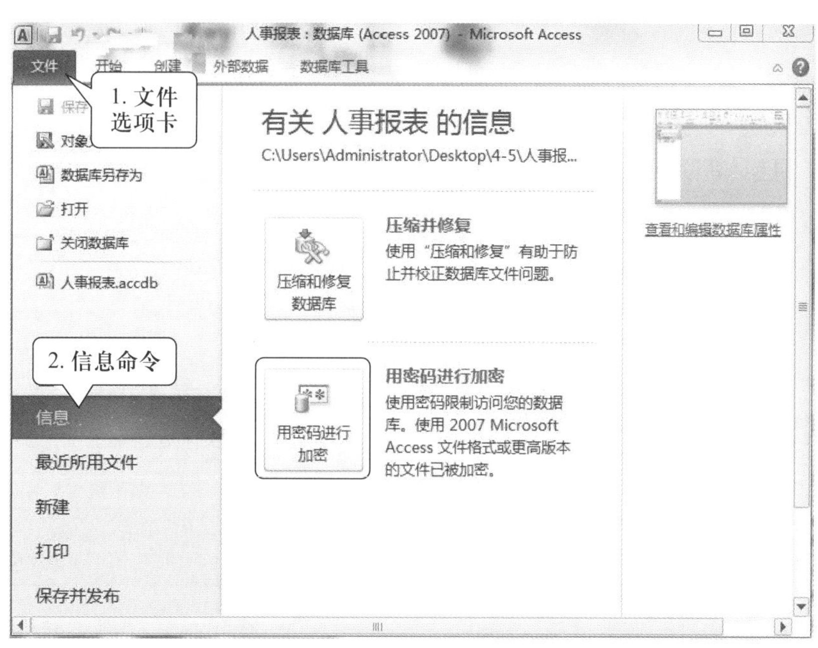

图4-76　选择“用密码进行加密”按钮

步骤4：在弹出的“设置数据库密码”对话框的“密码”文本框中输入密码，在“验证”文本框中再次输入同一密码，单击“确定”按钮，如图4-77所示。

此时“人事报表”数据库的密码已设置完毕，以后在打开此数据库时就会出现图4-78所示的提示框，要求输入密码才能打开数据库文件。

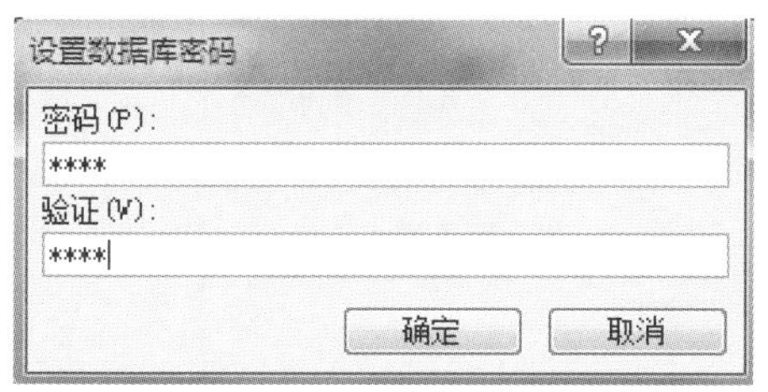

图4-77　“设置数据库密码”对话框

图4-78　要求输入密码对话框

训练2　取消设置的数据库打开密码

步骤1：如图4-75所示，以独占方式打开“人事报表”数据库。

步骤2：在弹出的“要求输入密码”对话框中输入密码，单击“确定”按钮，如图4-79所示。

图4-79　输入打开密码

步骤3：在“文件”选项卡中，在左侧窗口中选择“信息”命令，在右侧窗口中单击“解密数据库”按钮，如图4-80所示。

步骤4：在弹出的“撤销数据库密码”对话框中输入此数据库的打开密码，单击“确定”按钮，如图4-81所示，即可撤销前面设置的打开密码。

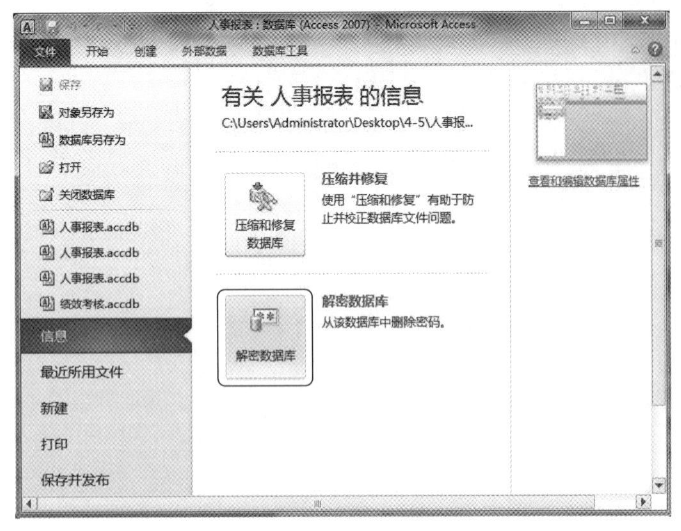

图4-80　点击“解密数据库”按钮

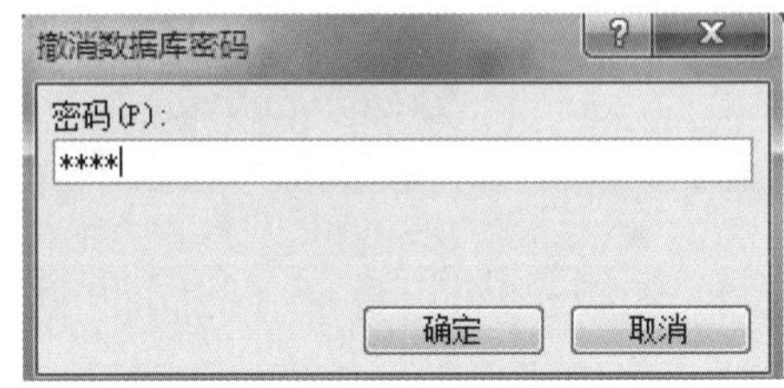

图4-81　“撤销数据库密码”对话框

训练3　设置自动压缩数据库文件

步骤1：打开需要设置“关闭时自动压缩”的数据库文件“人事报表”。

步骤2：单击“文件”选项卡，在打开的“文件”窗口中，在左侧窗口中选择“选项”命令，如图4-82所示。

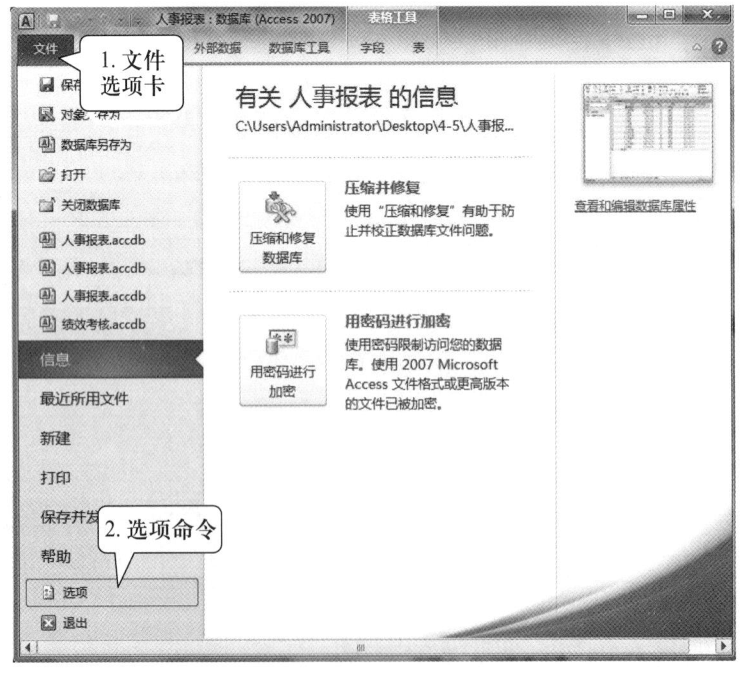

图4-82　选择“选项”命令

步骤3：在弹出的“Access选项”对话框中，在左侧选择“当前数据库”选项，在右侧的窗口中选择“关闭时压缩”选项，然后单击“确定”按钮，关闭对话框，如图4-83所示。

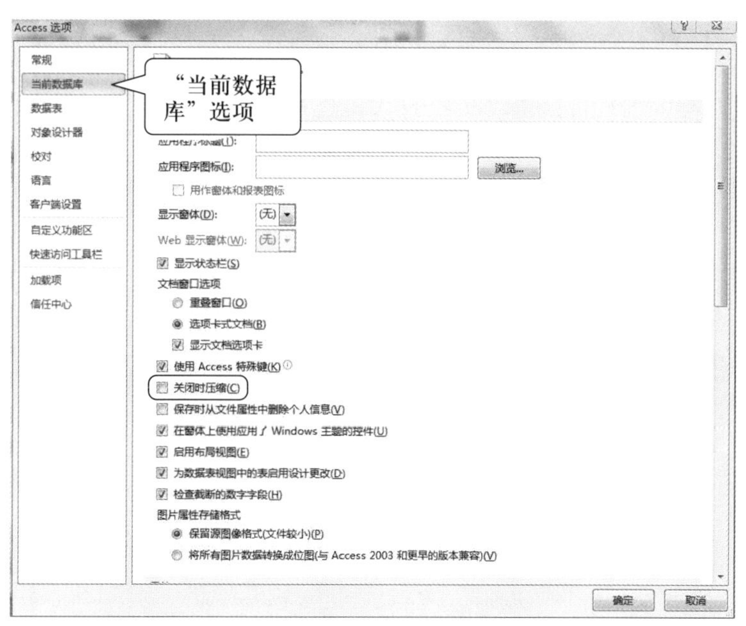

图4-83 “Access选项”对话框

设置完成后，以后每次关闭数据库时就会自动压缩。

训练4 备份数据库

为了保证数据库的安全，确保数据库系统不因意外情况而受到破坏的最有效办法是对数据库进行备份，在出现意外时可以利用备份文件对数据进行恢复。

步骤1：打开需要进行备份操作的数据库“人事报表”。

步骤2：单击“文件”选项卡，在打开的“文件”窗口中，在左侧窗口中选择“保存并发布”选项，如图4-84所示。

步骤3：在右侧出现的“数据库另存为”区域选择“备份数据库”，如图4-85所示。

步骤4：在弹出的“另存为”对话框中，文件名处会自动出现“文件名+当前日期”，在默认位置保存备份文件，单击“保存”按钮，完成备份操作，如图4-86所示。

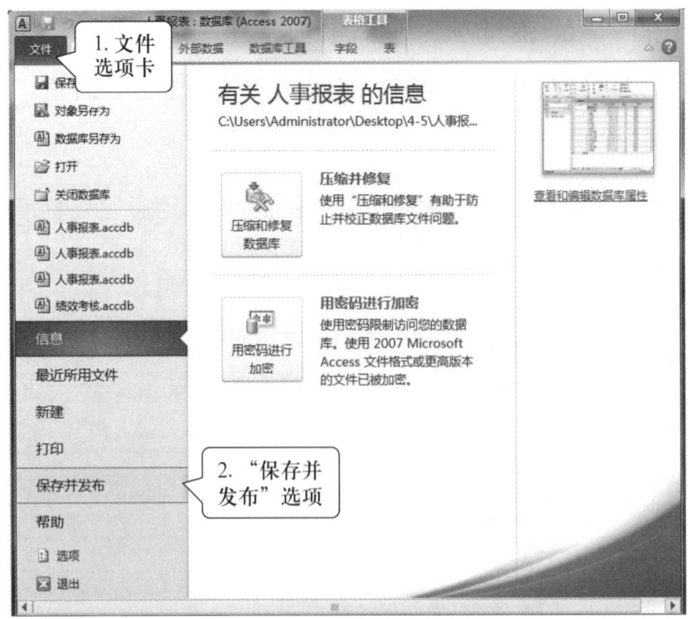

图4-84　选择“保存并发布”

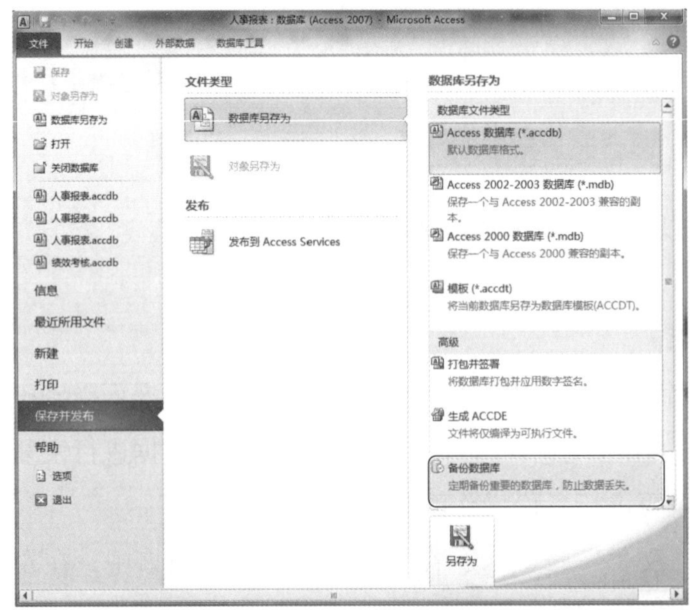

图4-85　选择“备份数据库”选项

图4-86　备份数据库“另存为”对话框

知识链接

数据库在使用过程中，经常会进行删除数据的操作，而在创建数据库时也会经常进行删除对象操作，由于Access系统文件自身结构的特点，删除操作过多会使Access文件变得支离破碎，当删除一个记录或一个对象时，系统并不会自动地把删除的记录或对象所占空间释放出来，这样既造成了数据文件大小不断增长，又造成计算机硬盘空间使用效率降低，这种情况严重时会造成数据库打不开，因此，采用数据库压缩方式可以消除此类情况的出现，确保数据库文件的安全。

拓展训练

通过训练2中的数据库文件“人事报表”，完成以下各项练习：

（1）将“人事报表”数据库文件设置成为“关闭时压缩”。

（2）为“人事报表”数据库文件设置打开密码，并将设置的密码取消。

（3）备份“人事报表”数据库，并在其备份的位置找到该备份文件，并观察原文件和备份文件从形式上有何区别。

基础数据表打开项目4\任务5\样稿\人事报表4-5.accdb文件。

任务评价

考核项目	考核标准	分值	自评分	小组评分	综合得分
设置数据库密码	会打开已有的数据库	5			
	能以独占方式打开数据库	10			
	会设置数据库密码	10			
	在打开数据库会正确使用密码	5			
	能正确了解设置密码的意义	10			
取消数据库密码	能用密码打开已有的数据库	5			
	会取消数据库的密码	10			

续表

考核项目	考核标准	分值	自评分	小组评分	综合得分
设置数据库自动压缩	能理解数据库压缩的意义	5			
	能较为熟练地打开“Access选项”对话框	5			
	能正确设置自动压缩	10			
数据库备份	能理解数据库备份的重要性	10			
	会备份数据库	10			
	了解数据库原文件和备份文件的区别	5			
总分		100			
努力方向：		建议：			

项目5
图像处理Photoshop CS6

项目概述

Photoshop CS6是一款功能强大的图像处理软件，可以对已有的位图图像进行编辑、加工、处理以及运用一些特殊效果；制作出完美、不可思议的合成图像，也可以对照片的修复，还可以制作出精美的图案设计、专业印刷设计、网页设计、包装设计等，可谓无所不能，因此，Photoshop CS6常用于平面设计、广告制作、网页设计、数码暗房、建筑效果图后期处理以及影像创意以及最新的3D效果制作等领域。

项目分解

任务1　Photoshop CS6基础操作

任务2　八张一寸登记照排版制作

任务3　去除图像素材中的水印

任务4　调整图像色彩

任务5　巧用图层

任务6　图层与蒙版

任务7　图像批处理操作

任务1 Photoshop CS6基础操作

任务目标

通过本任务的学习，你将学会如下操作方法：

1. 认识工作界面
2. 文件的基本操作
3. 图像和画布尺寸的调整
4. 图层的操作
5. 文字的输入及编辑

任务情境

在互联网信息迅速扩张的时代，人们对直接高效获取繁杂信息的要求越来越高，因而很多网站编辑都采用了“读图模式”来向用户提供信息。这种模式是将文字直接配图片上，汽车之家网站是最早采用这种图文并茂的方式编辑文章，该网站上的很多文章配图都采用了读图模式，如图5-1所示。

图5-1 图片配文字的读图模式

任务解析

要使用Photoshop在一张新闻图片上直接配上文字，需要掌握Photoshop的基础操作，学习如何修改图片大小，并在新建图层上添加文字，最后输出一张JPG格式的图像素材。

实践操作

该任务学习在Photoshop中给一张宝马X6汽车图片配上文字，任务中使用的图片素材为光盘中的“项目5/任务1/汽车.jpg”。

训练1 打开图像认识软件界面

步骤：用“打开”命令创建：选择“文件”→“打开”命令，在弹出的“打开”对话框中选择素材“照片.jpg”，然后单击“打开”按钮，如图5-2所示。

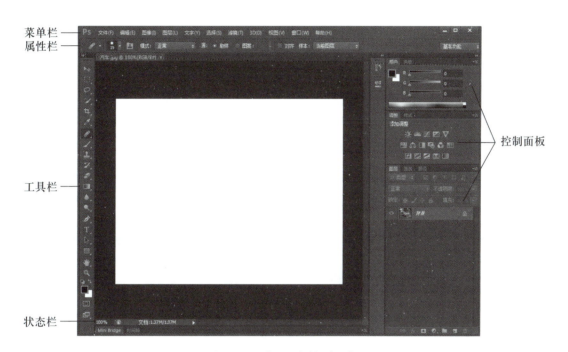

图5-2 打开文件对话框

图像窗口：位于工具栏的正下方，用来显示图像的区域，用于编辑和修改图像。

控制面板：窗口右侧的小窗口称为控制面板，用于改变图像的属性。

状态栏：位于窗口底部，提供一些当前操作的帮助信息。

训练2 图像和画布尺寸的调整

步骤1：将图像原尺寸为800像素×600像素等比例调小为640像素×480像素的方法为：选择菜单栏中的“图像”→“图像大小”命令，弹出“图像大小”对话框，如图5-3所示。在对话框中勾选“约束比例”，并设置文档大小宽度为640像素，宽度会自动等比例调整为480像素，如图5-4所示。

单击“确定”按钮后图像尺寸变为640像素×480像素，宽度更适合在网站文章中

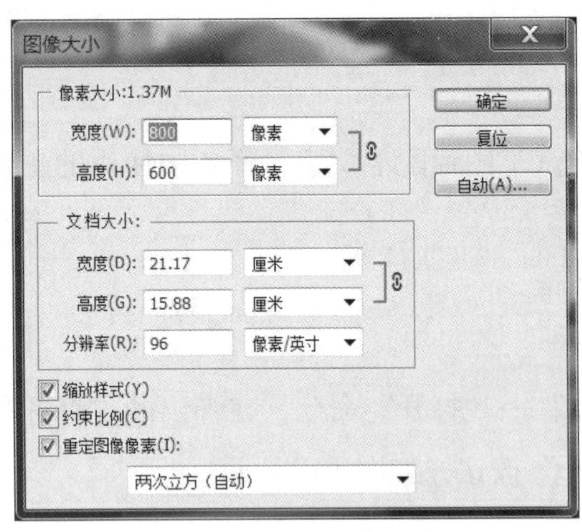

图5-3　图像大小对话框

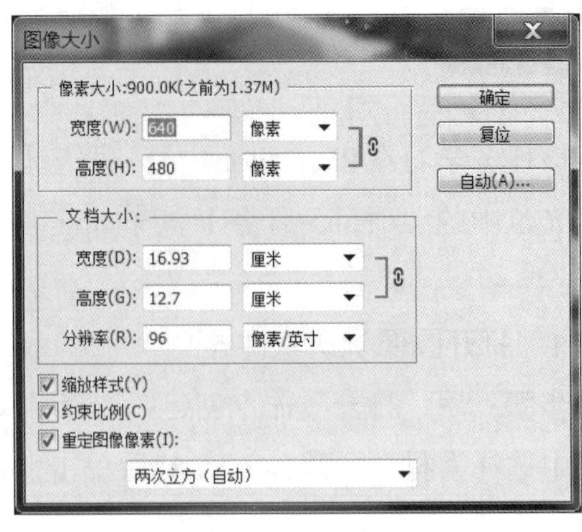

图5-4　设置图像大小

排版。

步骤2： 将文档尺寸设置为640像素×600像素，在多出的640像素×120像素的区域可以添加解说文字。设置方法为：选择菜单栏中的“图像”→“画布大小”命令，弹出“画布大小”对话框，如图5-5所示。在对话框中先设置高度600像素，再设置定位点为中上方，画布会向下延伸120像素，最后设置画布扩展颜色为深蓝色，如图5-6所示。

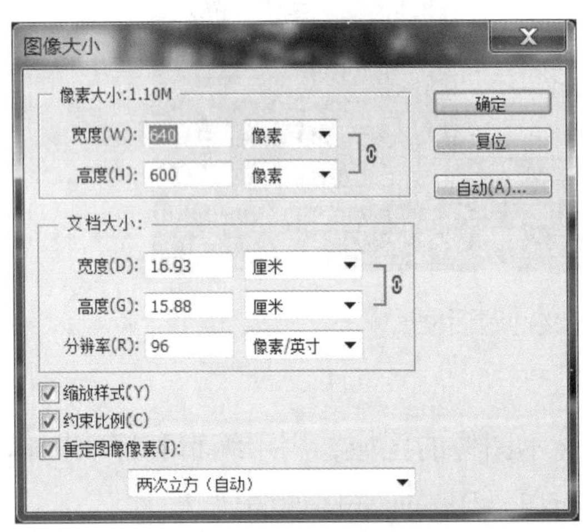

图5-5　“图像大小”对话框

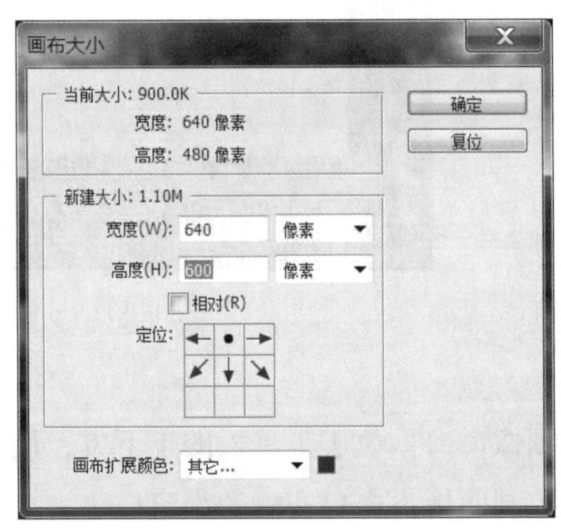

图5-6　设置图像大小

设置好画布大小后得到的图像效果如图5-7所示。

训练3　添加文字及设置

步骤1： 在工具箱中选择前景色按钮，在弹出的“拾色器”对话框中的色盘中选择白色，如图5-8所示。

Photoshop中输入的文字默认填充前景色，因而图片将配合蓝底白字。

图5-7　画布向下加长120像素

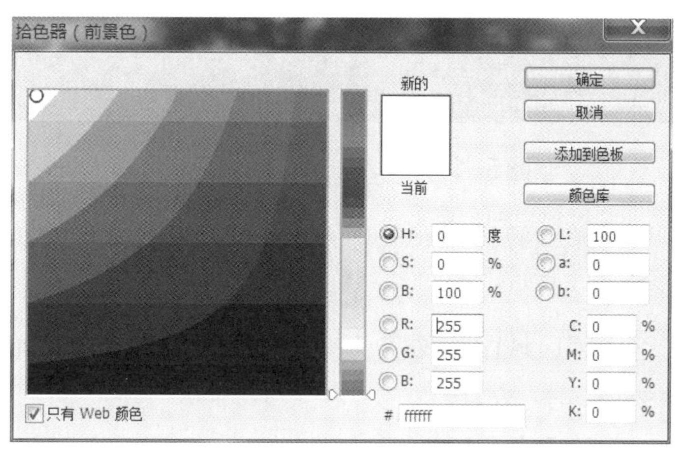

图5-8　将背景图层解锁

步骤2： 选用工具箱中的文字工具![T]，之后单击图像深蓝色区域光标呈现闪烁状态开始输入解说文字。用鼠标全选文字并在属性栏中设置字体为“幼圆”，文字大小为22点，对其方式为左对齐，如图5-9所示。

图5-9　属性栏中对字体的基本设置

再全选文字后单击属性栏中文字与段落面板按钮，设置文字为斜体，行距为28，如图5-10所示。

图5-10　文本与段落设置面板

训练4　创建一个新图层

如果需要在图像区中间区域添加文字，为避免文字与背景图像重叠后不突出，一般会在文字和图像之间添加一个底色层。

步骤1：单击图层控制面板中的新建按钮，新建一个名为“图层1”的新图层，如图5-11所示。

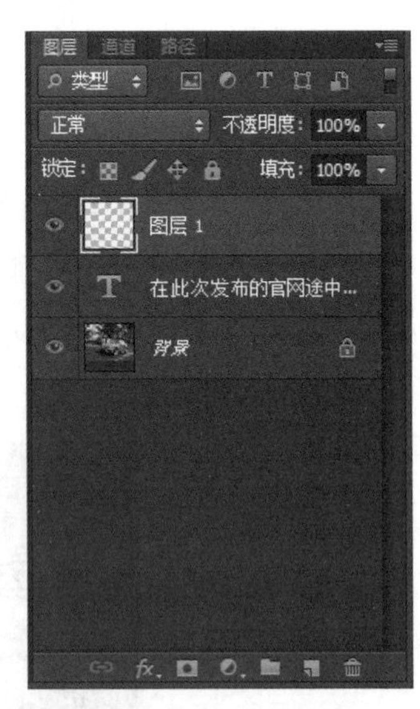

图5-11　新建“图层1”

步骤2：单击工具箱中的矩形选框工具，在图像顶端绘制一个矩形选框，效果如图5-12所示。

步骤3：先选择工具箱中的油漆桶工具，如图5-13所示。再使用油漆桶工具单击矩形选区即可将前景色填充到矩形选区。

步骤4：先单击图层面板中的“图层1”，再设置图层面板的不透明度为70%，如图5-14所示。

步骤5：设置前景色为红色，在图层1上使用文字工具输入文本，最后效果如图5-15所示。

图5-12　绘制矩形选框

图5-13　填充白色

图5-14　设置填充不透明度

图5-15　最终效果

训练5　保存文档

步骤1：编辑完成的文档应该进行保存，操作方法为：选择“文件”→“存储”命令，在“文件名”文本框中输入“读图模式”，格式为“Photoshop/*.PSD；/*PDD”，单击“保存”按钮，如图5-16所示。

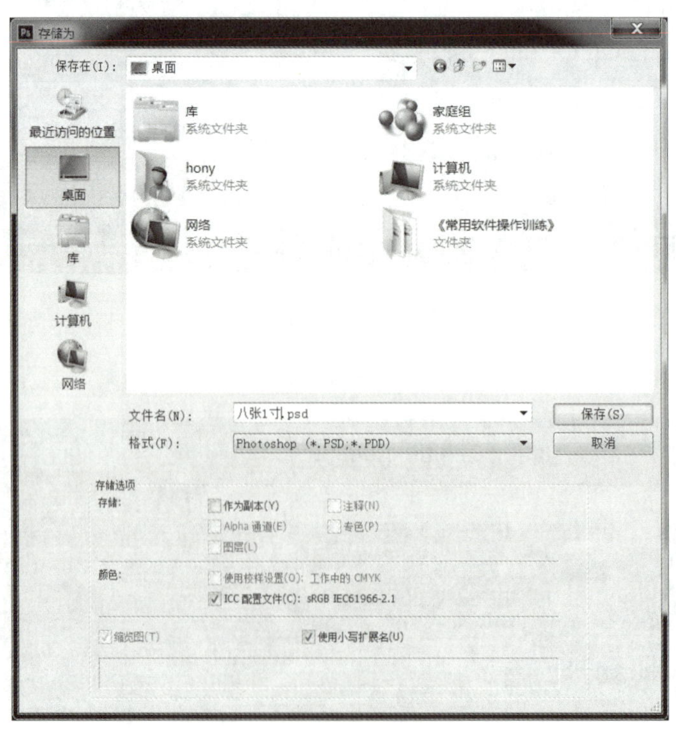

图5-16　保存编辑文档

步骤2： 返回Photoshop工作界面，可以看到选项卡栏中文档名称已改为“读图模式.psd”。

知识链接

（1）选择“文件”菜单下的“保存”或者按Ctrl+S组合键即可保存Photoshop的默认格式PSD。PSD——Photoshop Document，是Adobe公司的图像处理软件Photoshop的专用格式。这种格式可以存储Photoshop中所有的图层、通道、参考线、注解和颜色模式等信息。

（2）选择“文件”菜单下的“保存为”或者按Shift+Ctrl+S组合键，可以保存为其他的格式文件，如TIF、BMP、JPEG/JPG/JPE、GIF等。

拓展训练

使用文件路径“项目5/任务1/”下的“2014 mini.jpg”和“2012 mini.jpg”两张图像素材。效果如图5-17所示。

图5-17　图文并茂

制作要求：

（1）画布大小设置为800像素 ×700像素。

（2）新建一个图层，并在右上角放置一张2012款MINI的缩览图。

（3）对照样图，输入三行解说文字。

（4）设置标题文字为“黑体”，大小为“23”，颜色为白色。

（5）设置字距为“10”，行间距设置为默认“自动”。

（6）保存文件，文件名为：“图文并茂.PSD”。

任务评价

考核项目	考核标准	分值	自评分	小组评分	综合得分
文件操作	新建文档	5			
	保存文档	5			
软件界面	工具栏、标题栏、属性栏	10			
	编辑区域调整	5			
	工具面板的操作	10			
图像大小	图像尺寸设置	10			
	图像分辨率设置	10			
画布大小	画布尺寸设置	5			
	画布拓展的方向	10			
图层操作	新建图层	5			
	删除图层	5			
	移动图层	5			
文字编辑	插入文字	5			
	编辑文字	10			
总分		100			
努力方向：		建议：			

任务2 八张一寸登记照排版制作

任务目标

通过本任务的学习，你将学会如下操作方法：

1. 裁剪图像和修改图像尺寸
2. 创建选取区域
3. 设置画布大小
4. 设置图案填充及背景填充色
5. 文件保存和导出

任务情境

有时去照相馆照相拍登记照片的效果并不太满意，如果自己使用高像素手机或数码相机拍一张正面照然后导入计算机，可以自己动手制作成一英寸（俗称一寸，本书均用俗称）的图片，再去打印出来即可，这样可以省去你照相的费用还可以得到自己满意的登记照，如图5-18所示。

图5-18　制作好的1寸八张登记照

任务解析

通常使用的登记照有一寸和两寸的规格：一寸登记照的尺寸是：2.5厘米 ×3.5厘米；二寸登记照的尺寸是：3.5厘米 ×5.3厘米。登记照根据需求通常使用红色背景或蓝色背景。

实践操作

首先用相机或手机给自己拍张靓照，最好在白色的墙壁背景前拍。将拍好照片导入计算机，本任务中使用的图片素材为光盘中的“项目5\任务2\照片.jpg”。

训练1 打开图像文件

在Photoshop中打开图像文件会自动新建一个Photoshop文档，本任务中打开文档操作来创建单张1寸的照片的新文档。本任务中的照片素材“照片.jpg”存放在“项目5\任务2”中。

步骤：用“打开”命令创建：选择“文件”→“打开”命令，在弹出的“打开”对话框中选择素材“照片.jpg”，然后单击“打开”按钮，如图5-19所示。

小技巧

在Photoshop CS6工作界面中按组合键Ctrl+N，可快速创建新文档。

图5-19 “打开”文件对话框

训练2　裁剪大小

步骤1：一寸照片的尺寸为2.5cm×3.5cm，分辨率为300像素/英寸，所以在裁剪图像时需要进行尺寸设置，裁剪尺寸设置方法为：单击工具箱中的裁剪工具，在属性栏中“尺寸”按钮，在下拉列表中有常用的比例，选择“大小和分辨率”选项，如图5-20所示。

图5-20　“尺寸”按钮弹出的下拉菜单

在弹出的对话框中设置“宽度”为2.5cm，“高度”为3.5cm，分辨率为300像素/英寸，如图5-21所示。

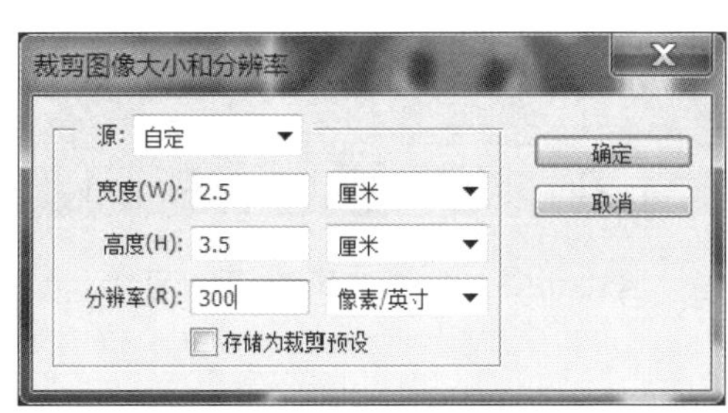

图5-21　设置页面

步骤2：把裁剪区调整到合适的大小，并将照片中的头像移至裁剪区，如图5-22所示。

步骤3：调整好裁剪区后按回车键得到裁剪后的照片，如图5-23所示。

训练3　设置照片底色

步骤1：在图层面板中双击“背景”图层，在弹出的“新建图层”对话框中将名称改为“头像”，如图5-24所示。

图5-22　调整裁剪区

图5-23　裁剪后的标准一寸照

图5-24　将背景图层解锁

步骤2： 选用工具箱中的魔棒工具，并设置属性栏中“容差”值为10，再用魔棒选取“头像”图层中的白色区域，并单击Delete键将白色删除，如图5-25所示。

图5-25　去除原照片底色

步骤3： 单击图层面板中的“新建”按钮，新建一个图层。双击新建图层名称将图层重新命名为“背景色”，之后用鼠标左键按住“背景色”图层并将其拖至“头像”图层下方。在“头像”图层下方新建一个“背景色”图层，如图5-26所示。

图5-26　添加背景色图层

步骤4： 选中“背景色”图层之后，选择“编辑”→“填充”命令，在弹出的“填充”对话框中选择颜色，并在拾色器对话框中设置RGB值为：（255，0，0），如图5-27所示。

选择“图像”→“画布大小”，在弹出的“画布大小”对话框中设置宽度和高度均为0.4厘米，并勾选“相对”选项，单击“确定”按钮，则图像向外围扩边0.4厘米，效果如图5-28所示。

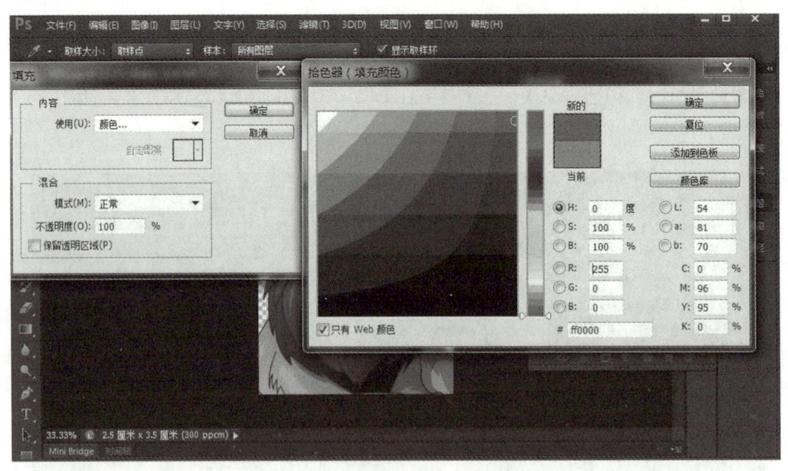

图5-27 “背景色”图层填充红色

图5-28 画布扩边0.4厘米

步骤5：选择“编辑”→“定义图案”，在弹出的对话框中输入名称为“单张红底1寸”，单击“确定”按钮，就将做好的单张一寸照片增加填充图案库中。

小技巧

快速给当前图层填充背景色或前景色

使用Ctrl+Delete可以快速将设置好的背景色填充到当前图层。

使用Alt+Delete可以快速将设置好的前景色填充到当前图层。

训练4 创建一版两行四列的1寸照片

一张相片纸最多可以打印8张1寸登记照，这就需要创建一张相纸大小的文档，并排版8张1寸登记照。

步骤1：选择“文件”→“新建”命令，弹出“新建”对话框。如图5-29所示，设置名称为“相片纸”，宽度为11.6厘米，高度为7.8厘米，分辨率为300像素/英寸。

步骤2：选择“编辑”→“填充”命令，弹出“填充”对话框。如图5-30所示，选择使用“图案”填充，单击自定图案右侧下拉框选择之前定义的“单张红底1寸”图案。

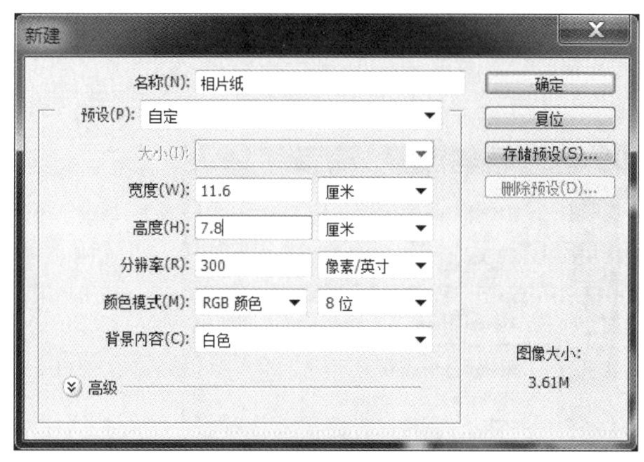

图5-29　新建文档尺寸设置

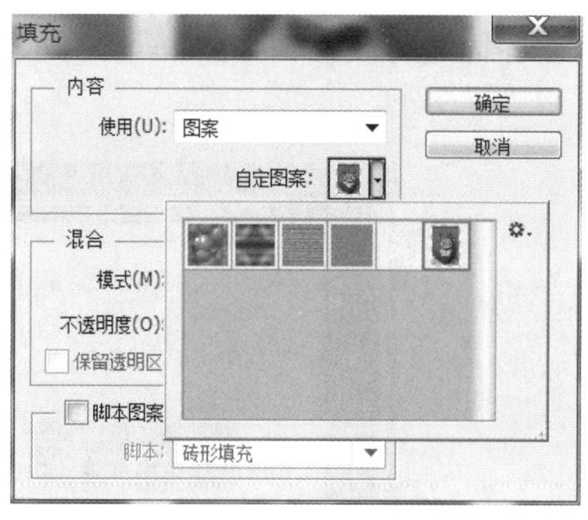

图5-30　设置图案填充

训练5　保存文档

步骤1：编辑完成的文档编辑应该进行保存，操作方法为：选择“文件”→“存储”命令，在文件名文本框中输入“八张1寸.psd”，格式为“Photoshop/*.PSD；/*PDD”，单击“保存”按钮，如图5-31所示。

图5-31　设置图案填充

步骤2：返回Photoshop工作界面可以看到选项栏中文档名称已改为“八张1寸.psd”。

训练6　打印照片

步骤1：在Photoshop中打印照片的操作方法为：选择“文件”→“打印”命令，在打印界面进行设置，如图5-32所示。

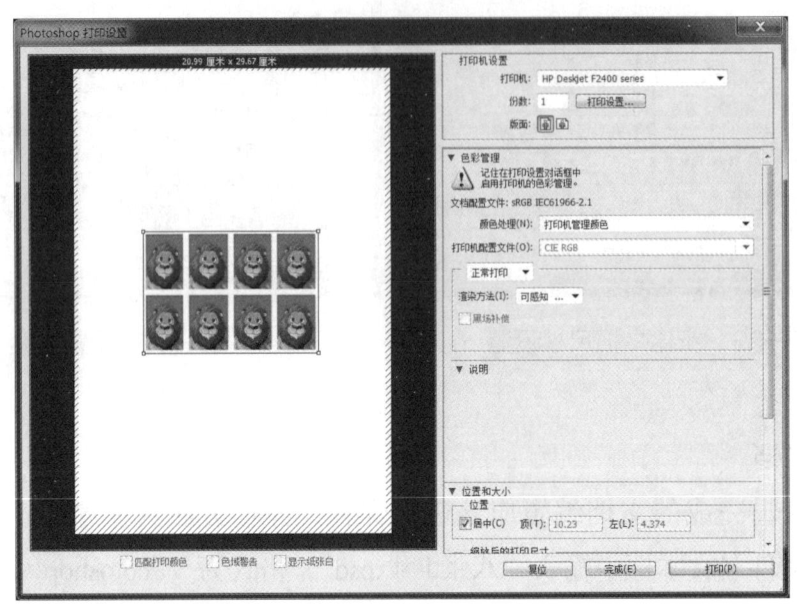

图5-32　“打印”命令

步骤2：在“打印”窗口中的“页面范围”中选择“打印当前页”选项，设置完成后，单击“打印”按钮，即可进行文档的打印，如图5-33所示。

图5-33　设置打印页面

知识链接

1. 登记照尺寸

相片规格	相片尺寸	分辨率
小1寸（身份证）	2.2 cm × 3.3 cm	260 × 390
1寸登记照	2.5 cm × 3.5 cm	413 × 295
小2寸（护照）	3.3 cm × 4.8 cm	390 × 567
2寸登记照	3.5 cm × 5.3 cm	413 × 626

2. 常用相片纸尺寸

A3相片纸	420mm × 297mm
A4相片纸	210mm × 297mm
A5相片纸	210mm × 148mm
A6相片纸	105mm × 148mm

3. 常用相片底色

红底照片设置背景色RGB值为：（255，0，0）；

蓝底照片设置背景色RGB值为：（67，142，219）。

拓展训练

通过制作红底1寸八张的登记照，我们已经能比较熟练对Photoshop CS6进行基本操作，接下来我们参照一寸八张的登记照排版来制作蓝底小2寸六张来排版登记照。样文如图5-34所示。

制作要求：

（1）制作单张3.3厘米 ×4.8厘米小2寸照片，背景色为蓝色。

（2）新建一个4英寸 ×6英寸的文档，设置分辨率为300像素/英寸。

（3）对照样图，将六张小2寸登记照排版到新建文档中。

（4）保存文件，文件名为：“2寸.psd”。

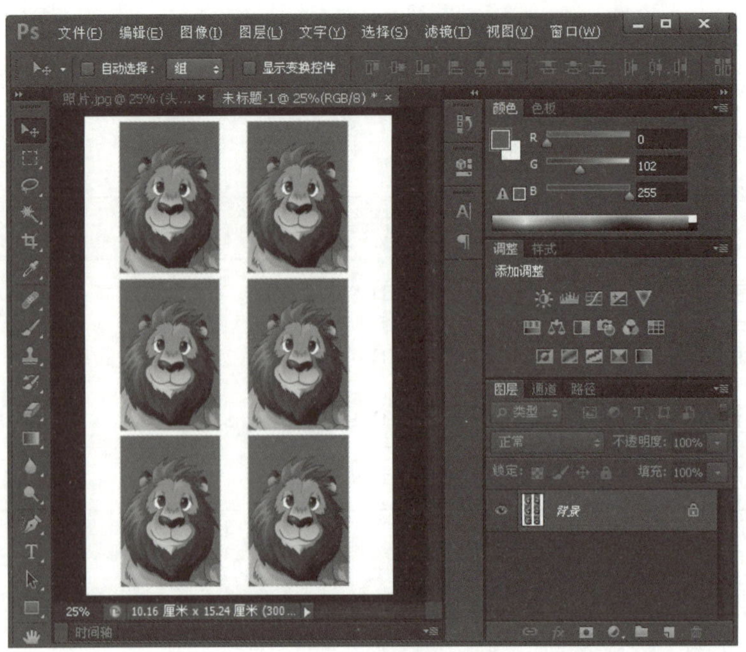

图5-34　小2寸排版

任务评价

考核项目	考核标准	分值	自评分	小组评分	综合得分
文件导入	正确的导入素材	5			
裁剪工具	裁剪尺寸设置	10			
	裁剪分辨率设置	10			
	裁剪区域的修正	10			
扩展画布	扩展画布并填充蓝色	10			
设置图案填充	设置图案	10			
	填充图案	15			
文件保存及输出	保存文档为PSD格式	10			
	输出图像为JPG格式	10			
打印文档	使用“打印”命令打印文档，特别是“页面范围”、“打印机”、“副本份数”等参数的设置使用	10			
总分		100			
努力方向：		建议：			

任务3 去除图像素材中的水印

任务目标

通过本任务的学习，你将学会如下操作方法：

1. 使用仿制图章去除水印
2. 使用修补工具去除水印
3. 使用修复画笔工具去除水印
4. 使用消失点滤镜去除水印
5. 使用“Ctrl+Alt+方向键”覆盖替换

任务情境

经常需要从互联网查找下载各类图像素材，但很多精美的素材都会被打上文字水印，这样的素材需要我们加工处理后才能有效使用，如图5-35所示。

去水印前

去水印后

图5-35　去水印前后对比

任务解析

对于背景色彩或图案比较一致的图片，要去除图片上的水印通常的思路是使用相似图案替换被水印盖住的图区，然后用仿制图章、修补工具或修复画笔工具等，对覆盖替换后的边缘进行修饰处理。

实践操作

训练1　使用仿制图章工具去除水印

步骤1： 启动Photoshop CS6，打开“项目5\任务3\素材‘3-1.jpg’，如图5-36所示。

图5-36　打开素材3-1

步骤2： 单击左侧工具箱中的仿制图章按钮，按住Alt键在无文字水印区域点击相似的色彩名图案采样，完成图案采集松开Alt键。选择不同的笔刷直径会影响绘制的范围，而不同的笔刷硬度会影响绘制区域的边缘融合效果，如图5-37所示。

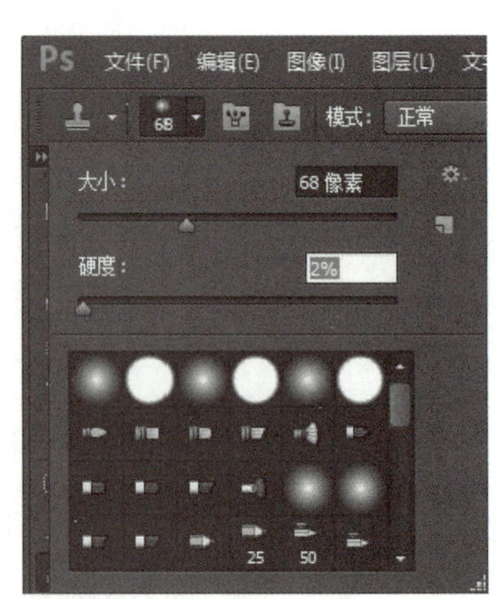

图5-37　仿制图章属性设置

在文字区域拖动鼠标复制以覆盖文字。要注意的是，采样点即为复制的起始点，如图5-38所示。

训练2　使用修补工具去除水印

步骤1： 打开“项目5\任务3\素材‘3-2.jpg’，如图5-39所示。

图5-38　拖动鼠标覆盖文字

图5-39　打开素材3-2

步骤2：单击左侧工具箱中的修补工具按钮，如图5-40所示。在属性栏中选择修补项为“源”，关闭“透明”选项，如图5-41所示。

然后用修补工具框选文字区域，拖至无文字区域中色彩或图案相似的位置，松开鼠标就完成复制，如图5-42所示。

修补工具具有自动匹配颜色的功能，复制的效果与周围的色彩较为融合，这是仿制图章工具所不具备的。

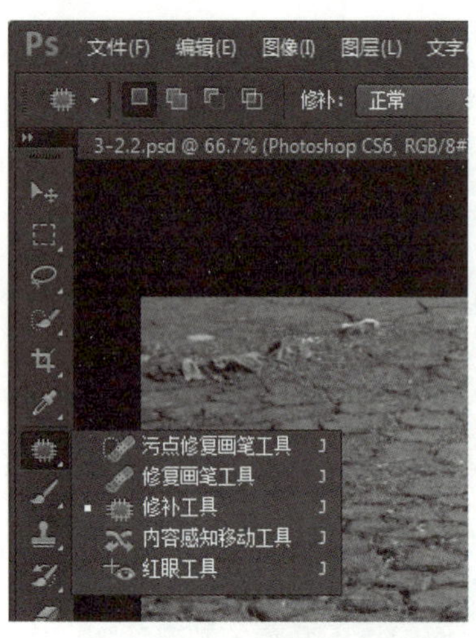

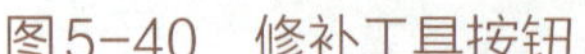
图5-40　修补工具按钮

图5-41　修补工具属性设置

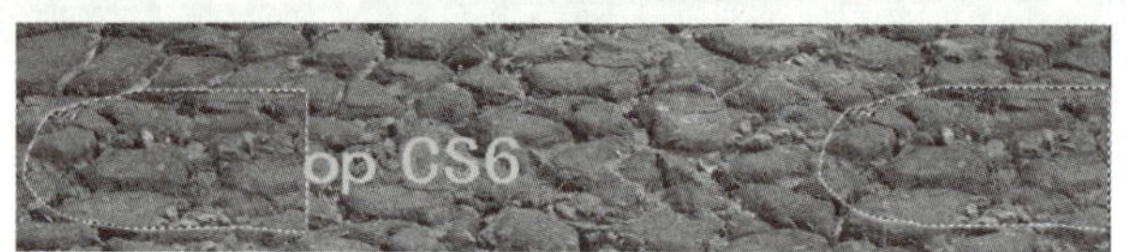

图5-42　右侧选框图案填充到左侧水印选框内

训练3　使用修复画笔工具去除水印

步骤1：打开“项目5\任务3\素材‘3-3.jpg’”，如图5-43所示。

图5-43　打开素材3-3

步骤2：单击左侧工具箱中的修复画笔工具按钮，如图5-44所示。按住Alt键，在无文字区域单击相似的色彩或图案采样，然后在文字区域拖动鼠标复制以覆盖文字，如

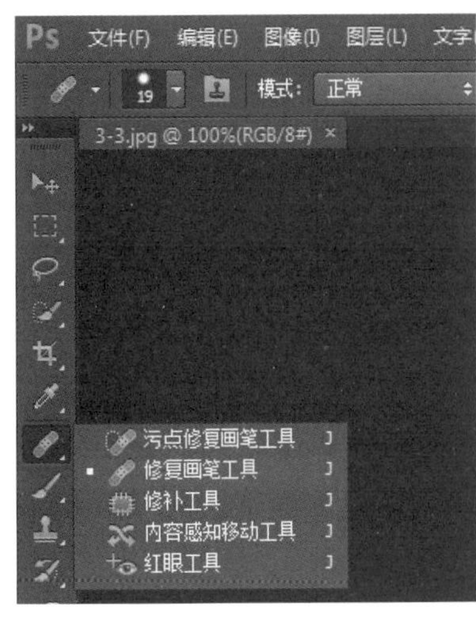

图5-44　修复画笔工具按钮

图5-45　修复画笔工具属性设置

图5-45所示。

修复画笔工具的操作方法与仿制图章工具相似，只是修复画笔工具与修补工具一样，也具有自动匹配颜色的功能，可根据需要进行选用。

训练4　使用消失点滤镜去除水印

对于透视效果较强的画面（如地板），可以应用“消失点”滤镜进行处理。

步骤1：打开“项目5\任务3\素材‘3-4.jpg’”，如图5-46所示。

图5-46　打开素材3-4.jpg

步骤2：选择“滤镜”→“消失点”命令，进入消失点滤镜编辑界面，如图5-47所示。

图5-47　消失点滤镜界面框选文字区域

单击左边工具栏中的创建面板工具，由地板砖缝交汇处开始，沿着缝隙，依次单击四个点，连成一个有透视效果的矩形。然后拖动其边线向右方及下方扩展，令面板完全覆盖文字。

步骤3：选取左边工具栏中的仿制图章工具，按住Alt键单击选取源图像点，绿色十字变红后，在文字区域拖动便完成复制，如图5-48所示。

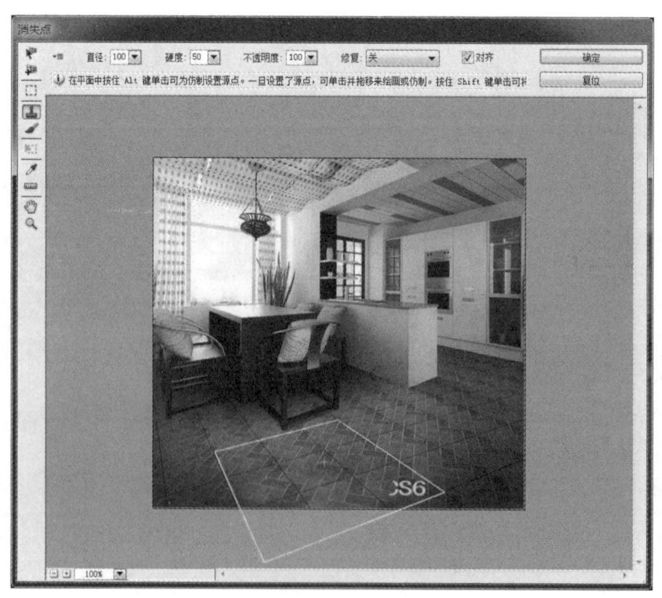

图5-48　仿制图章工具属性设置

消失点中面板中的仿制图章工具使用方法和工具箱中的仿制图章工具的使用方法一样，但采样区域只能在创建面板工具创建的透视区域内，因而创建的透视区域要足够大。

训练5　使用“Ctrl+Alt+方向键”覆盖替换

在网上经常会下载到一些按钮图标，上面的文字与自己的需求不一致，这时可以使用“Ctrl+Alt+方向键”覆盖替换。

步骤1：打开“项目5\任务3\素材‘3-5.jpg’”，如图5-49所示。

步骤2：选择工具箱中的矩形选框工具，在按钮素材文字之间画一个矩形选区，注意该选区不能遮住文字，而且要保证选区的高度高于文字高度，如图5-50所示。

步骤3：使用左手同时按住Ctrl键和Alt键，再按住键盘上向右的方向键即可将选框内的图案复制覆盖到文字“定”上，如图5-51所示。

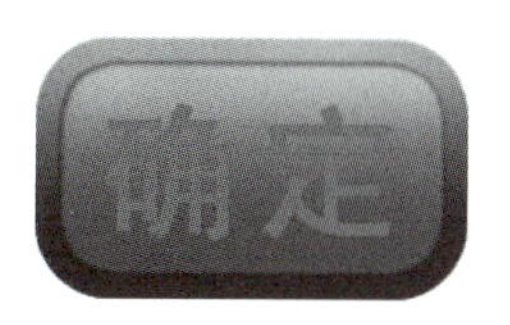

图5-49　打开素材3-5

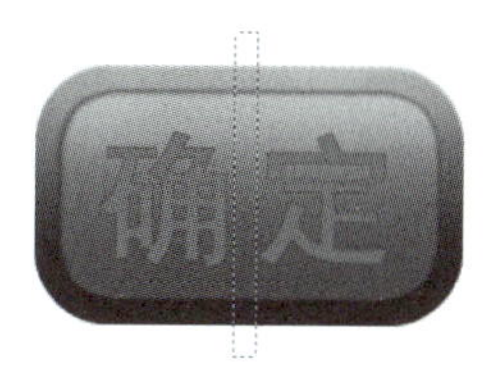

图5-50　绘制矩形选区

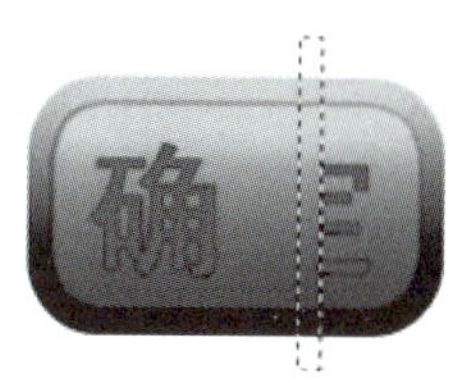

图5-51　复制覆盖文字

使用同样的方法同时按住Ctrl键和Alt键，再按住键盘上向左的方向键即可将选框内的图案复制覆盖到文字“确”上。

知识链接

仿制图章工具、污点修复画笔工具、修复画笔工具和修补工具利用干净的部分，来修改图片中想去掉的细节问题。但这四种工具的各特点：

仿制图章——其功能主要是取样复制源进行复制，将更改的地方改成与复制源相同的样子，多用于大面积的修改。

污点修复画笔——类似于涂抹工具的效果，利用周围像素对污点遮盖，多用于去掉斑点。

修复画笔——修改局部的小部分缺陷，多是线状或不规则的地方。

修补工具——可将需修改的一片区域直接更改为图中的干净区域，多用于比较孤立的部分。

拓展训练

尝试用多种方法将“项目5\任务3\图片3-6.jpg”去除水印，如图5-52所示。

去水印前

去水印后

图5-52　灯笼图片

任务评价

<table>
<tr><th>考核项目</th><th>考核标准</th><th>分值</th><th>自评分</th><th>小组评分</th><th>综合得分</th></tr>
<tr><td>新建文档</td><td>使用“新建”命令创建的方法</td><td>5</td><td></td><td></td><td></td></tr>
<tr><td>页面设置</td><td>页面布局的纸张大小的调整</td><td>5</td><td></td><td></td><td></td></tr>
<tr><td rowspan="3">文本输入</td><td>光标定位的使用方法</td><td>10</td><td></td><td></td><td></td></tr>
<tr><td>文本和标点符号的输入</td><td>5</td><td></td><td></td><td></td></tr>
<tr><td>日期与时间的输入</td><td>10</td><td></td><td></td><td></td></tr>
<tr><td rowspan="2">字体、字号的设置</td><td>字体的设置方法使用是否正确</td><td>10</td><td></td><td></td><td></td></tr>
<tr><td>字号的设置是否正确</td><td>10</td><td></td><td></td><td></td></tr>
<tr><td rowspan="2">段落设置</td><td>首行缩进的使用</td><td>10</td><td></td><td></td><td></td></tr>
<tr><td>行间距的设置</td><td>10</td><td></td><td></td><td></td></tr>
<tr><td rowspan="2">保存文档</td><td>使用“保存”命令保存文档</td><td>5</td><td></td><td></td><td></td></tr>
<tr><td>设置自动保存时间</td><td>5</td><td></td><td></td><td></td></tr>
<tr><td>打印文档</td><td>使用“打印”命令打印文档，特别是“页面范围”、“打印机”、“副本份数”等参数的设置使用</td><td>10</td><td></td><td></td><td></td></tr>
<tr><td colspan="2">总分</td><td>100</td><td></td><td></td><td></td></tr>
<tr><td colspan="2">努力方向：</td><td colspan="4">建议：</td></tr>
</table>

任务4 调整图像色彩

任务目标

通过本任务的学习，你将学会如下操作方法:

1. 裁剪图像和修改图像尺寸
2. 创建选取区域
3. 设置花布大小
4. 设置图案填充及背景填充色
5. 文件保存和导出

任务情境

放假了和家人一块儿出去旅游，面对美丽的风景总忍不住想用相机记录下来，但是有的时候阳光太强，会使相片过亮，有的时候是阴天会使相片过暗，拍出来的照片总觉得不够满意。如果学会了使用Photoshop CS6来调整照片色彩就不用担心这些问题了。现在将一张黑白照片调整为彩色照片，如图5-53所示。

图5-53　将黑白照片调整成彩色照片

任务解析

虽然Photoshop提供了众多的色彩调整工具，但实际上最为基础也最为常用的是曲线。其他的一些比如亮度/对比度等，都是由此派生而来。曲线是Photoshop中最常用到的调整工具，理解了曲线就能触类旁通很多其他色彩调整命令。

实践操作

将准备好的照片导入计算机，本任务中使用的图片素材为“项目5/任务4/素材/图像色彩调整前.jpg”。

训练1　打开图像文件

在Photoshop中打开图像文件会自动新建一个Photoshop文档，本任务中打开文档操作来创建一张彩色风景照片的新文档。本任务中的照片素材“图像色彩调整前.jpg”存放在“项目5\Photoshop素材\任务4\素材”中。

步骤：用“打开”命令创建：选择“文件”→“打开”选项，在弹出的“打开”对话框中设置“可用模板”栏保持默认选择“空白文档”选项，然后单击“创建”按钮，如图5-54所示。

小技巧

在Photoshop CS6工作界面中按组合键Ctrl+O或双击空白区域，可快速打开一张图片。

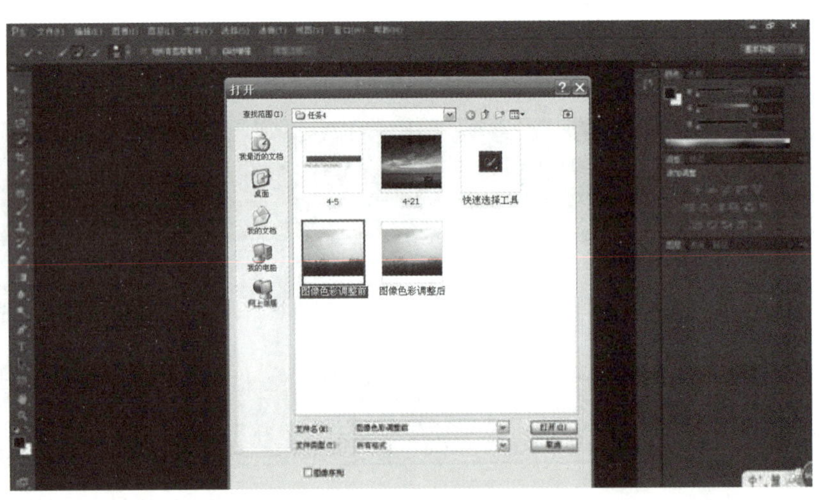

图5-54　打开文件对话框

训练2　快速选择

步骤1：将图像模式改成CMYK，这一步很重要，能让图片得到很好很逼真的效果，如图5-55所示。

步骤2：用“快速选择工具”选择出天空部分，如图5-56所示。

“快速选择工具”可添加选区，也可减少选区，笔触的大小也可调整。如果在勾勒的过程中，不小心选取了多余的部分，只需选择“减选”，按住鼠标左键，移动笔触到选多的地方，就可以减选了，如图5-57所示。

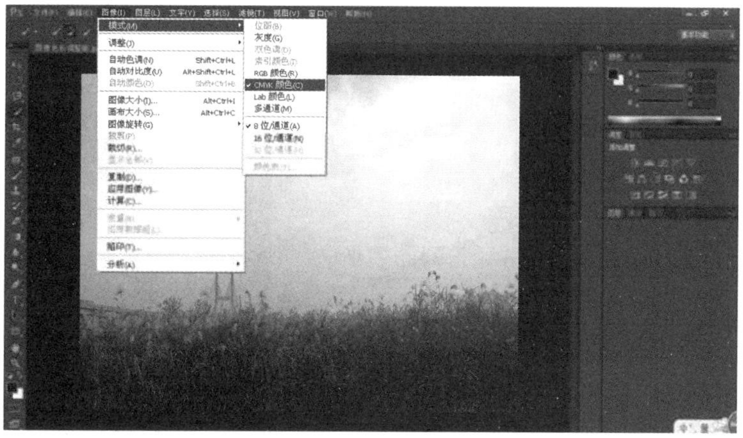

图5-55　CMYK图像模式

图5-56　选择出形容部分

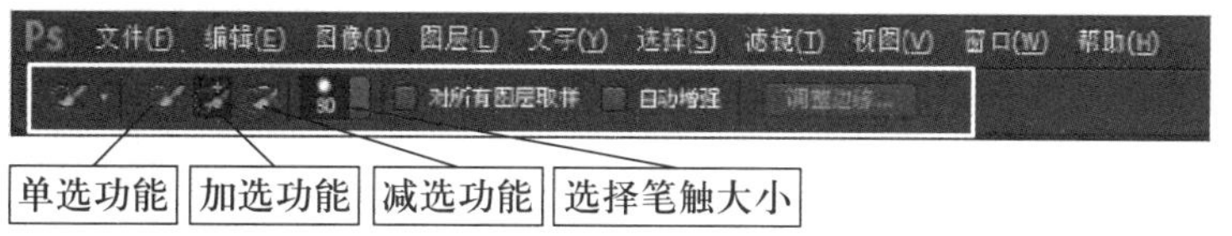

图5-57　“快速选择工具”属性

步骤3：选择“选择”→“反向”→“调整边缘”命令，如图5-58和图5-59所示。

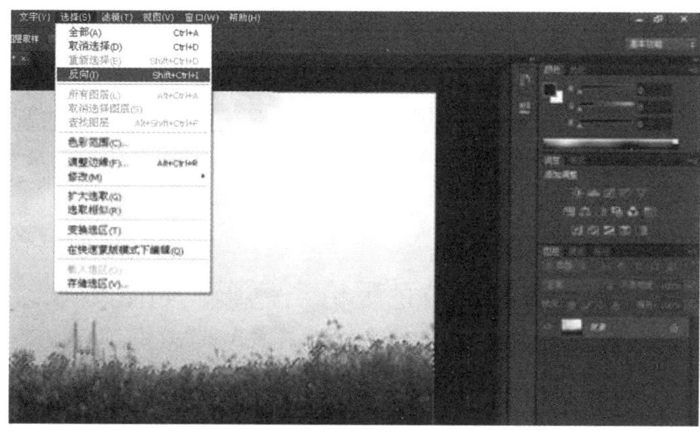

图5-58　反向

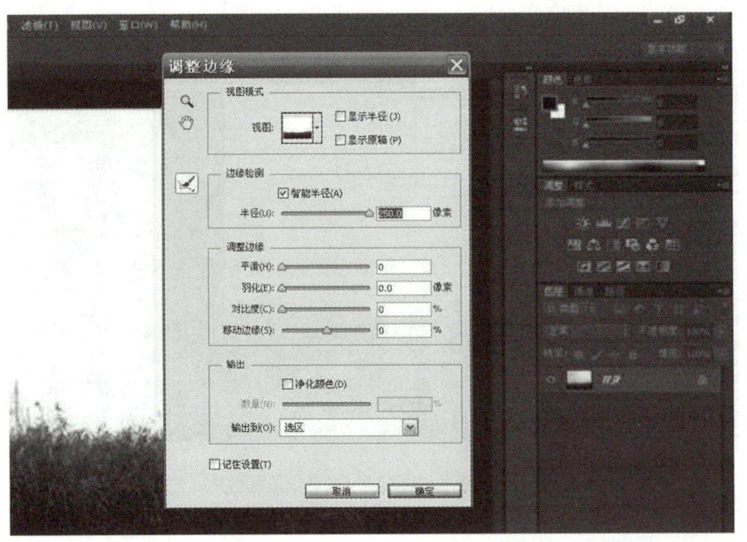

图5-59　调整图片边缘

训练3　用“曲线”命令调整图像色彩

步骤1： 选择“选择”→“反向”命令，选择天空部分，如图5-60所示。

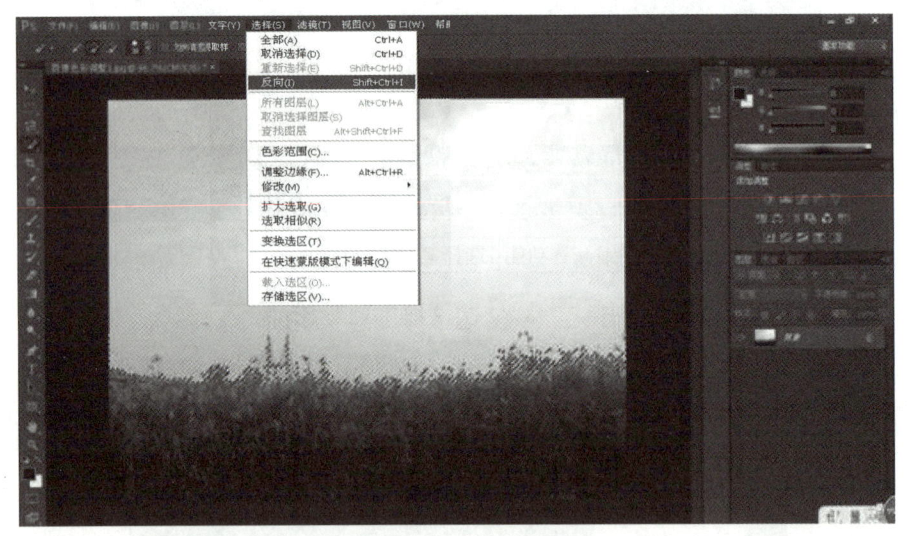

图5-60　选择天空

步骤2： 单击“曲线”按钮，如图5-61所示。

步骤3： 依次调整青色、洋红、黄色至恰当色彩，如图5-62、图5-63和图5-64所示。

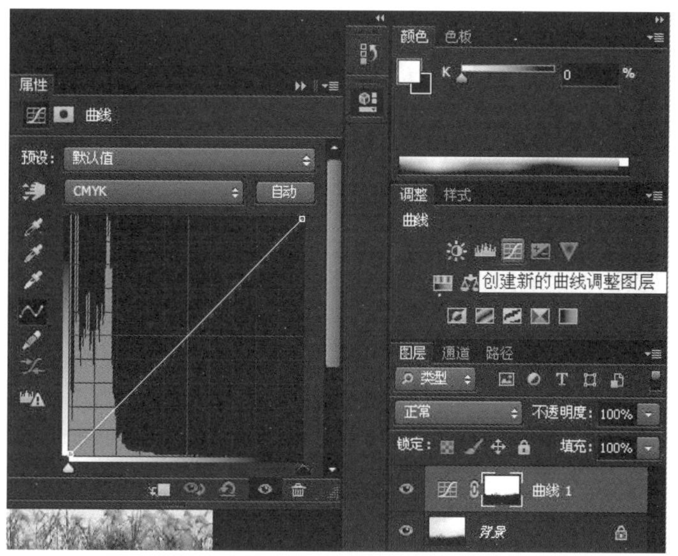

图5-61　创建新的曲线调整图层

图5-62　调整青色

图5-63　调整洋红色

图5-64　调整黄色

调整后的效果如图5-65所示。

图5-65　天空颜色

步骤4：重复上面的步骤，这次在芦苇选区选择“选择”→“反向”→“调整边缘”选项，如图5-66所示。

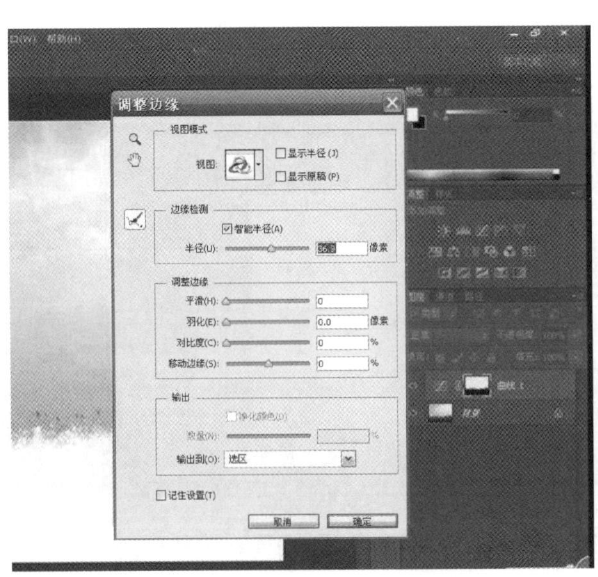

图5-66　调整芦苇选区

步骤5：继续反选，添加曲线调整层，如图5-67、图5-68和图5-69所示。曲线可以根据自己的需要调整，不一定要与教程一样。

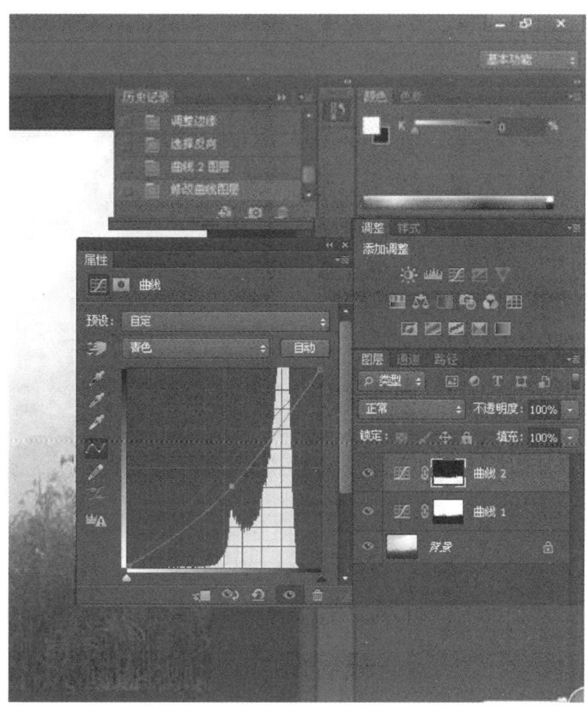

图5-67　调整青色

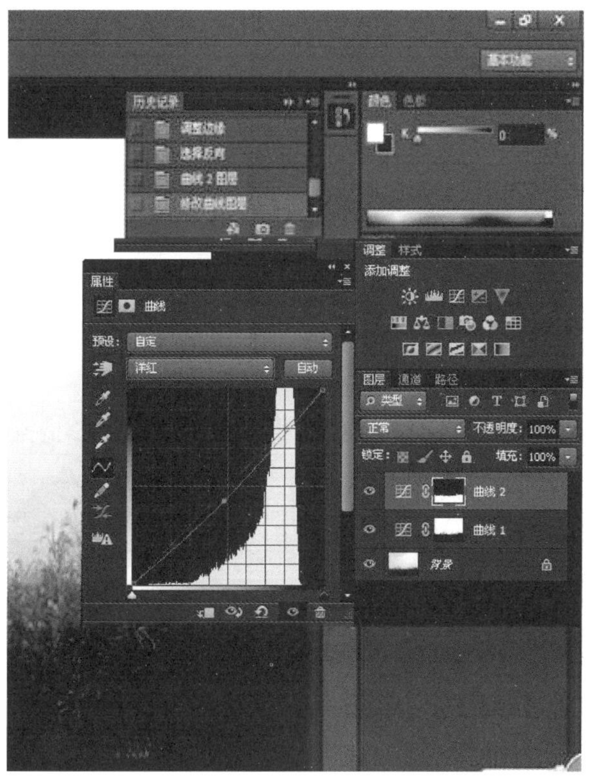

图5-68　调整洋红色

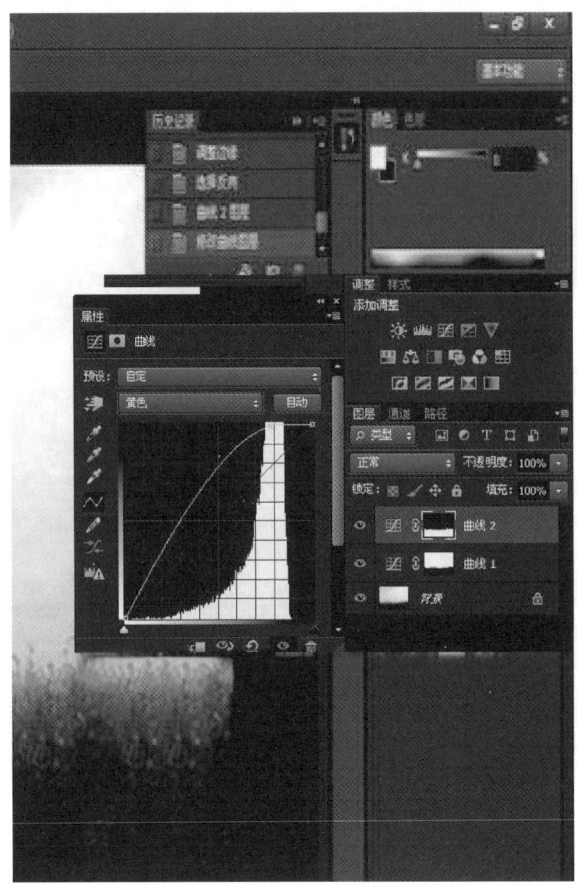

图5-69　调整黄色

调整后的效果如图5-70所示。

图5-70　调整后的颜色

步骤6：在最上面一层添加色相饱和度调整层，如图5-71所示。

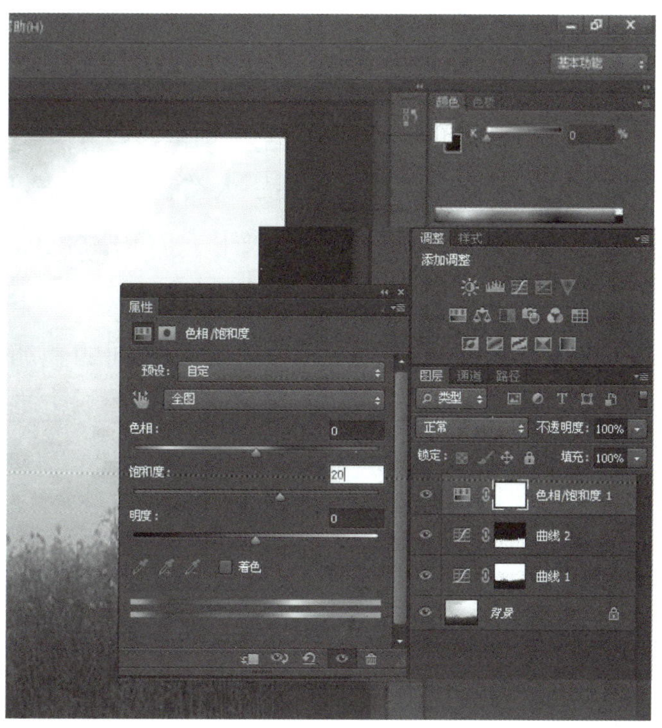

图5-71 调整色相饱和度

步骤7：最后添加一个曲线进行整体调整，如图5-72所示。

图5-72 整体曲线调整

知识链接

1. RGB色彩模式与CMYK色彩模式

RGB色彩模式是工业界的一种颜色标准，是通过对红（R）、绿（G）、蓝（B）三个颜色通道的变化以及它们相互之间的叠加来得到各式各样的颜色的，RGB即是代表红、绿、蓝三个通道的颜色，这个标准几乎包括了人类视力所能感知的所有颜色，是目前运用最广的颜色系统之一，目前的显示器大都采用了RGB颜色标准。

CMYK色彩模式是另一种专门针对印刷业设定的颜色标准，是通过对青（C）、洋红（M）、黄（Y）、黑（K）四个颜色变化以及它们相互之间的叠加来得到各种颜色的，CMYK即是代表青、洋红、黄、黑四种印刷专用的油墨颜色，也是Photoshop软件中四个通道的颜色。CMYK印刷模式，是通过控制青、洋红、黄、黑四色油墨在纸张上的相叠印刷来产生色彩的，其颜色种数少于RGB模式。

2. 亮度－对比度－饱和度的定义

亮度：指色彩本身因为光度不同而产生的明暗差别。

对比度：指景观中不同斑块之间属性的差异程度。

饱和度：指物体颜色的包含量或纯度。

饱和度是指色彩的鲜艳程度，也称色彩的纯度。饱和度取决于该色中含色成分和消色成分（灰色）的比例。含色成分越大，饱和度越大；消色成分越大，饱和度越小。

拓展训练

通过将黑白照片调整为彩色照片，我们已经能比较熟练操作曲线命令了，接下来我们来将一张黑白照片调整为彩色效果。黑白照片如图5-73所示。

制作要求：

（1）参照调整后的效果将黑白照片调整为彩色效果。

（2）运用曲线命令。

（3）彩色效果可依照个人喜好。

（4）保存文件，文件名为：“彩色照片”。

图5-73　黑白照片

任务评价

考核项目	考核标准	分值	自评分	小组评分	综合得分
打开素材	使用菜单命令打开的方法	10			
	使用快捷键打开的方法	15			
快速选择	快速选择工具添加和减少选区	15			
	快速选择工具笔触大小的变化	10			
调整选区边缘	智能半径的设置	5			
曲线	曲线命令使用方法	10			
	将色彩调整恰当	15			
保存图像	将图像保存为PSD格式	10			
	将图像存储为所需文件名	10			
总分		100			
努力方向：		建议：			

任务5 巧用图层

任务目标

通过本任务的学习，你将学会如下操作方法：

1. 移动图像上的某一部分至另一图像上
2. 清除图像背景颜色
3. 变换图像大小和角度
4. 选择图层

任务情境

现在人们很喜欢将遇见的美丽风景、吃到的美食用相机或手机拍下来发到自己的微博或微信上，一张一张发图片太麻烦又费流量，有没有办法将几张图片合成到一张图上面呢？如果我们学会了用Photoshop CS6来合成图片就能轻松制作拼图了。现在制作这样一张拼图，如图5－74所示。

图5-74　拼图效果

任务解析

图层重要性：图层是Photoshop的核心功能之一，有了它才能随心所欲地对图像进行编辑和修饰，没有图层则很难通过Photoshop处理出优秀的作品。

图层的特点：在Photoshop中，图层有两个特点：一是在一个图层上进行操作时，不会对其他图层上的图像造成影响；二是上面一层的图像将会遮挡住下一层的图像。

实践操作

将准备好的照片导入计算机，本任务中使用的图片素材为“项目5\任务5\巧用图层1.jpg\Photoshop素材\任务5\素材\巧用图层2.jpg”。

训练1 打开图像文件

本任务中的图片素材“巧用图层1.jpg”“巧用图层2.jpg”存放在“项目5/任务4/素材”中。

步骤：单击“打开”菜单，选择“文件”→“打开”命令，分别打开“巧用图层1.jpg”“巧用图层2.jpg”，如图5-75所示。

图5-75 打开文件对话框

训练2　选择图像

步骤1： 用“矩形选框工具”选中所需图像，如图5-76所示。

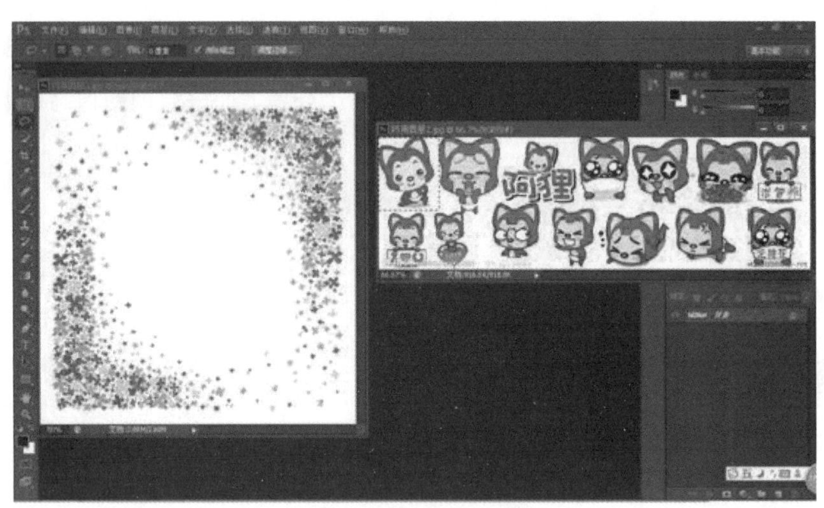

图5-76　选中图像

步骤2： 用“移动工具”将选中的图像移至背景图层上，生成图层1，如图5-77所示。

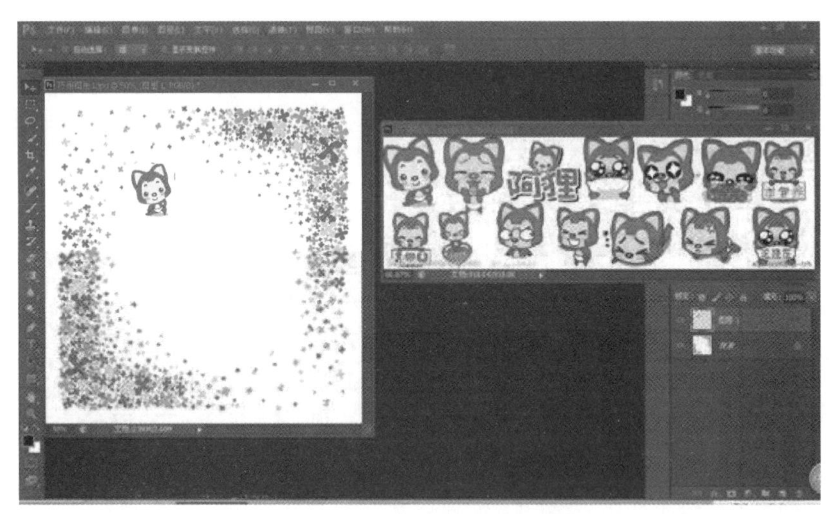

图5-77　移动图像至背景图层

训练3　自由变换图像

步骤1： 选择“编辑”→“自由变换”，如图5-78所示。

步骤2： 拖动端点可将图像放大，移动鼠标可调整图像角度，如图5-79所示。

训练4　隐藏图像

步骤1： 将背景图层前的眼睛关闭，只显示卡通人物，如图5-80所示。

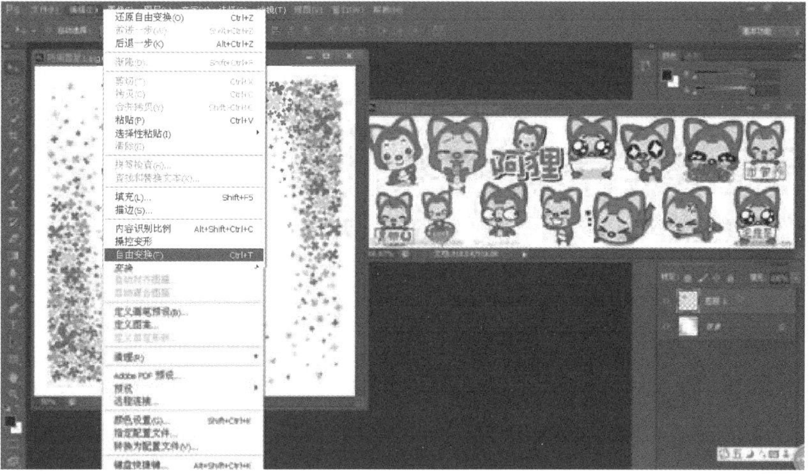

图5-78　自由变换图像

图5-79　调整图像大小和角度

图5-80　隐藏背景图层

步骤2： 单击“放大按钮” 放大卡通人物，如图5-81所示。

图5-81 放大图像

训练5 清除图像背景色

步骤1： 选中“图层1”，选择“魔棒工具” ，如图5-82所示。

图5-82 选中魔棒工具

步骤2： 用“魔棒工具”选中卡通人物的背景，如图5-83所示。

步骤3： 用“橡皮擦工具” 将背景中白色擦去，如图5-84所示。

训练6

按照训练2至训练5同样的方法拼图，效果如图5-85所示。

图5-83　选中背景

图5-84　清除背景色

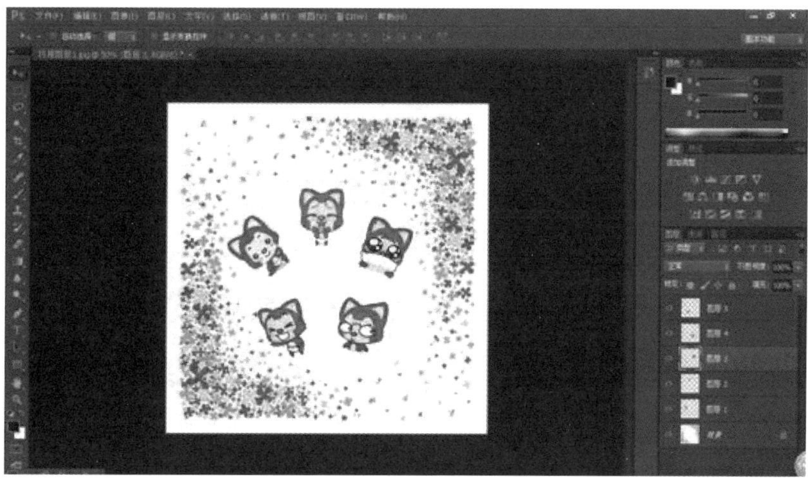
图5-85　拼图效果

知识链接

图层的基础操作

1. 新建图层

新建图层为透明图层。

新建图层最常用的方法是单击图层面板下方的“创建新图层”按钮 即可新建图层。

其他两种方法可作为了解：一是选择“图层”→“新建”→“图层”，打开“新建图层”对话框，设置相关参数后单击“确定”按钮即可；二是单击图层面板右上角的下拉按钮 ，再选择“新建图层”。

2. 移动图层

一般使用鼠标即可移动图层的位置：先选中要移动的图层，然后拖至合适位置。另一种方法：选择“图层”→“排列”→“前移、后移一层或者置于顶层”“置于底层”的操作命令。

拓展训练

通过完成卡通人物的拼图任务，我们已经能比较熟练地掌握图层的运用了，接下来我们来将卡通人物移到另一个背景上面。背景如图5-86所示。

制作要求：

（1）将卡通人物与背景图片合成在一张图像上。

（2）清除卡通人物的背景颜色。

（3）改变将卡通人物的大小和角度摆成合适的队形。

（4）保存文件，文件命名为：“拼图”。

图5-86　拼图背景

任务评价

考核项目	考核标准	分值	自评分	小组评分	综合得分
打开	打开多个图像	10			
	将图像摆放在合适位置，便于操作	10			
选择图像	用矩形选框选择图像	15			
	用移动工具将图像移动至背景上	10			
自由变换	将图像变换成合适的大小和角度	5			
清除背景颜色	用快速选择工具选择背景颜色	10			
	用橡皮擦工具擦去前景颜色	10			
移动图层	会隐藏图层	15			
	会移动相应的图层	15			
总分		100			
努力方向：		建议：			

任务6 图层与蒙版

任务目标

通过本任务的学习，你将学会如下操作方法：

1. 添加蒙版
2. 设置前景色和背景色
3. 使用画笔工具
4. 将图像载入选区
5. 替换背景
6. 变换图像大小和角度

任务情境

有的时候商品拍摄得很清晰，光线也很好，可是背景有些杂乱。此时如果给商品换上一个美丽的背景则可给商品加分，可是如何给商品更换背景呢？下面学习如何使用蒙版来为图片更换背景，如图5-87所示。

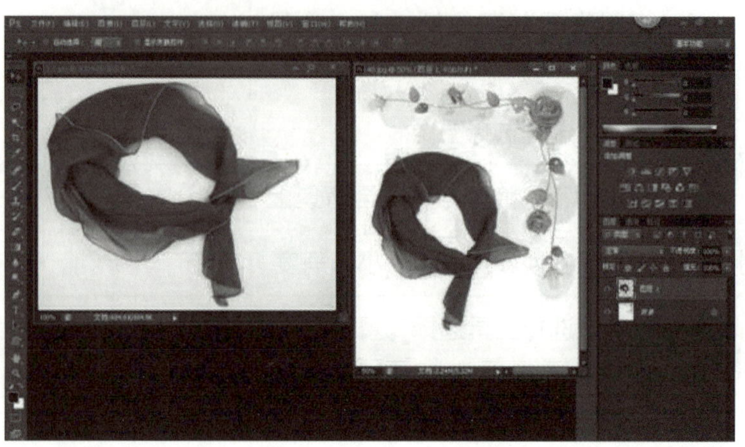

图5-87　为商品更换背景

任务解析

抠图是Photoshop的基本操作，有很多种方法可以完成抠图工作。对于边缘复杂，块面很碎，颜色丰富，边缘清晰度不一，影调跨度大的图像，最好是用蒙版来做。

实践操作

将准备好的照片导入计算机，本任务中使用的图片素材为“项目5\任务6\素材\图层和蒙版1.jpg”“图层和蒙版2.jpg”。

训练1　打开图像文件

本任务中的照片素材“图层和蒙版1.jpg”“图层和蒙版2.jpg”存放在“项目5/任务6/素材”中。

步骤：单击“打开”菜单，选择“文件”→“打开”命令，分别打开“巧用图层1.jpg”“巧用图层2.jpg”，如图5-88所示。

图5-88　打开“文件”对话框

训练2　添加蒙版

步骤1： 背景图层不能添加蒙版，在图层面板上双击背景图层，在弹出的对话框中直接单击“确定”按钮，背景图层成为普通图层，如图5-89所示。

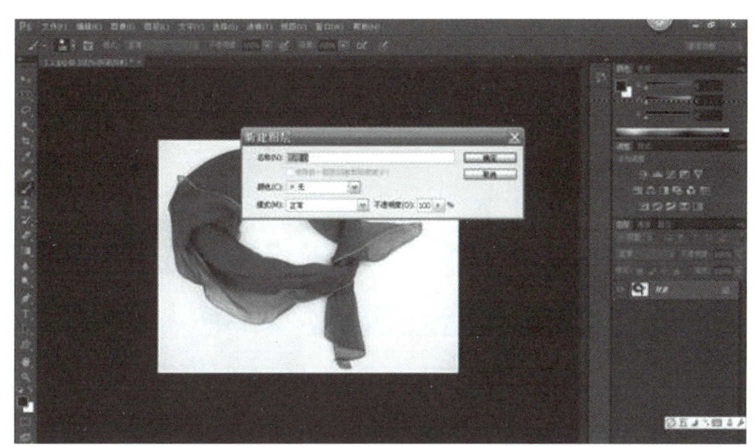

图5-89　将背景图层更改为普通图层

步骤2： 在图层面板正文单击“添加图层蒙版”按钮，如图5-90所示。

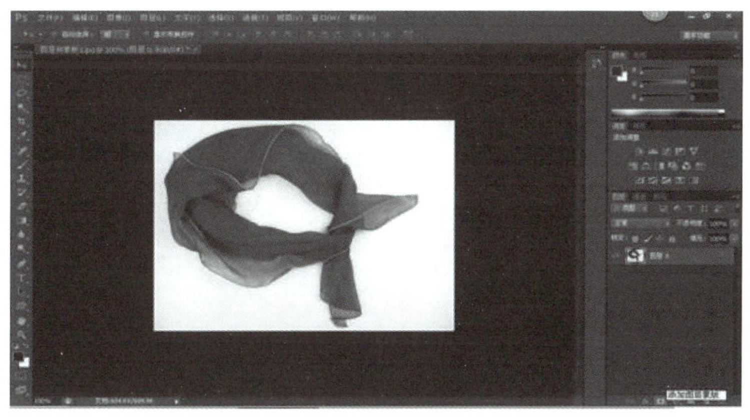

图5-90　添加蒙版

训练3　使用画笔工具

步骤1： 选择“画笔工具”，并将前景色设置为黑色，背景色设置为白色，如图5-91所示。

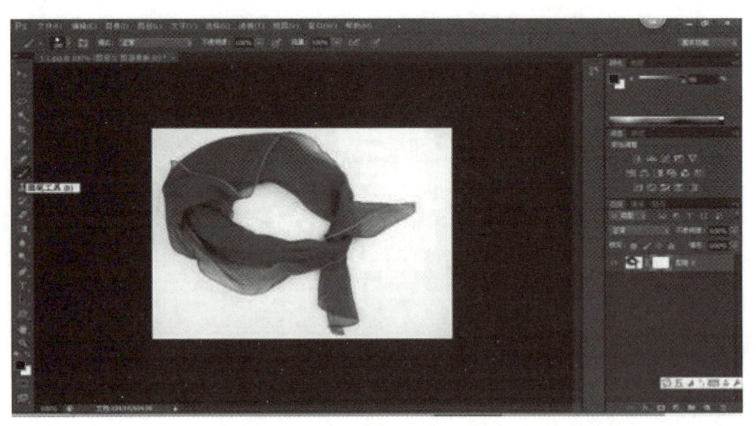

图5-91 选择画笔工具

步骤2： 将图片放大，将画笔设置为合适的直径和软硬，沿着商品进行涂抹，抠出图像边缘，将不需要的部分擦除掉，如图5-92所示。

图5-92 用画笔擦除背景

步骤3： 修补涂错处。若某处涂抹失误了，则可用白色笔刷将涂错处重新修补回来，如图5-93和图5-94所示。

小技巧

1. 需要直线时，可按住Shift键，选择“画笔工具”，再单击另一端画出平滑的直线。

2. 需要移动画面时，可按住空格键，鼠标临时变成抓手工具，直接移动图像。

训练4 载入选区

步骤1： 按住Ctrl键，单击蒙版，载入选区，如图5-95所示。

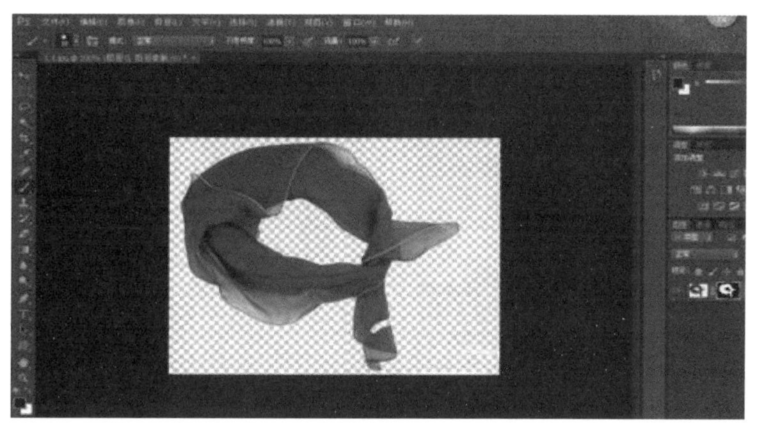

图5-93　涂抹失误

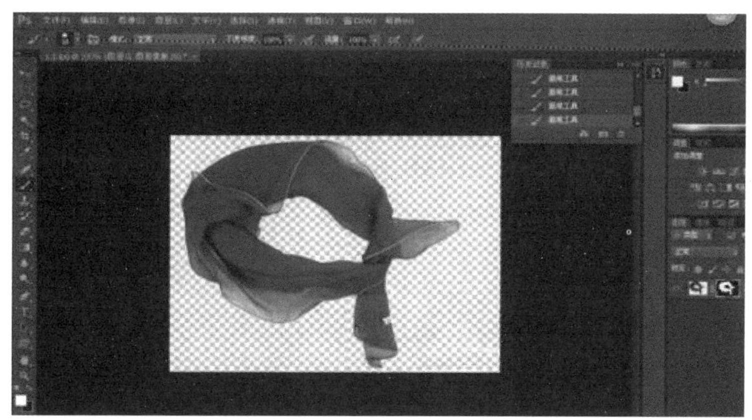

图5-94　修补

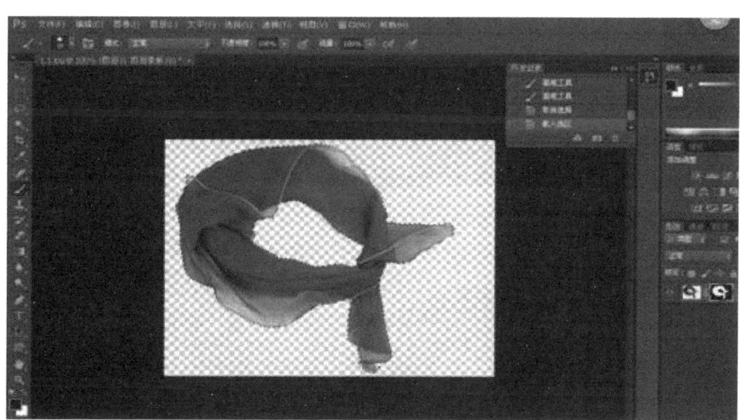

图5-95　载入选区

步骤2：选择"移动工具"将选区移至背景图像上，如图5-96所示。

步骤3：单击"编辑"→"自由变换"将图像放大并调整角度，如图5-97和图5-98所示。

图5-96 移动选区

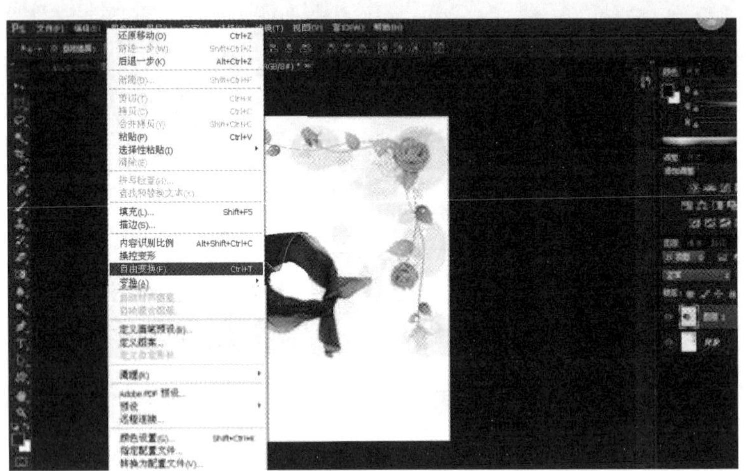

图5-97 自由变换

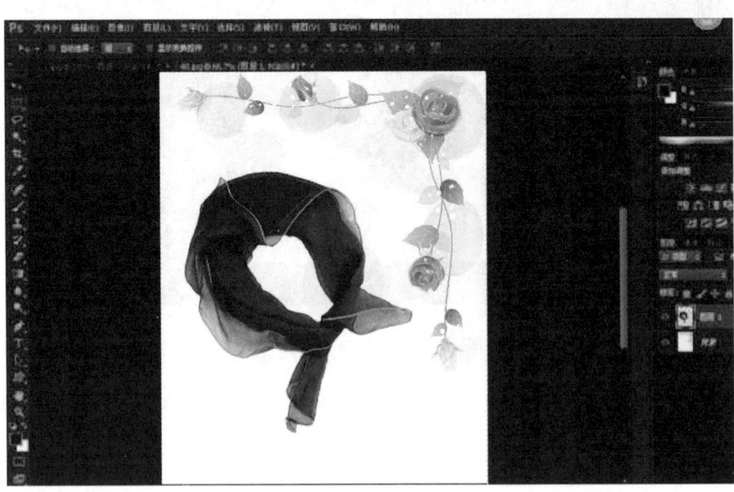

图5-98 调整角度

知识链接

1. 蒙版的基本作用

蒙版，其实还有另外一个名字：遮片。顾名思义，蒙版，或遮片，基本作用在于遮挡。通过蒙版的遮挡，其目标对象（在PS中就是图层）的某一部分被隐藏，另一部分被显示，以此实现不同图层之间的混合，达到图像合成的目的。

2. 蒙版的类型（三大类）

（1）图层类蒙版　图层类蒙版实质上就是一个图层。作为蒙版的图层根据本身的不透明度控制其他图层的显隐。从广义的角度来讲，任何一个图层都可以视为它下面所有图层的蒙版，该图层的不透明度将直接影响其下面图层的显隐。只不过在PS中并没有将这种情形以“蒙版”冠名，其实也没有必要，否则，PS中的“蒙版”必然泛滥成灾。

（2）通道类蒙版　通道类蒙版，简单地说就是一个通道，准确地说，就是通道中的灰度图。这幅灰度图不能独立存在，必须依附于通道载体。图层蒙版是通道类蒙版的典型应用，其目的在于控制某一图层的显隐。

（3）路径类蒙版　路径类蒙版，实质上就是一条路径。矢量蒙版是该类蒙版唯一的应用。矢量蒙版，是用路径来控制目标图层的显隐的。当我们为某一图层增加矢量蒙版后，在相应图层的后面也会增加一个矢量蒙版标识符，但这并不是矢量蒙版本身，要想查看真正的矢量蒙版，需在路径调板中看。

拓展训练

通过学习为丝巾图像更换背景，我们已经能比较熟练地用蒙版来进行抠图了，接下来我们来为背包图像更换背景。素材存放在“项目5\任务6\素材”中。效果如图5-99所示。

制作要求：

（1）将图像用蒙版抠出。

（2）将抠出的图像移至背景图像上。

（3）调整图像的大小和角度至恰当位置。

（4）保存文件，文件名为：“背包蒙版抠图”。

图5-99　拓展训练效果图

任务评价

考核项目	考核标准	分值	自评分	小组评分	综合得分
添加蒙板	将图像更改为普通图层	10			
	为图层添加蒙版	10			
设置前景色背景色	将前景色设置为黑色	10			
	将背景色设置为白色	10			
画笔工具	调整画笔直径	10			
	调整画笔硬度	10			
	画笔路径平滑	10			
载入选区	将图像载入选区	10			
移动图像	将图像移动至背景图层上	10			
	调整图像的大小及角度	10			
总分		100			
努力方向：		建议：			

任务7 图像批处理操作

任务目标

通过本任务的学习，你将学会如下操作方法：

1. 使用动作控制面板
2. 修改图像大小
3. 修改画布大小
4. 使用文字工具
5. 运行批处理命令

任务情境

每次拍照狂按快门的结果就是得到海量的数码照片，想传上网，最起码也要做一些尺寸方面的处理，这么多照片，真的要一张一张处理吗？下面学习Photoshop中批处理操作，就能轻松地为上百张图片更改尺寸、添加边框。

任务解析

“批处理”命令可以将指定的动作应用于所有的目标文件。通过批处理完成大量相同的、重复性的操作可以节省时间，提高工作效率，并实现图像处理的自动化。本次任务是将很多张照片用“批处理”命令轻松更改为同一尺寸并添加边框。

实践操作

将准备好的照片导入计算机，本任务中使用的图片素材为“项目5\任务7\素材\处理前照片”。

训练1　前期准备

将要处理的图像放在“处理前照片”文件夹里，再新建一个名为“处理后照片”的文件夹，用来存放我们处理后的图片文件，这样就不会改变原始文件，如图5-100所示。

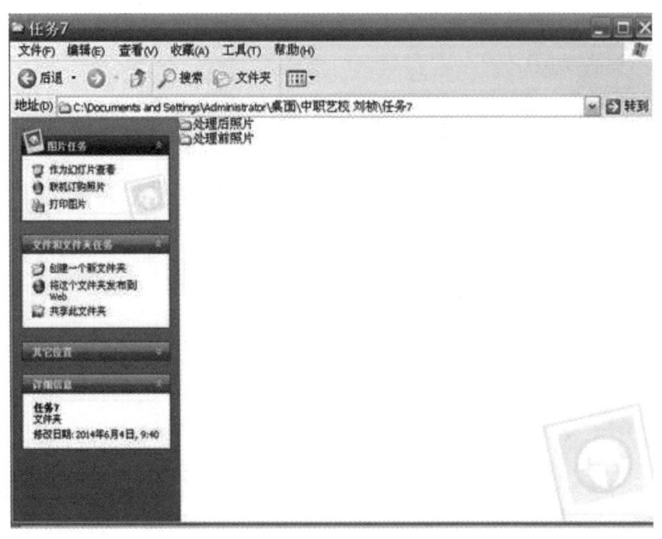

图5-100　新建文件夹

训练2　批量处理设置

步骤1：打开要处理的图片文件，然后选择“窗口”→“动作”选项，如图5-101所示。

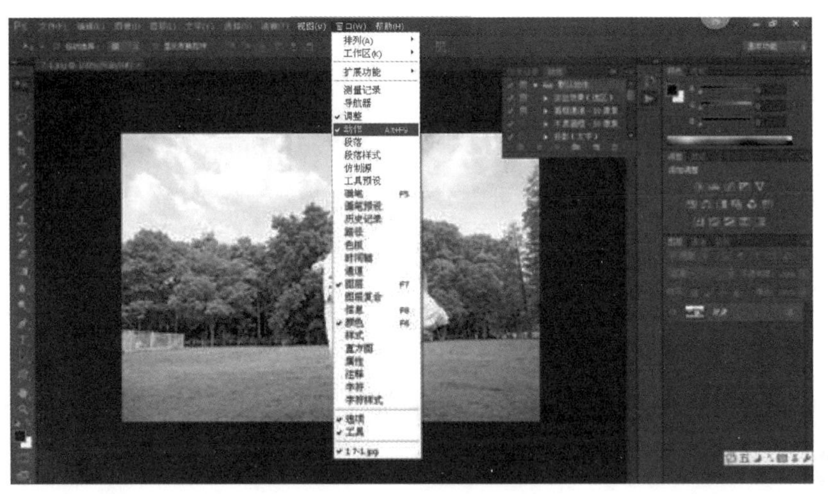

图5-101　打开控制面板

步骤2：单击“动作”面板右边的下拉按钮，在下拉列表中选择“新建动作”命令，如图5-102所示。

步骤3：在“新建动作”面板里为你的动作设置名称和快捷键。本例中动作名称为“边框”，然后单击“记录”按钮，“动作”面板下边的“开始记录”圆形按钮将变成红色按下状态，PS将记录下你的每个动作设置，如图5-103和图5-104所示。

图5-102 新建动作

图5-103 设置动作名称

图5-104 开始记录

训练3 修改图片

步骤1：调整图片大小。右击图片标题栏，选择“图像大小”命令，在“图像大小”设置面板中将图片宽度设为500像素，图片高度会按比例自动缩小，如图5-105所示。

图5-105　调整图像大小

步骤2：通过增加画布宽度为画面添加边框。将“工具”面板中的背景色设为白色，右击图片标题栏，选择“画布大小”命令，在“画布大小”设置面板中将图片宽度和高度各增加1厘米。单击“确定”按钮，图片四周将增加一个宽度为1厘米的白边，如图5-106和图5-107所示。

图5-106　调整画布大小

图5-107　边框效果

训练4　添加签名

利用“文字工具” T 为图片添加签名，如图5-108所示。

图5-108　添加签名

训练5　保存图片

步骤1：打开“文件”菜单，选择“存储为”命令，在“存储为”面板中将图片格式设为jpg格式，图片保存路径为“处理后照片”，然后关闭图像，如图5-109所示。

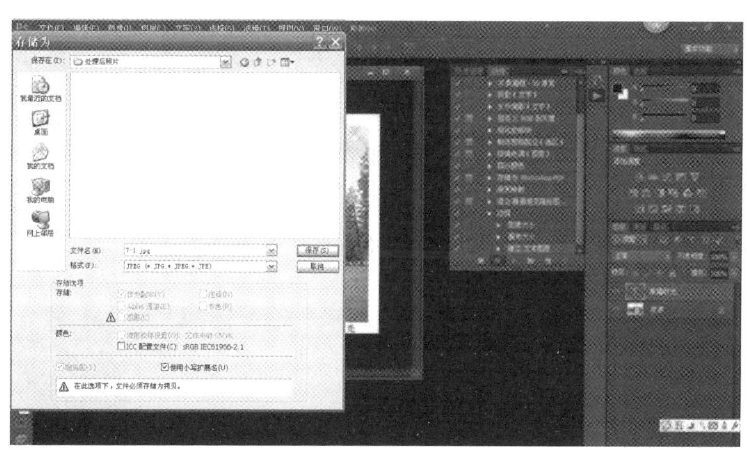

图5-109　保存图片

步骤2：停止记录：单击“动作”面板下面的方形“停止播放/记录”按钮，结束动作记录，如图5-110所示。

训练6　运行批处理

步骤1：选择“文件/自动/批处理”，弹出“批处理”对话框，按照图示更改处理路径。然后单击“确定”按钮，如图5-111和图5-112所示。

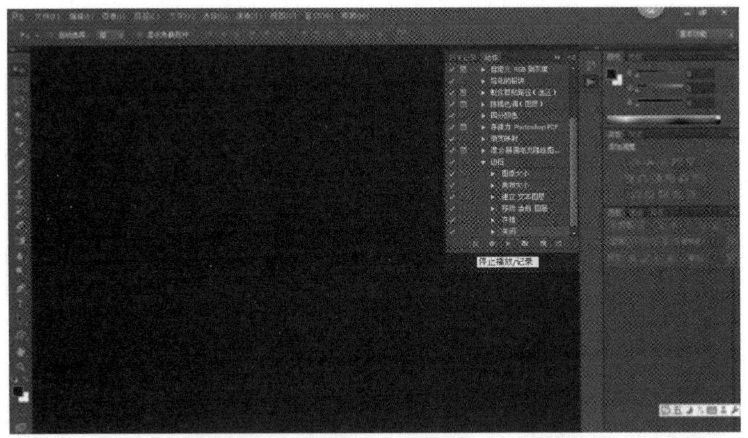

图5-110　停止记录

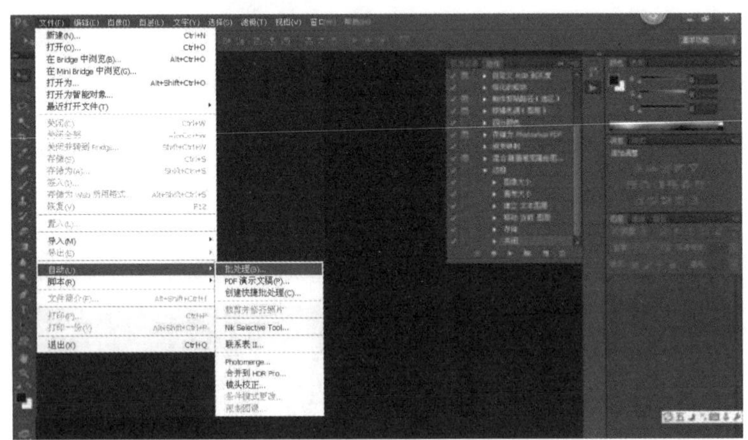

图5-111　打开“批处理”对话框

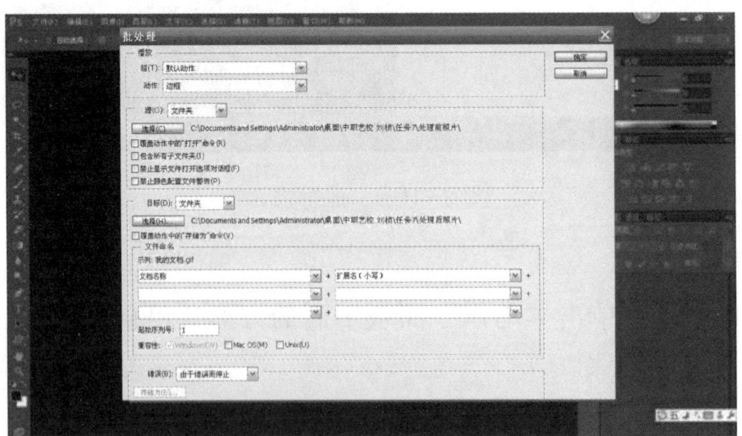

图5-112　更改路径

步骤2：可在"处理后照片"文件夹里看到处理后的照片，如图5-113所示。

图5-113　处理后的照片

知识链接

在进行批处理前，首先应该在"动作"控制面板中录制好动作，然后执行"文件"→"自动"→"批处理"命令，弹出"批处理"对话框。在对话框中选择执行的动作组和动作，指定需要进行批处理的文件所在的文件夹，以及处理后文件的保存位置，接下来便可以进行批处理操作了。若批处理的文件较为分散，则最好在处理前将它们保存在一个文件夹中。

小提示

进行批处理的照片最好选用格式、尺寸相同的照片。

拓展训练

通过学习"批处理"命令，我们已经能比较熟练地将多张照片快速修改尺寸、添加边框、添加文字。接下来我们可以用数码相机记录下美丽的风景，并给这些图像进行"批处理"操作。

制作要求：

（1）用数码相机至少拍摄10张照片。

（2）将所有照片尺寸调整为500像素宽。

（3）为所有照片添加边框。

（4）为所有照片添加文字。

（5）将所有照片用“批处理”命令操作。

任务评价

考核项目	考核标准	分值	自评分	小组评分	综合得分
调整图片	调整图片尺寸	10			
	调整画布大小	10			
	为图片添加文字	10			
新建动作	会新建动作	10			
	会录制动作	20			
运行批处理	会打开批处理对话框	20			
	会设置批处理路径参数	20			
总分		100			
努力方向：		建议：			

项目6
网页制作Dreamweaver CS5

项目概述

随着计算机网络的普及和应用，越来越多的公司和企业都认识到网络媒体巨大的宣传多用，许多公司、企业都拥有自己的网站，有的是为了介绍公司情况和宣传公司形象，有的甚至可以通过网站实现公司的各种业务。作为办公人员，应该对网页知识有一定的了解，知道简单的网页制作方法和流程，会进行一般的网页编辑和处理，提高自身的信息素养。

项目分解

任务1　初识Dreamweaver CS5

任务2　站点的建立与文档操作

任务3　使用表格布局网页

任务4　插入文字、图像、动画等网页元素

任务5　创建超链接和制作滚动文字

任务1 初识Dreamweaver CS5

任务目标

通过本任务的学习，你将学会如下内容:

1. Dreamweaver CS5的启动与退出
2. 创建简单网页文档
3. Dreamweaver CS5三种视图模式的切换
4. Dreamweaver CS5的界面介绍
5. 网页与网站的相关理论知识

任务情境

为了对公司进行全方位的宣传，公司打算制作一个网站并发布到Internet上。为了做好公司网站，办公室王秘书需要了解并熟悉网页制作相关的一些知识，为公司网站建设做好准备。

任务解析

Dreamweaver CS5是一款专业的网页制作软件，它功能强大，易于掌握，初学者也能很快上手制作出漂亮的网页。本任务将引导大家熟悉Dreamweaver CS5的界面，启动与退出等基本操作。同时还将了解网页制作相关的一些理论知识。

实践操作

训练1 Dreamweaver CS5的启动

Dreamweaver CS5安装完毕后，会自动在“开始”按钮的“程序”菜单中添加启动项，同时也会在桌面上创建Dreamweaver CS5快捷方式图标。

步骤1：双击桌面中Dreamweaver CS5的快捷方式图标，启动Dreamweaver CS5。首次启动Dreamweaver CS5时，会弹出一个“默认编辑器”对话框，可以对文件所使用的默认编辑器进行分类指派，也就是确认把Dreamweaver作为哪一部分特定类型文件的默认编辑器，如图6-1所示。

步骤2： 单击“确定”按钮，将进入Dreamweaver CS5的起始页，如图6-2所示。在起始页中可以打开最近使用过的文档或创建新文档。

> 小提示
>
> 还可通过选择“开始”菜单程序中的相应启动项来启动Dreamweaver CS5。

步骤3： 在Dreamweaver CS5的起始页中单击“新建HTML”，将创建一个默认文件名为“Untitled-1”的空白网页文档，此时呈现的是Dreamweaver CS5的工作界面，如图6-3所示。

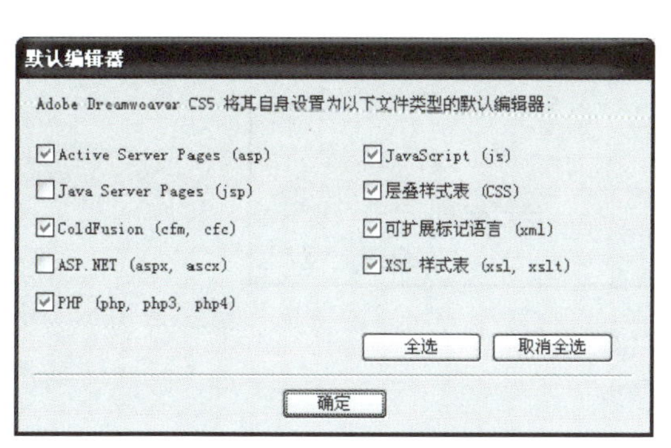

图6-1 “默认编辑器”对话框

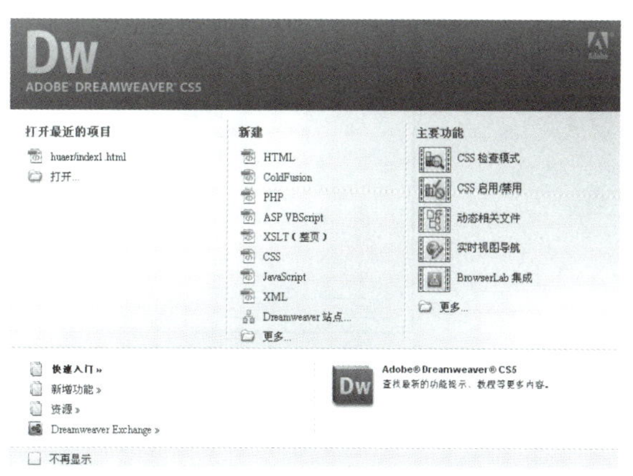

图6-2 Dreamweaver CS5起始页

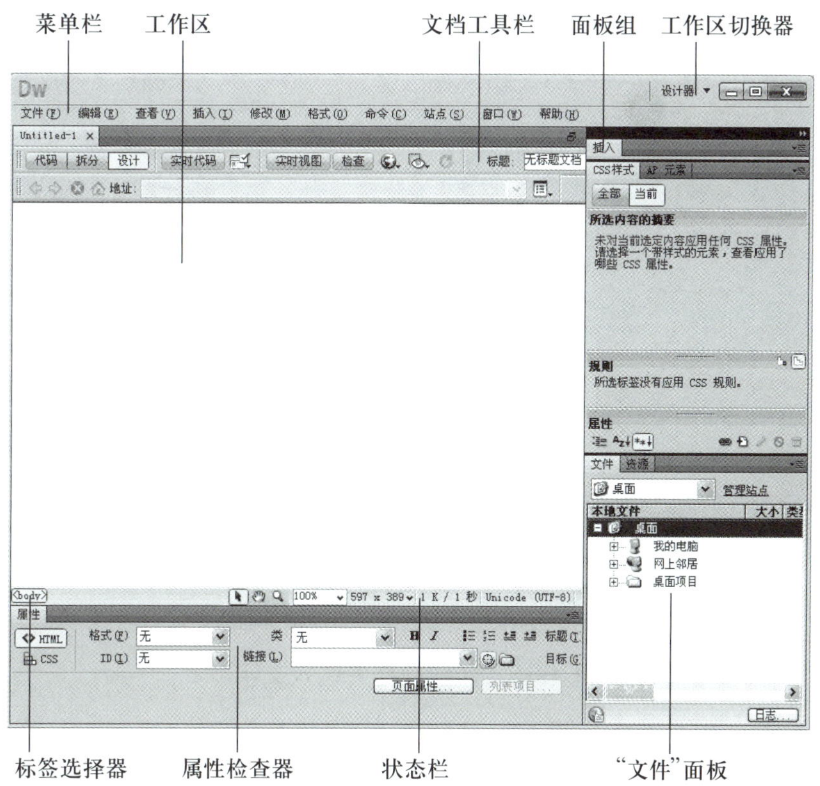

图6-3 Dreamweaver CS5的工作界面

训练2　创建网页文档

步骤1：选择菜单命令“文件”→“新建”，或按快捷键“Ctrl+N”，在弹出的“新建文档”对话框中依次选择“空白页/HTML/〈无〉”，如图6-4所示。

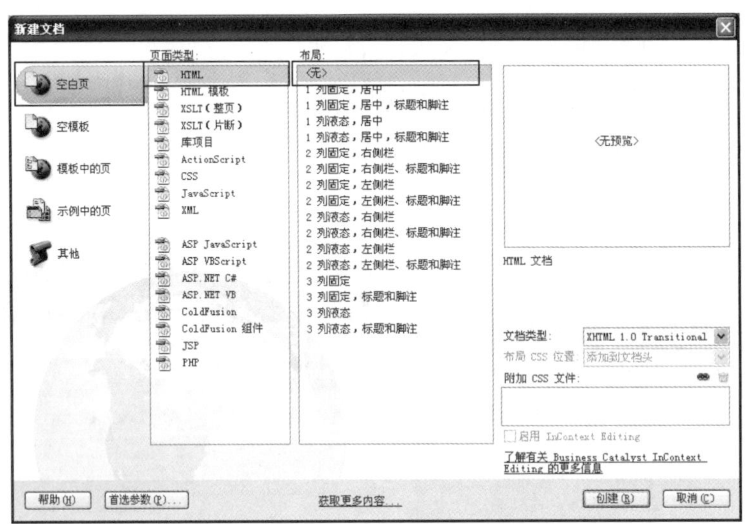

图6-4　新建HTML文档

步骤2：单击“创建”按钮，将创建一个默认文件名为“Untitled-1”的空白网页文档。将光标定位在工作区中，输入文字“您好！欢迎访问华尔文化官方网站！”，如图6-5所示。

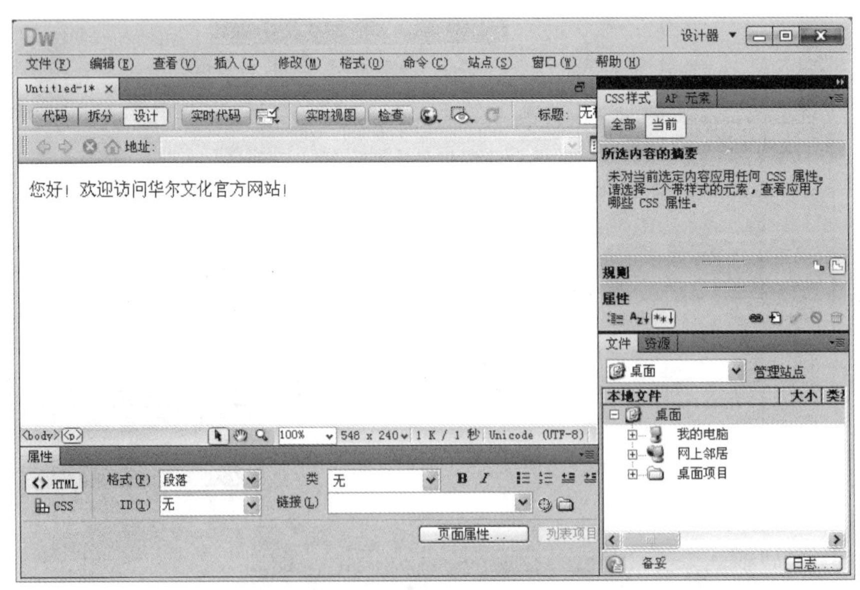

图6-5　新建文档并输入文字

步骤3：按回车键另起一行，选择菜单命令“插入”→“图像”，在弹出“选择图像源文件”对话框中选择“logo.png”图像，如图6-6所示。

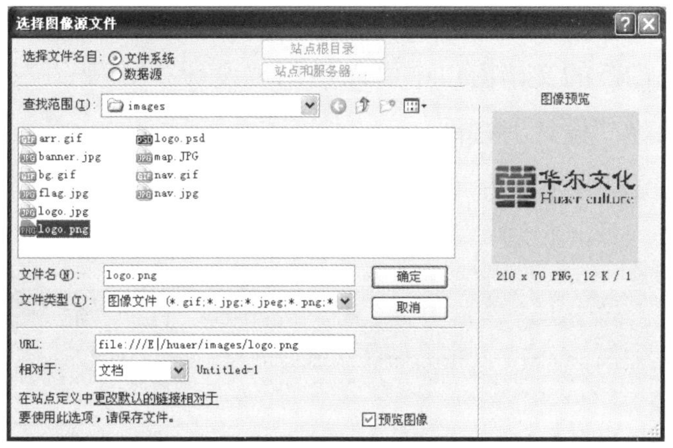

图6-6　选择图像源文件

步骤4：单击“确定”按钮，弹出保存路径的提示，如图6-7所示。

步骤5：单击“确定”按钮，弹出“图像标签辅助功能属性”对话框，如图6-8所示。

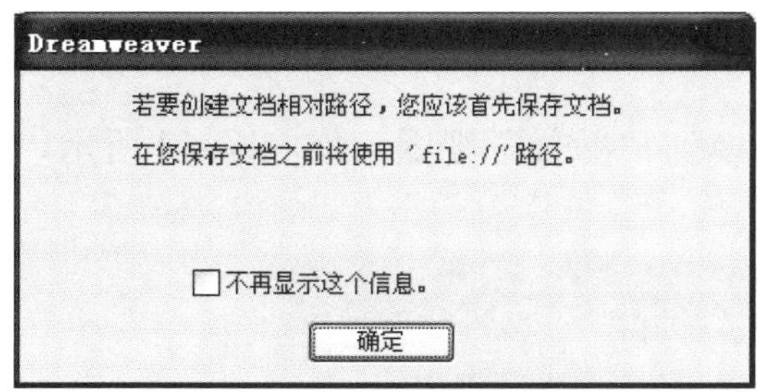

图6-7　保存路径的提示

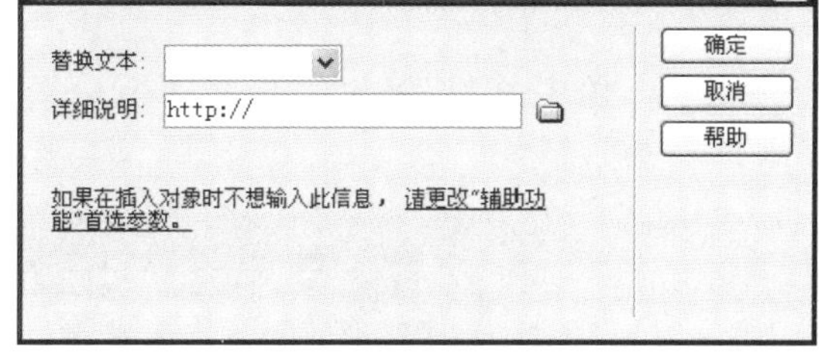

图6-8　“图像标签辅助功能属性”对话框

步骤6：单击“确定”按钮，图像“logo.png”即已插入网页中，如图6-9所示。

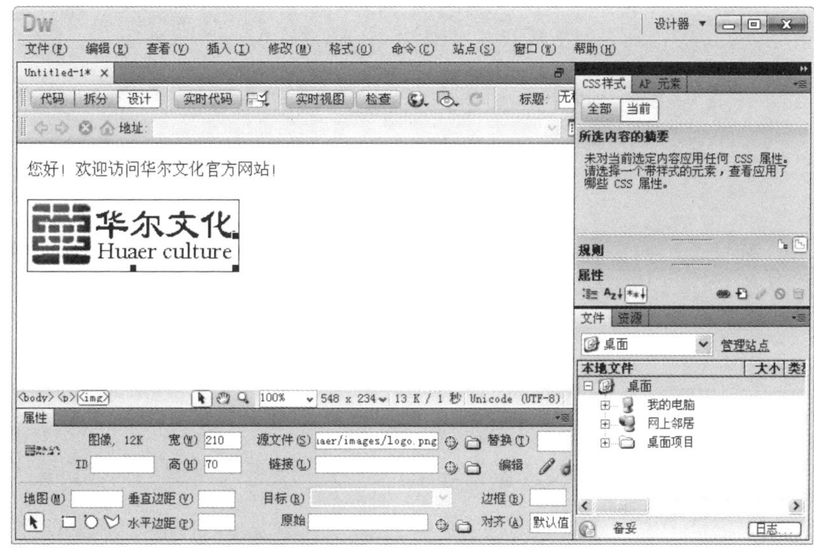

图6-9　插入“logo.png”图像

训练3　Dreamweaver CS5三种视图模式的切换

在Dreamweaver CS5的文档窗口中可以使用“设计”“代码”“拆分”三种视图方式查看当前文档，默认为“设计”视图。

步骤1：单击文档窗口左上方“代码”，切换到“代码”视图，如图6-10所示。

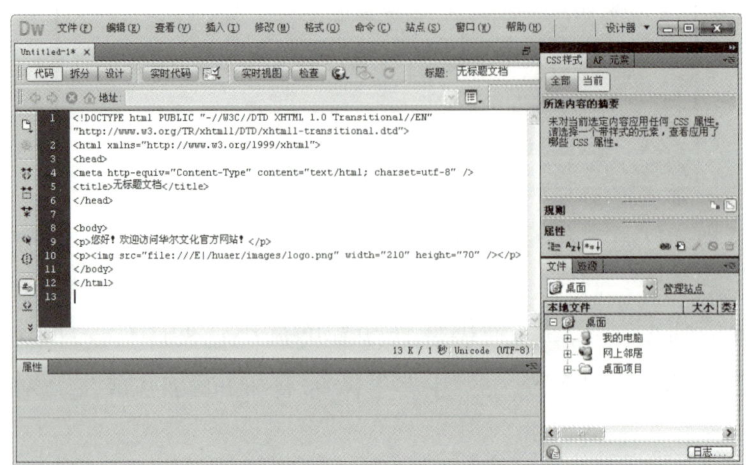

图6-10　“代码”视图

步骤2：单击文档窗口左上方“拆分”，切换到“拆分”视图，如图6-11所示。

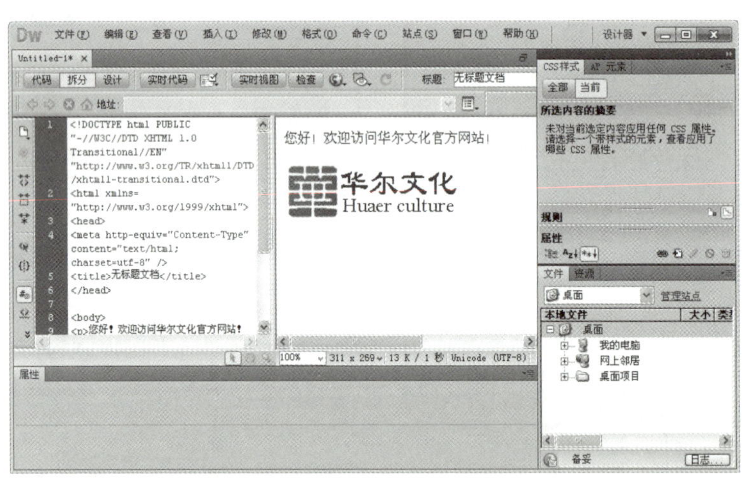

图6-11　“拆分”视图

步骤3：单击文档窗口左上方“设计”，切换到“设计”视图，如前图6-9所示。

小提示

制作网页时可根据需要在三种视图方式间进行切换。“设计”视图用于可视化页面布局、可视化编辑和快速应用程序开发的设计环境，可以“所见即所得”地设计网页；“代码”视图提供了编写和编辑HTML、JavaScript、服务器语言代码以及任何其他类型代码的手工编码环境。“拆分”视图则介于两者之间。

训练4 Dreamweaver CS5的退出

步骤：单击Dreamweaver CS5窗口右上角的“关闭”按钮，可以退出Dreamweaver CS5。

小提示

还可以采用以下几种方法退出Dreamweaver CS5：

1. 选择菜单命令“文件”→“退出”。
2. 双击Dreamweaver CS5窗口左上角的控制按钮。
3. 按快捷键Ctrl+Q。
4. 按快捷键Alt+F4。

知识链接

一、网页、网站与HTML

网页是万维网中的基本单位，它是用HTML语言或其他语言（如JavaScript、VBScript、JSP、ASP等）编写的。网页把各种媒体（如文本、图像、声音等）信息以超级链接（Hyper link）的形式组织起来，经过浏览器处理后展现给用户。

网页中的信息丰富多彩，主要有文本、图形图像、声音、动画、影片等。这些对象之间以超级链接的形式连接起来，通过链接可以在各对象之间随意跳转，这样就大大方便了用户的浏览。

网站是网上的一个站点，一个网站是由许多网页构成的。网站像一本书，由许多网页组成，书的封面，即用户进入网站最先看到的页面，就是该网站的主页（Homepage）或称首页，主页包含了网站中所有页面内容的链接，以保证用户能够方便地浏览该网站的所有内容。

HTML（Hyper Text Marked Language，超文本标记语言）是一种用来制作超文本文件的简单标记语言，是目前网页设计中使用的最基本的标记语言。用HTML编写的文件叫HTML文件，是由文本内容和各种标记组成的文档，任何文本编辑器都可以编辑它。HTML文件必须通过浏览器显示效果。

二、Dreamweaver CS5简介

Adobe Dreamweaver CS5是一款集网页制作和管理网站于一身的所见即所得网页编辑器，是第一套针对专业网页设计师特别发展的视觉化网页开发工具，利用它可以轻而易举地制作出跨越平台限制和跨越浏览器限制的充满动感的网页。

Dreamweaver原本是由著名的软件公司Macromedia开发的，Macromedia的著名产品还有矢量动画制作软件Flash、网页图像处理软件Fireworks等。2006年全球最大的图像编辑软件供应商Adobe收购了Macromedia公司，自此开始，Dreamweaver开始属于Adobe设计软件系列。2007年Adobe发布了Dreamweaver CS3，2008年发布Dreamweaver CS4，到了2010年，Adobe推出了全新的Dreamweaver CS5。

三、Dreamweaver CS5的工作界面

Dreamweaver CS5的标准工作界面如前图6-3所示。包括：标题栏、菜单栏、插入栏、文档工具栏、文档窗口、状态栏、属性面板和面板组。

1. 菜单栏

菜单栏中包含了Dreamweaver CS5的所有功能，共有“文件”“编辑”“查看”“插入”等十个菜单。

2. 文档工具栏

文档工具栏中显示的是已经打开的各个文档的图标，单击各图标可以在不同文档间进行切换。

3. 文档窗口

文档窗口是网页文档的编辑区，它用于显示当前正在编辑的网页文档。设计者可以在文档区域中进行各种编辑操作。

4. 标签选择器

标签选择器用于快速选择网页中的各种标签，在网页布局时非常有用。

5. 属性检查器

网页设计中的每个对象都有自己的属性，例如，文字有字体、字号、对齐方式等属性，图像有大小、链接、替换文字等属性。属性检查器的设置项目会根据对象的不同而变化。

6. 状态栏

状态栏中显示与正在编辑的文档有关的其他信息。

7. 面板组

为了方便用户的编辑工作，Dreamweaver CS5组合了各种具备各种功能的面板供用户选择使用，每个面板组都可以展开或折叠，可以和其他面板组停靠在一起或取消停靠，所以也称为浮动面板。

8. “文件”面板

“文件”面板是很常用的面板，利用它可以管理站点的文件和文件夹。通过“文件”面板还可以访问本地磁盘上的全部文件。

拓展训练

在认识了Dreamweaver CS5后，我们已经会创建简单的网页了，下面我们就来制作一个公司简介的网页吧，如图6-12所示。

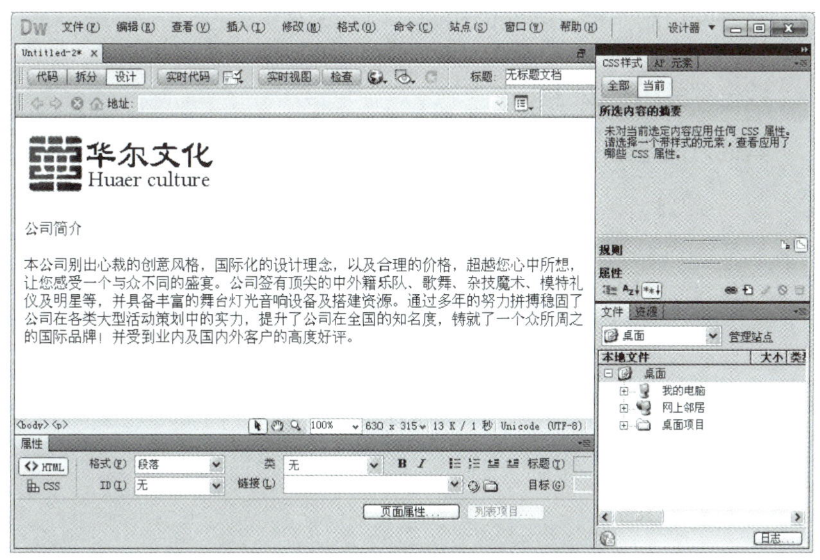

图6-12 制作“公司简介”网页文档

制作要求：

（1）新建一个空白网页文档。

（2）插入“logo.png”图像。

（3）换行并输入公司简介文字信息。

任务评价

考核项目	考核标准	分值	自评分	小组评分	综合得分
Dreamweaver CS5的启动	双击桌面图标的方法	5			
	选择“开始”菜单中的启动项	5			
创建网页文档	新建HTML文档	5			
文本输入	光标定位的使用方法	10			
	文本和标点符号的输入	10			
	换行	5			
图片插入	插入图片的方法	15			
三种视图方式的切换	切换至“设计”视图	5			
	切换至“代码”视图	5			
	切换至“拆分”视图	5			
Dreamweaver CS5的界面	熟悉Dreamweaver CS5的界面	10			
网页制作相关理论知识	了解网页制作相关的理论知识	10			
Dreamweaver CS5的退出	双击“关闭”按钮退出	5			
	其他方法退出	5			
总分		100			
努力方向：		建议：			

任务2 站点的建立与文档的操作

任务目标

通过本任务的学习，你将学会如下内容：

1. 站点的概念
2. Dreamweaver CS5创建站点的方法
3. 网页文档的基本操作

任务情境

公司聘请了专业的网页设计师来给公司设计制作公司网站，要求办公室王秘书配合设计师做好网站的建站工作。设计师告诉王秘书，制作网站要先进行前期的准备工作，首先就是要建立和管理站点。

任务解析

一个完整的网站一般是由一组具有相关主题、类似设计的网页文件和资源组成的，这些网页文件以及资源通常都需要保存在同一个文件夹下，构成一个完整的Web站点，这个文件夹就是该站点的根目录。

在创建了站点，准备好网站需要的各种素材后，就可以开始制作网页了，通常从网站的首页（也称主页）开始制作。新建网页后要对网页进行一些基本的设置，如文本的字体、字号、颜色等样式设置，页边距的设置，背景的设置等。此外还需要添加网页的标题以及保存网页。

实践操作

训练1　定义本地站点

步骤1： 创建本地站点文件夹，在E盘创建文件夹huaer（华尔），在文件夹内新建images文件夹来存放图像素材，新建others文件夹来存放其他网站素材，如图6-13所示。

图6-13　创建本地站点文件夹

步骤2： 导入网站素材，将网站需要用到的所有图片素材复制到“images”文件夹内，将Flash动画素材“banner.swf”复制到“others”文件夹内。

训练2　新建站点

步骤1：启动Dreamweaver CS5软件。

步骤2：选择菜单命令“站点”→“新建站点”，如图6-14所示。

图6-14　新建站点

训练3　站点设置

步骤1：打开站点定义对话框，单击“站点”选项卡，在“您可以在此处为Dreamweaver CS5站点选择本地文件夹和名称”的文本框中输入站点的名称为“华尔文化”，设置“本地站点文件夹”为步骤1中创建的“huaer”文件夹，如图6-15所示。

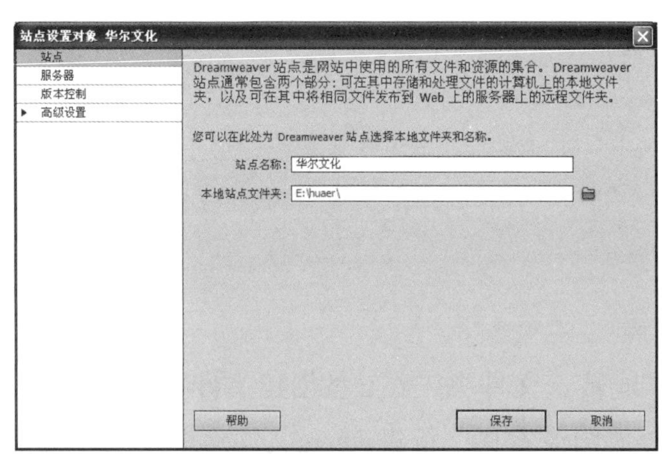

图6-15　“站点”选项卡

步骤2：单击“高级设置”选项卡，弹出高级选项卡的下拉选项卡。在本地信息选项卡的“默认图片文件夹”中选择设置站点默认的图片文件夹为“E: \huaer\images”。选中链接相对于“文档”。剩余选项卡没有特别要求一律采用默认设置，不做更改，如图6-16所示。

步骤3：单击“保存”按钮，Dreamweaver CS5将创建初始站点缓存，站点创建完成，在文件面板中可以查看，如图6-17所示。若文件面板没有显示，则可通过“窗口”→“文件”命令或者直接按F8键即可打开文件面板。

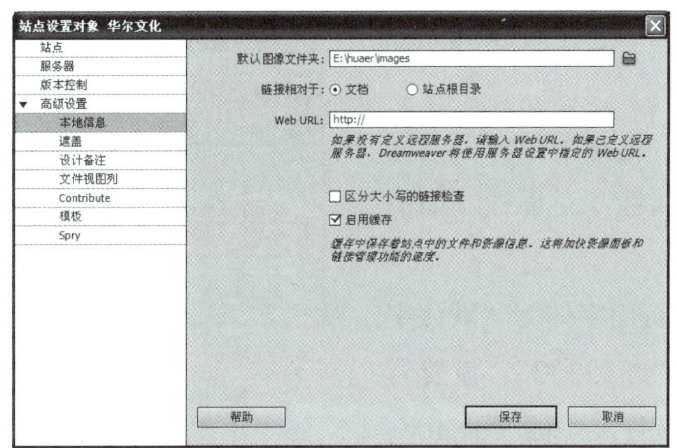

图6-16 “高级设置”选项卡

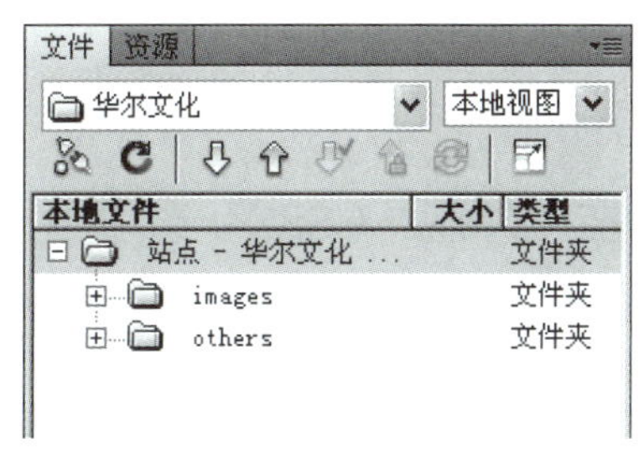

图6-17 “华尔文化”本地站点

训练4 网页文档的基本操作

步骤1： 创建网页文档，选择菜单命令“文件”→“新建”，在弹出的“新建文档”对话框中依次选择“空白页/HTML/〈无〉”，创建一个空白网页文档。

步骤2： 保存网页，选择菜单命令“文件”→“保存”，弹出“另存为”对话框，在“文件名”文本框中输入文件名为“index.html”，如图6-18所示。

图6-18 “另存为”对话框

小提示

首次保存文档将弹出“另存为”对话框，后面再次保存则直接将修改后的内容保存到该文档中。Dreamweaver CS5的“保存”、“另存为”的原理和Word是一致的。

网页的文件名最好不要使用中文，一般采用英文字母或数字的组合。网站首页文件名一般保存为“index.html”。

保存后，可以在“文件”面板中看到新建的index.html文档，如图6-19所示。

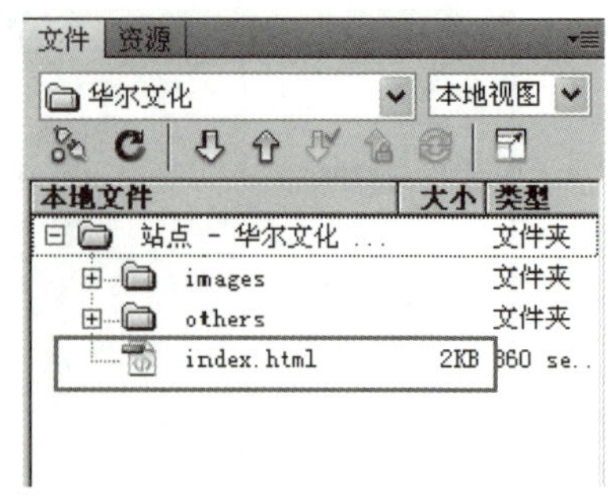

图6-19 保存后的文档显示在“文件”面板中

步骤3：设置网页的页面属性，选择菜单命令“修改”→“页面属性”，弹出“页面属性”对话框，如图6-20所示。

在“外观（CSS）”选项中设置页面字体为“默认字体”，大小为“9 pt”，文本颜色为“#333333”，设置背景图像为站点根目录中“images”文件夹中的“bg.gif”，重复为“repeat-x”，设置上边距和下边距为0 px，如图6-21所示。

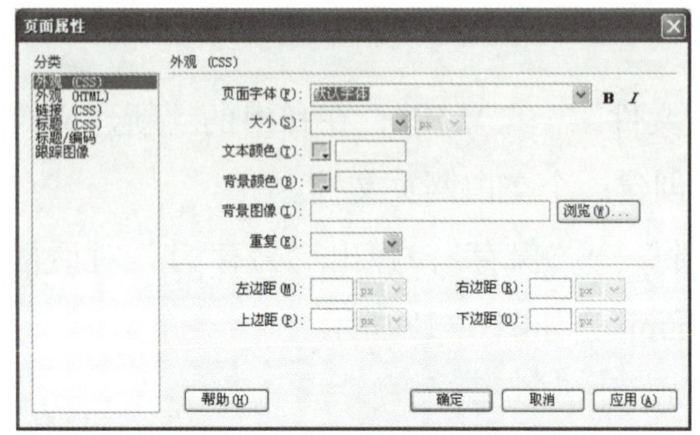

图6-20 “页面属性”对话框

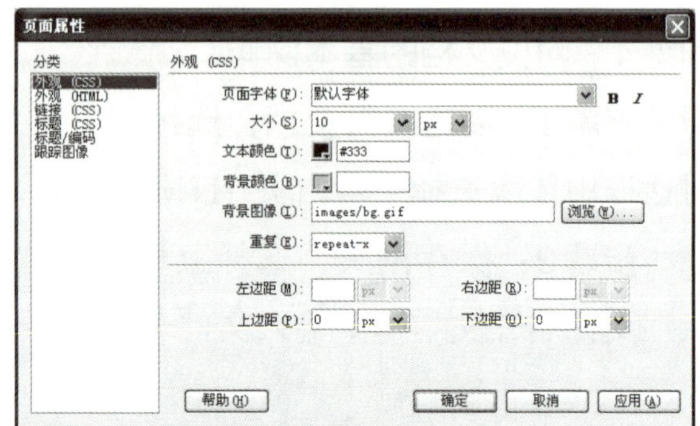

图6-21 设置页面属性

单击“确定”按钮应用页面设置，按“Ctrl+S”保存设置。

步骤4：添加网页标题，在Dreamweaver文档工具栏的“标题”文本框中输入网页标题“华尔文化－首页”，按“Ctrl+S”保存设置，如图6-22所示。

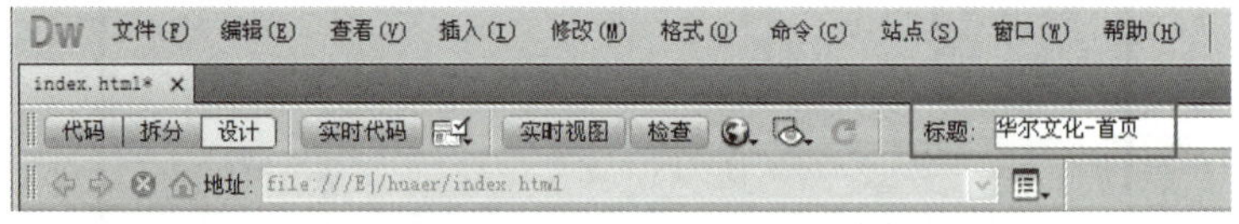

图6-22 添加网页标题

知识链接

一、站点的概念

站点可以简单地理解为存放站内信息的文件夹，是一组网页文档的集合。一个完整的网站一般是由一组具有相关主题、类似设计的网页文件和资源组成的，这些网页文件以及资源通常都需要保存在同一个文件夹下，构成一个完整的Web站点，这个文件夹就是该站点的根目录。设计者通过各种链接把这些网页联系在一起，浏览者通过不同的链接，可以从一个网页到另一个网页，从而实现对整个网站的访问。网页制作的第一步不是制作一个网页，而是创建一个新的站点。

二、网站素材的管理

网页中需要用到各种素材，比如图片素材、动画素材、视频素材等，这些素材必须存放在本地站点文件夹内，分门别类地整理好，在需要时直接插入到网页当中。小型网站素材不多，一般设有图像文件夹（命名为images），动画、视频文件夹（可以命名为others）。大型网站由于素材内容大，可根据内容分工在本地站点文件夹内设置下级子文件夹以加强对网站中各种素材的管理。

三、字体设置

在图6-21的“页面属性”对话框中，“页面字体”设置为“默认字体”，如果想设置为其他字体，可以单击后面的下拉按钮，在下拉列表中选择，如图6-23所示。

可以看到可供选择的中文字体很少，几乎都是英文字体。如果想选择其他中文字体，可以选择最后一项“编辑字体列表”，将弹出“编辑字体列表”对话框，如图6-24所示。

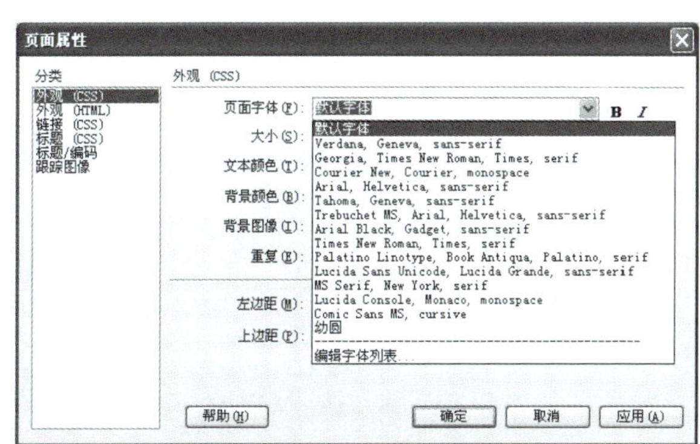

图6-23　选择页面字体

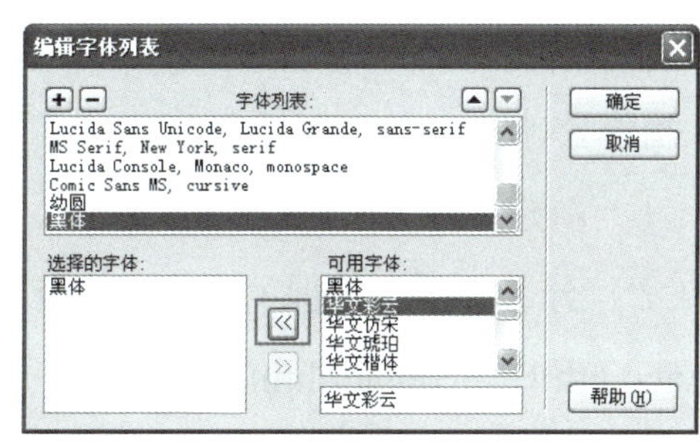

图6-24　编辑字体列表

在“可用字体”用选择需要添加的字体，单击“<<”按钮将字体添加至“选择的字体”中即可。

四、字体大小单位

在设置字体大小时可选择的单位有很多，如图6-25所示。

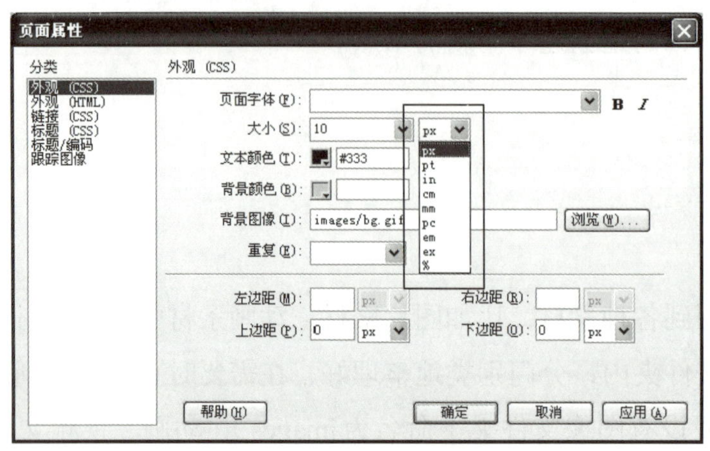

图6-25　字体大小的单位

常用的字体大小单位是“px”和“pt”。pt（点数）是个绝对单位，1 pt=1/72英寸，主要是用来定义印刷的字体大小。px（像素）是个相对单位，与屏幕分辨率有关，建议使用px作为字体大小的单位。一般情况下网页的正文使用中文宋体12 px或14 px的字号。

拓展训练

在创建了网站首页文档后，还需要新建其他分页面文档，下面完成网站分页文档的创建，创建后的文件如图6-26所示。

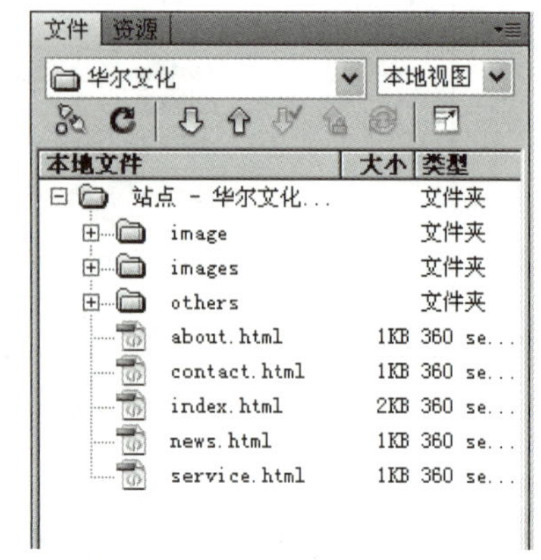

图6-26　创建网站分页面文档

制作要求：

（1）新建四个空白网页文档。

（2）分别将网页保存为“about.html”“news.html”“service.html”“contact.html”。

（3）设置各页面的属性（和首页的设置一致）。

（4）输入各页的标题分别为“华尔文化－公司简介”“华尔文化－新闻中心”“华尔文化－服务项目”“华尔文化－联系我们”。

任务评价

考核项目	考核标准	分值	自评分	小组评分	综合得分
创建本地站点文件夹	新建文件夹并正确命名	10			
导入网站素材	将网站素材保存到相应文件夹中	10			
创建站点	创建新站点，设置站点名称和本地站点文件夹	20			
创建网页文档	新建网站文档	15			
保存网页	保存网页文档	10			
设置页面属性	设置网页的页面属性	25			
添加网页标题	添加网页标题信息	10			
总分		100			
努力方向：		建议：			

任务3 使用表格布局网页

任务目标

通过本任务的学习，你将学会如下操作方法：

1. 表格的创建
2. 表格的选定与属性设置
3. 使用表格布局网页

任务情境

办公室王秘书已经创建了网站的首页，下一步他打算将网页的内容添加到页面中去。可他在操作的时候出现问题了：不知道怎么样才能将内容合理地布局到页面中去，看来这跟在Word中排版操作很不一样！王秘书准备向设计师讨教一下。

任务解析

怎样将网页的文字、图片等内容合理地布局到网页中去？初学者一般采用表格进行网页布局，使用表格布局简单易学、易于操作，并且布局效果也很好。在进行表格布局时要学会选定表格及表格对象，通过设置表格及表格对象的属性来进行网页布局操作。

实践操作

训练1　创建表格

步骤1： 用Dreamweaver CS5打开素材资源包“项目6\任务3\素材\index.html文件”，选择菜单命令“插入”→“表格”，将打开“表格”对话框，在对话框中设置“行数”“列数”都为1，“表格宽度”为980像素，“边框粗细”“单元格边距”“单元格间距”都设为0，如图6-27所示。

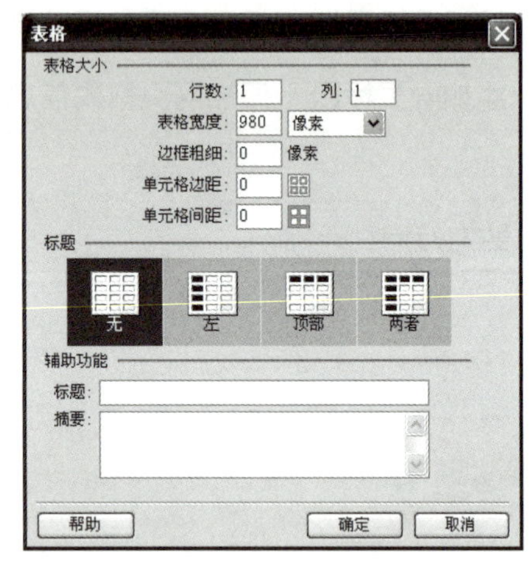

图6-27　“表格”对话框

步骤2： 单击“确定”按钮，就在网页中创建了一个1行1列、宽为980像素的表格，如图6-28所示。

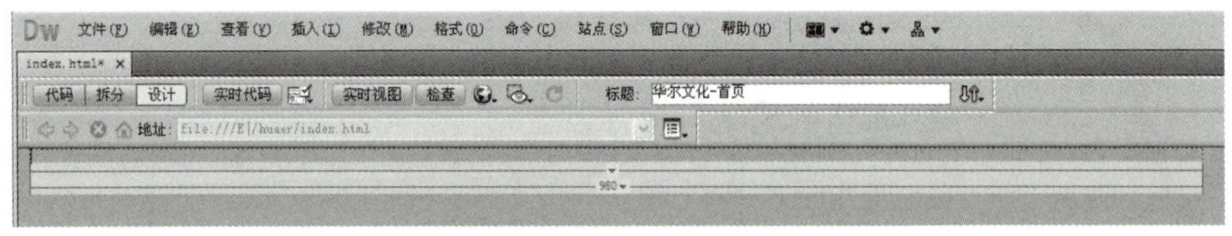

图6-28　新建表格

> **小提示**
>
> 表格用于网页布局时要将“边框粗细”、“单元格边距”、“单元格间距”都设为0，这样表格就不会显示边框，只是用于布局网页内容。

训练2　表格和单元格的选定与属性设置

步骤1： 将光标定位在表格内部，单击标签选择器中的<table>，在属性面板中设置“对齐”为“居中对齐”，如图6-29所示。

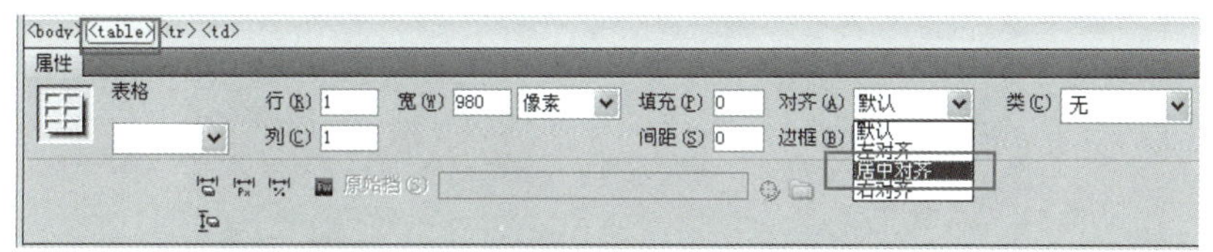

图6-29　选定并设置表格居中对齐

步骤2：将光标定位在表格内部，单击标签选择器中的<td>，在属性面板中设置“高”为100，“水平”为“左对齐”，如图6-30所示。

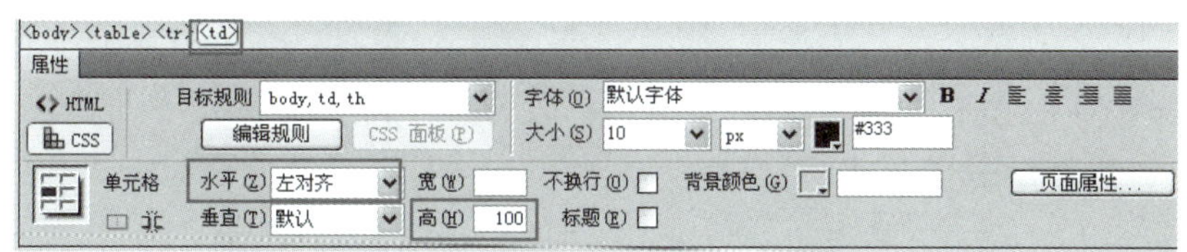

图6-30　选定并设置单元格高度

训练3　使用表格布局网站首页

根据功能划分可将首页分为五个区块：LOGO区、导航区、广告区、主体区和页脚版权区，其中LOGO区在训练1中已经完成，下面运用表格分别对其他区块进行布局。

步骤1：制作首页导航条的布局，将光标定位在前面创建的表格之后，选择菜单命令“插入”→“表格”，新建一个1行5列，宽为980像素，“边框粗细”“单元格边距”“单元格间距”都为0的表格，选定此表格并设置对齐方式为居中对齐。

步骤2：将光标定位在表格内部，单击标签选择器中的<tr>，在属性面板中设置“宽”为196，“高”为50。

步骤3：制作首页广告区的布局，将光标定位在导航条表格之后，选择菜单命令“插入”→“表格”，新建一个1行1列，宽为980像素，“边框粗细”“单元格边距”“单元格间距”都为0的表格，选定此表格并设置对齐方式为居中对齐。将光标定位在表格内部，点击标签选择器中的<td>，在属性面板中设置“高”为350。

步骤4：制作首页主体内容区的布局，将光标定位在广告区表格之后，选择菜单命令“插入”→“表格”，新建一个3行1列，宽为980像素，“边框粗细”“单元格边距”“单元格间距”都为0的表格，选定此表格并设置对齐方式为居中对齐。设置表格第一行高度为60，第二行高度为200，第三行高度为360。

步骤5：制作首页页脚版权区的布局，将光标定位在主体区表格之后，选择菜单命令“插入”→“表格”，新建一个3行1列，宽为980像素，“边框粗细”“单元格边距”“单元格间距”都为0的表格，选定此表格并设置对齐方式为居中对齐。使用标签选择器选定单元格并设置高度为100。至此整个首页各区块的布局已完成，如图6-31所示。

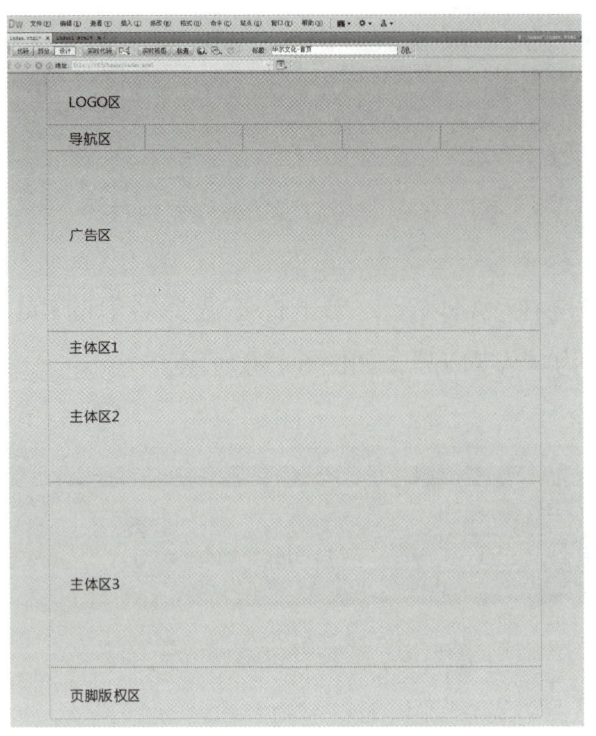

图6-31　首页的整体布局

知识链接

一、表格的应用

表格是一种常见的组织和处理数据的形式。它用行和列组成的格子来显示信息，简单明了，容易被人接受。实际上，在网页制作中表格还有更重要的作用，即用于网页布局，利用表格可以控制文本和图像等元素在页面中的位置。使用Dreamweaver CS5可以方便地在表格中输入数据，对表格进行编辑和修饰，实现表格的嵌套等操作。

二、表格的选定

表格元素有表格、行、列和单元格，对表格元素进行操作必须先选定，使用标签选择器可以轻松选定表格元素，在标签选择器中，表格为<table>，行为<tr>，单元格为<td>。标签选择器中没有列可选，选择列时使用鼠标直接拖选即可。

三、表格对象的属性设置

表格、单元格被选定后，可以在属性面板中设置其属性，如前图6-29和图6-30所示。选定行或列时的属性面板和选定单元格时的属性面板是一样的。

（1）表格的常用属性

● 行和列：表格的行数和列数，在创建表格时决定，也可以创建以后在属性面板中修改。

● 宽：表格的宽度。宽度的单位可以选择“像素”或“百分比”，“像素”是以像素（px）为单位，是一个绝对的值；“百分比”则是以表格占其所在框区宽度的百分比来设置表格的宽度，是一个相对的值。

● 填充：确定表格中单元格边框和单元格内容之间的距离，以像素为单位。

● 间距：确定表格中相邻的单元格之间的距离，以像素为单位。

● 边框：指定表格边框宽度的像素值。

（2）单元格的常用属性

● 水平：设置单元格中内容的水平对齐方式，有默认、左对齐、居中对齐、右对齐可选。

● 垂直：设置单元格中内容的垂直对齐方式，有默认、顶端、居中、底部、基线可选。

● 宽：设置单元格的宽度。

● 高：设置单元格的高度。

● 背景颜色：设置单元格的背景颜色。

（3）表格元素设置的优先级

表格元素在页面中呈现的效果取决于格式的设置。对表格和表格元素进行设置的效果按以下优先级顺序呈现：单元格→行或列→表格。

单元格属性设置的优先级别最高，行或列其次，表格属性设置级别最低。比如，将表格背景设为红色，而将表格内某一单元格背景设为蓝色，其最终效果为：该单元格背景蓝色，表格其余部分背景红色。

四、网页布局与网页尺寸

网页布局是网页设计的重要环节，要想设计出精美的网页必须掌握网页布局技术。将网页中的各种元素（如文字、图片等）按照一定的秩序进行合理的编排和布局，使它们组成一个有机的整体，这就是网页布局。

显示器的分辨率，是指计算机屏幕的水平和垂直方向上各有多少像素点，如分辨率是800像素×600像素的屏幕，表示在水平方向上有800个像素点，而在垂直方向上有600个像素点。显示器的分辨率范围取决于显示器和显卡的性能。

网页浏览者使用什么样的分辨率浏览，作为设计者要考虑这个问题。同样的网页在不同分辨率的显示屏中尺寸是不一样的，分辨率越高，网页中各元素的显示尺寸就越小，一屏内能看到的网页内容就越多。如果网页的尺寸超过了显示屏的尺寸，浏览器就会出现滚动条，让浏览者通过滚动条来浏览超出部分的内容。

通常浏览者习惯使用纵向滚动条上下拖动网页，但不能忍受使用横向滚动条左右拖动网页。因此在设计中要尽量控制好网页的横向尺寸，纵向尺寸则一般由网页内容的多少决定。

拓展训练

在完成了网站首页的布局后，还需要进行网站各分页的布局操作。下面我们就一起来制作公司简介页面的布局。最终布局效果如图6-32所示。

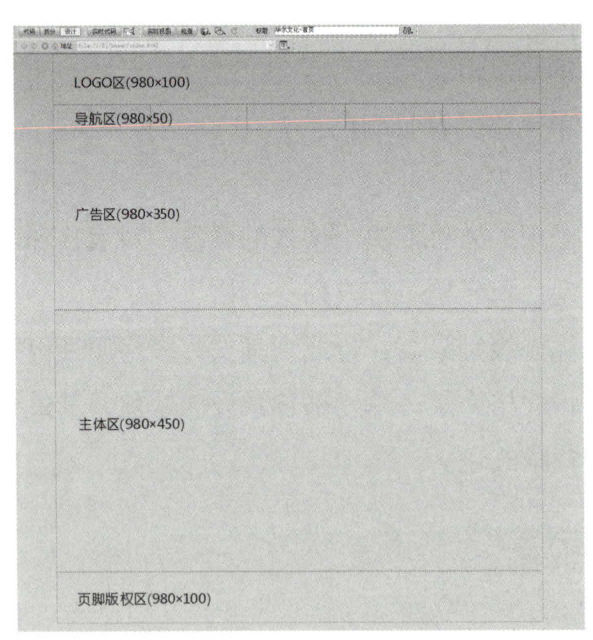

图6-32 “公司简介”页的整体布局

制作要求：

（1）制作“公司简介”页LOGO区的布局。

（2）制作“公司简介”页导航条的布局。

（3）制作“公司简介”页广告区的布局。

（4）制作“公司简介”页主体内容区的布局。

（5）制作“公司简介”页页脚版权区的布局。

（说明：各区块的尺寸参见图6-32中的数据）

任务评价

考核项目	考核标准	分值	自评分	小组评分	综合得分
创建表格	创建并设置表格的行数、列数、宽度、边框、边距、间距	10			
表格元素的选定	运用标签选择器选定表格元素	20			
设置表格元素的属性	在属性面板中设置表格元素的常用属性	20			
使用表格布局网站首页	LOGO区的布局	10			
	导航区的布局	10			
	广告区的布局	10			
	主体区的布局	10			
	页脚版权区的布局	10			
总分		100			
努力方向：		建议：			

任务4 插入文字、图像、动画等网页元素

任务目标

通过本任务的学习，你将学会如下操作方法：

1. 网页文字的插入

2. 网页图像的插入

3. 网页动画的插入

任务情境

运用表格完成了网页各区块布局后，网页中还是空空如也，什么内容也没有。设计师说下一步的工作就是将要展现的丰富多彩的内容添加到网页中去。在此之前办公室王秘书已经做好了公司要展示的各种文字、图片和动画素材的准备工作，现在就可以开始把素材内容搬上网页啦。

任务解析

网页中可以展示的内容很多，最常见的有文字、图片、动画等。文字介绍是网页中必不可少的内容，可以通过键盘输入或者复制粘贴的方法将文字添加到网页中；图像具有形象直观的特点，在网页中适当地插入图像，能提高网页的可视性，表达文字无法说明的内容；网页广告可以做成动画的形式，不但醒目而且具有动态效果，很容易吸引浏览者的眼球。本任务完成后的网页效果如图6-33所示。

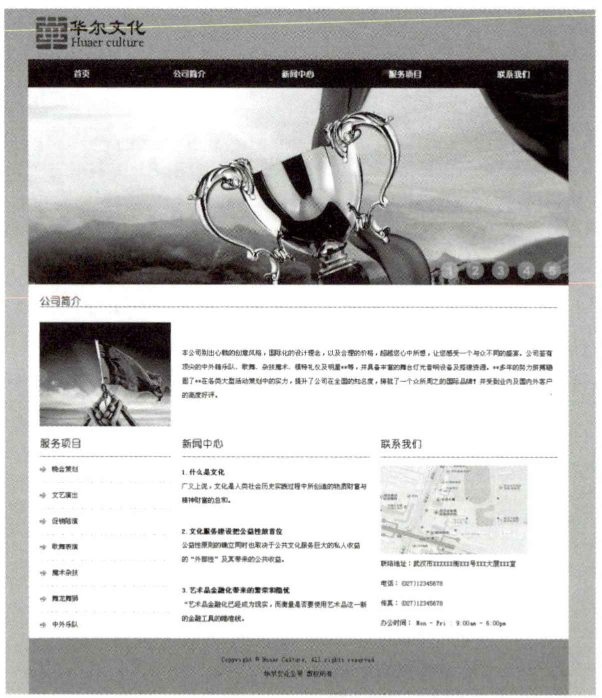

图6-33　任务4完成效果图

实践操作

训练1　在首页中插入文字

步骤1： 插入导航条中的文字，用Dreamweaver CS5打开素材资源包“项目6\任务4\素材\index.html文件”，将光标定位到前面布局好的导航区表格中，在5个单元格中分别输入“首页”“公司简介”“新闻中心”“服务项目”“联系我们”。

步骤2： 选择导航表格的行，在属性面板中设置“水平”为“居中对齐”，添加导航文字后的效果如图6-34所示。

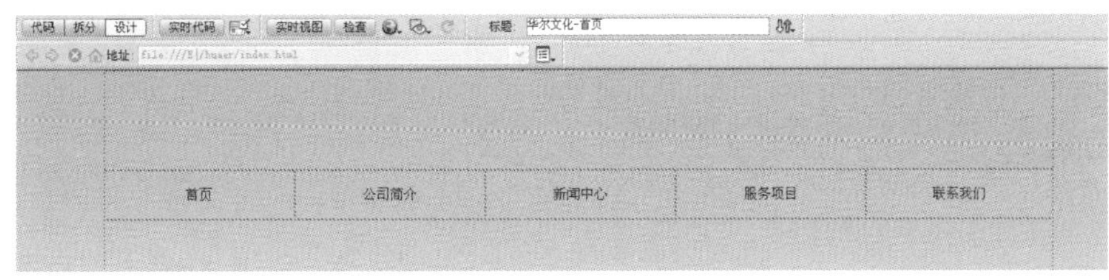

图6-34　输入导航文字

步骤3： 插入主体区1中的文字，将光标定位到主体区1表格中，设置单元格背景颜色为“#FFFFFF”。在单元格内部新建一个1行1列，宽96%的表格，选择并设置表格居中对齐，在表格中输入文字“公司简介”。

步骤4： 插入主体区2中的文字，将光标定位到主体区2表格中，设置单元格背景颜色为“#FFFFFF”。在单元格内部新建一个1行2列，宽96%的表格，选择并设置表格居中对齐。设置此表格第1列单元格宽为260，在第2列单元格中添加文字素材中的“本公司……高度好评”文字。

步骤5： 插入主体区3中的文字，将光标定位到主体区3表格中，设置单元格背景颜色为“#FFFFFF”。在单元格内部新建一个1行3列，宽96%的表格，选择并设置表格居中对齐。分别设置此表格3列的宽度为240，380，320。

步骤6： 在第1列单元格中插入一个8行2列，宽为240的表格。选定表格的第1列，设置宽为20，高为45。选定第一行右击，在弹出的快捷菜单中选择“表格”→“合并单元格”，将两个单元格合并，在其中输入“服务项目”，分别在表格的第2至第8行单元格中输入“晚会策划”……“中外乐队”，如图6-35所示。

图6-35　输入“服务项目”文字

步骤7：在上述第2列单元格中插入一个4行1列，宽为330的表格，分别设置4行的高为45、105、105、105，在4行中分别输入“新闻中心”，“1. 什么是文化……”，“2. 文化服务建设……”，“3. 艺术品金融化……”，如图6-36所示。

步骤8：在上述第3列单元格中插入一个6行1列，宽为320的表格，分别设置6行的高为45、170、35、35、35、35，在表格的第一行输入“联系我们”，在第3至6行分别输入“联络地址……”“电话……”“传真……”“办公时间……”，设置表格所有单元格的水平对齐方式为“左对齐”，如图6-37所示。

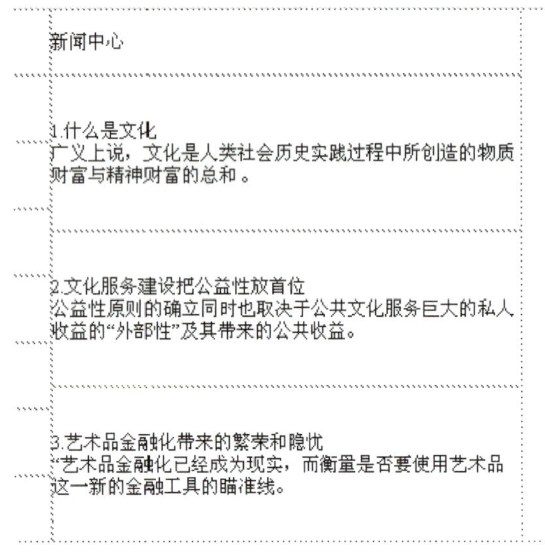

图6-36　输入“新闻中心”文字

图6-37　输入“联系我们”文字

步骤9：插入页脚版权区中的文字。将光标定位到页脚版权区表格中，设置单元格背景颜色为“#FF9900”，在其中输入“Copyright © Huaer Culture，All rights reserved”，按回车键后再输入“华尔文化公司版权所有”，如图6-38所示。

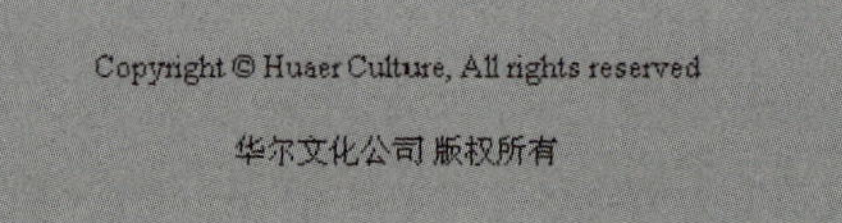

图6-38　插入页脚版权区中的文字

小提示

页脚版权区文字中有一个特殊符号“©”，它是表示版权的符号，在键盘上没有这个符号，它的插入方法是：依次选择菜单命令“插入”→“HTML”→“特殊字符”→“版权”。

训练2　在首页中插入图像

步骤1：插入网站LOGO图像，将光标定位到LOGO区表格中，设置单元格对齐方式为“左对齐”，选择菜单命令“插入”→“图像”，在弹出“选择图像源文件”对话框中选择“logo.png”图像，如图6-39所示。

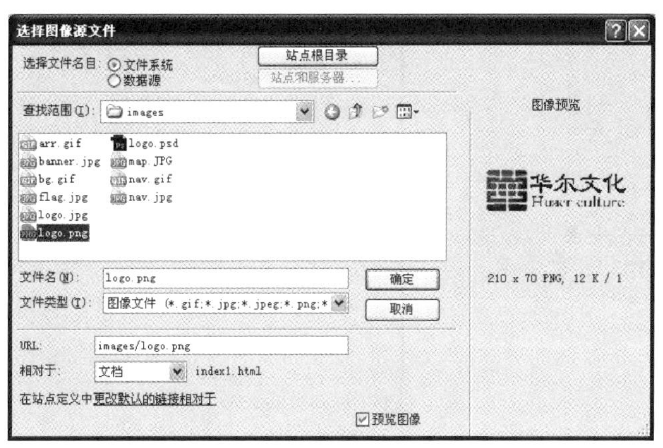

图6-39　插入网站LOGO图像

步骤2：单击“确定”按钮，在弹出“图像标签辅助功能属性”对话框中的“替换文本”中输入“LOGO”，如图6-40所示。单击“确定”按钮，将LOGO图像插入页面LOGO区表格中。

步骤3：插入“公司简介”部分的图像，将光标定位到主体区2表格中，在左侧的单元格中插入“flag.jpg”图像，如图6-41所示。

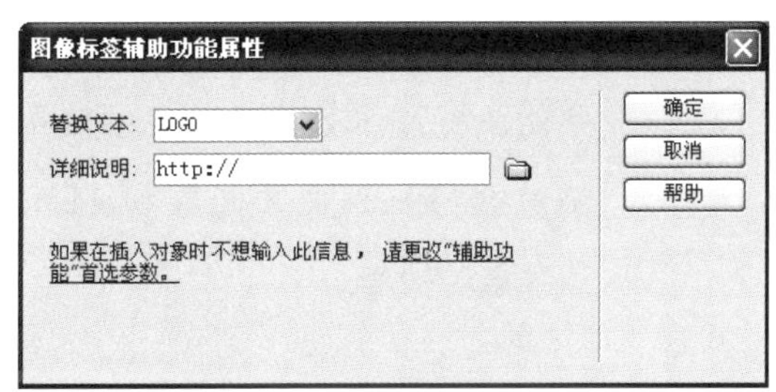

图6-40　输入替换文本

图6-41　插入公司简介的图像

步骤4：插入“服务项目”部分的图像，将光标定位到主体区3表格左侧“服务项目”单元格之下，在第二至八行左侧单元格中插入“arr.gif”图像。

步骤5：插入“联系我们”部分的图像，将光标定位到主体区3表格右侧的“联系我们”单元格之下，插入“map.jpg”图像，如图6-42所示。

训练3　在首页中插入动画

步骤1：将光标定位到广告区表格中，选择菜单命令“插入”→“媒体”→“SWF”，在弹出的“选择SWF”对话框中选择“others”文件夹中的“banner.swf”文件，如图6-43所示。

图6-42　插入联系地址的图像

图6-43　插入SWF动画

步骤2：单击“确定”按钮，弹出“对象标签辅助功能属性”对话框，如图6-44所示。单击“确定”按钮，即可将banner.swf动画插入页面中，如图6-45所示。

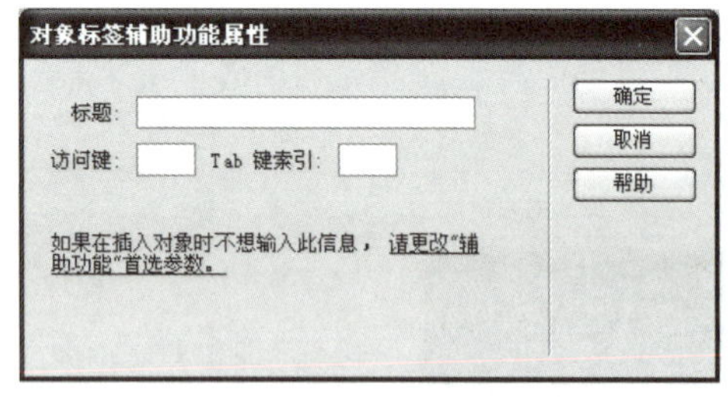

图6-44　“对象标签辅助功能属性”对话框

小提示

插入SWF动画后只能看到灰色背景，这是因为在编辑状态是不能浏览动画效果的，必须使用浏览器打开网页才能看到SWF动画的最终效果。

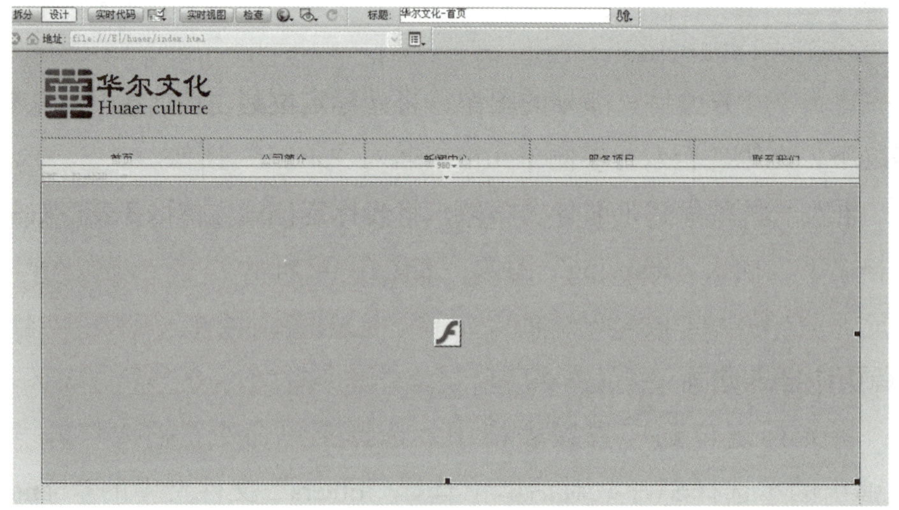

图6-45　插入SWF动画文件

知识链接

一、网页图像简介

1. 位图与矢量图

计算机图形主要分为两大类：位图与矢量图。

位图图像用像素来表现图像，每一张位图图像都是由很多排列整齐的像素点组成，每个像素点都有特定的位置和颜色值。位图图像与分辨率有关，即一定面积的图像包含有固定数量的像素。因此，将位图图像放大到一定的倍数，就会出现锯齿边缘和马赛克效果，从而影响图像的显示质量。位图图像的格式有很多，如BMP、GIF、JPG、TIF、PSD等。位图图像可以表现出丰富的色彩和内容，能对真实世界进行很好的还原，一般我们见到的数字照片、图片等都是位图图像。位图图像的色彩越丰富，图像面积越大，图像文件的字节数就越大。

矢量图像由矢量对象定义的线条和曲线构成，每个对象都是一个自成一体的实体，具有颜色、形状、轮廓、大小和屏幕位置等属性。矢量图像与分辨率无关，可以将它缩放到任意大小而不会影响图像的清晰度。矢量图形的格式有WMF、PNG等。矢量图像文件的大小与图形中元素的个数和每个元素的复杂程度成正比，而与图像面积的大小和色彩的丰富程度无关。

2. 常见网页图像格式

在制作网页时我们常用的图像格式有以下三种：

（1）GIF文件　这是一种压缩的图形文件，适合于带有实心区域、颜色单调或颜色较少、背景透明的图像或者没有太多细节的绘图以及简单动画。

（2）JPEG文件　也称JPG文件，主要用于照片，但不具有透明效果。JPEG具有很多质量级别，降低质量级别可以减小图像文件的大小。

（3）PNG文件　PNG结合了GIF和JPEG的优点，具有存储形式丰富的特点，同时增加了一些GIF文件格式所不具备的特性。它支持Alpha通道透明，可以制作矢量图像。

二、图像的替换文本

本任务的训练2中，在插入图像时要求我们填写替换文本。什么是图像的替换文本呢？

所谓“替换文本”，就是当浏览者关掉了浏览器的图形开关时，显示在图像位置上的文本，它能使用浏览者在看不到图像的情况下，大致了解此图像要表达的内容。另外，在图像下载过程中，替换文本将显示在图片占位符上。为图像添加替换文本是一个良好的设计习惯。

三、网页图像的使用原则

在使用网页图像的问题上，设计者与浏览者可能会产生一些矛盾。一方面，设计者希望在自己的网页上加入漂亮的图片，使网页充满艺术魅力；另一方面，浏览者则常常因为网页下载时间太长而不耐烦，甚至不愿意等着看内容。因此，我们可以采用以下方法来缓解这个矛盾：

（1）在设计网页时，应反复考虑哪些图像必须要，哪些图像可有可无，对于那些不必要的图像，要忍痛割爱。

（2）把图像做得尽量小一些，小图像需要输入的下载时间，这对于网络传输较慢的浏览者更为重要。可以用尺寸比较小的图像，也可以通过减少图像颜色和品质使用图像文件减小。

（3）为了能在关掉图形开关的浏览器中看到较完整的信息，要为图像添加替代文本，这样能使更多的浏览者看到完成的网页。

（4）尽可能地重复使用图像文件，这样可以有效地缩减网页的大小。

四、SWF动画简介

SWF（Shock Wave Flash）是著名的动画设计软件Flash的专用格式，是一种支持矢量和点阵图形的动画文件格式，被广泛应用于网页设计，动画制作等领域，SWF文件通常也被称为Flash影片文件。SWF普及程度很高，现在超过99%的网络使用者都可以读取SWF动画。

在网页中可以使用Flash制作的各种动态广告、宣传栏、小游戏等SWF动画，使网页内容更加充实、具有动态效果，更容易吸引浏览者的眼球。

通常我们先用Flash软件将网页中需要的SWF动画制作好，然后通过Dreamweaver将SWF动画插入到网页中，使用浏览器可以查看SWF动画的内容。

拓展训练

在本任务中我们完成了网站首页文字、图像和动画的插入。网站各分页的内容还需要继续添加。下面我们就一起来添加“公司简介”页面的文字、图像和动画内容吧。最终的效果如图6-46所示。

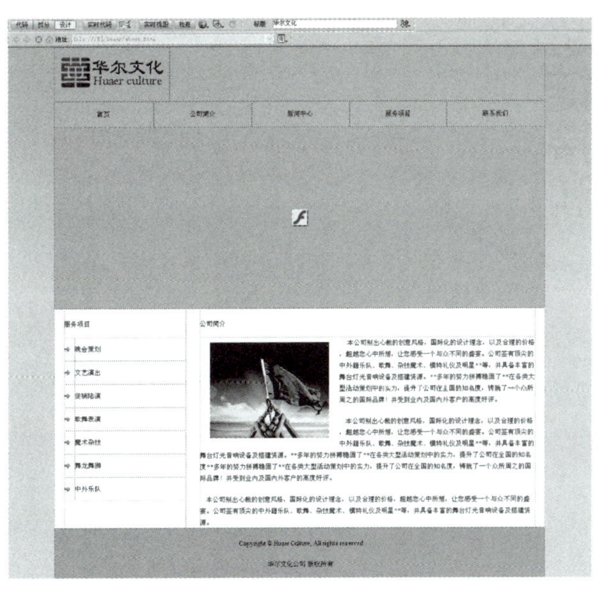

图6-46 “公司简介”页面效果图

制作要求：

（1）添加“公司简介”页导航区的文字。

（2）添加“公司简介”页主体区的文字。

（3）添加“公司简介”页页脚区的文字。

（4）插入“公司简介”页LOGO图像及公司简介图像。

（5）插入“公司简介”页广告区的SWF动画。

任务评价

考核项目	考核标准	分值	自评分	小组评分	综合得分
插入首页中各区块的文字	插入导航区的文字	10			
	插入主体区的文字	20			
	插入页脚区的文字	10			
插入首页中各区块的图像	插入LOGO图像	10			
	插入公司简介图像	10			
	插入小箭头图像	10			
	插入地图map图像	10			
插入首页中的动画	插入首页中的SWF广告动画	20			
总分		100			
努力方向：		建议：			

任务5 创建超链接和制作滚动文字

任务目标

通过本任务的学习，你将学会如下操作：

1. 创建文本超链接
2. 创建图像链接
3. 创建电子邮件链接
4. 制作滚动文字效果

任务情境

在前面的任务中，办公室王秘书已经制作好了公司的主页和其他分页。但是现在主页和分页都是互相独立的页面，如何将它们联系起来呢？王秘书想起演示文稿中的“超链接”，那么在网页中如何实现“超链接”呢？

王秘书在浏览网站时，发现有许多网站中有些文字有滚动出现的效果，她觉得效果很好，这种滚动文字效果实现起来难吗？

任务解析

超链接是指从一个网页指向一个目标的连接关系，它本质上属于网页的一部分，是一种实现一个网页与其他网页或者站点之间相连接的网页元素。一个网站由多个网页组成，通过超链接使各个网页连接起来，使网站中众多的页面构成了一个有机整体，方便浏览者在各个页面之间跳转。根据使用对象的不同，网页超链接可分为文本链接、图像链接、电子邮件链接等。

让网页中原本静止的文字滚动起来，可以很好地吸引浏览者的目光，也为你的网站增添了动感的效果，滚动文字效果实现简单，是常用的网页制作技术。

最终的效果见素材资源包“项目6\任务5\样稿\index.html网页文件”。

实践操作

训练1 创建首页文本超链接

步骤1：用Dreamweaver CS5打开index.html文档，选中导航区表格中的“首页”文本，点击属性面板的“链接”文本框后的“浏览”按钮（见图6-47），在弹出“选择文件”对话框中选择“index.html”文件，如图6-48所示。单击“确定”按钮即可设置“首页”文本链接至“index.html”网页。

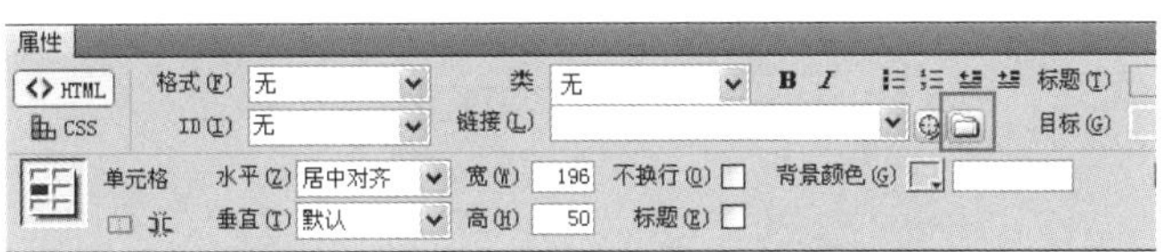

图6-47 设置“首页”超链接

图6-48 选择“首页”超链接的对象

步骤2：按照设置“首页”文本超链接的方法，依次设置导航区中“公司简介”“新闻中心”“服务项目”链接到“about.html”“news”“service”。

训练2 创建首页图像超链接

步骤1：创建图像超链接，选中首页中的“公司简介”图像，单击属性面板的“链接”文本框后的“浏览”按钮，选择链接到“about.html”文件。

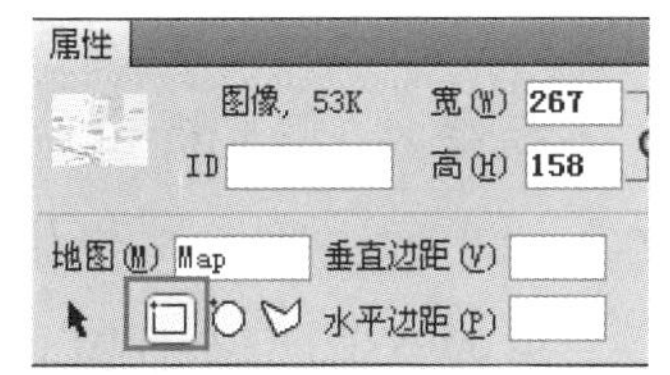

图6-49 “矩形热点”工具

步骤2：创建图像热点链接，选中首页中的“联系我们”地图图像，单击属性面板左下角的“矩形热点”工具（见图6-49），在地图图片上绘制一个矩形，如图6-50

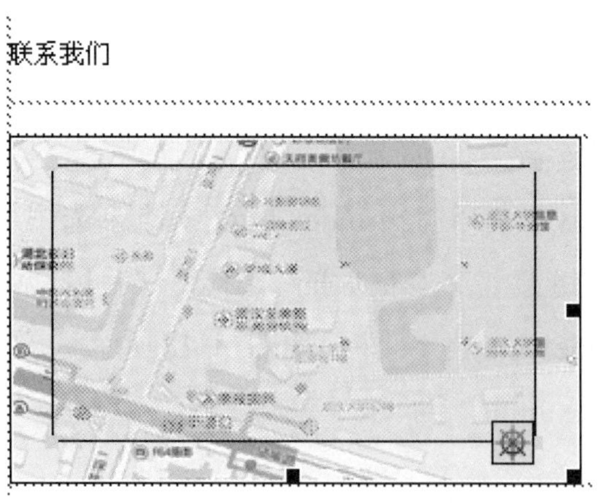

图6-50　创建图像的矩形热点

所示。

步骤3：绘制完成后，选中创建好的矩形热点，在属性面板上给图像热点设置超链接为“images/map.jpg”，目标为“_blank”，如图6-51所示。

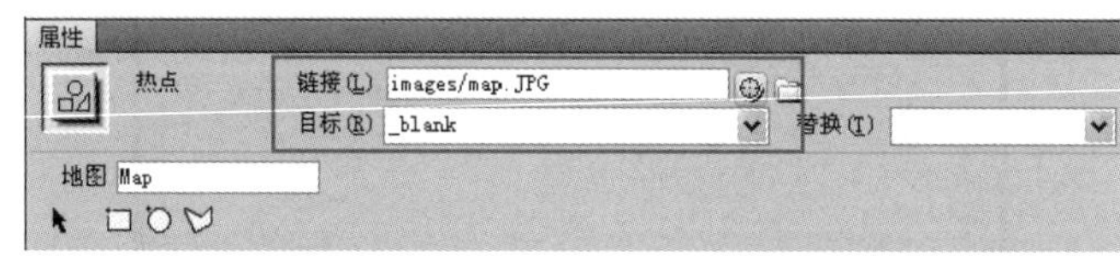

图6-51　设置图像热点超链接

训练3　创建首页电子邮件超链接

步骤：选中导航区表格中的“联系我们”文本，在属性面板中的“链接”文本框中输入邮件地址“mailto：huaer@163.com”，在“目标”下拉列表中选择“_blank”，如图6-52所示。

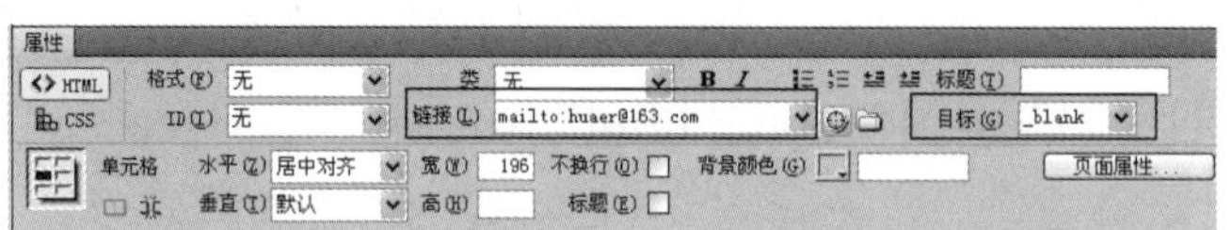

图6-52　设置图像热点超链接

训练4　制作首页滚动文字效果

步骤1：将光标定位在网页LOGO右侧的空单元格中，设置单元格居中对齐，输入文字“欢迎访问……提供最好的服务”。

步骤2：选择步骤1中输入的文字，右击选中的文字，在弹出的快捷菜单中选择“环绕标签”，如图6-53所示。

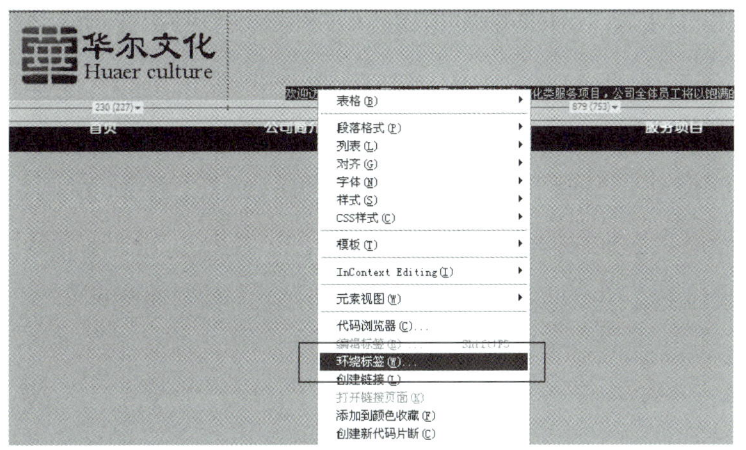

图6-53 选择环绕标签

步骤3： 在环绕标签文本框中输入标签代码<marquee direction="left" scrollamount="2" width="600" onMouseOver="this.stop ( )" onMouseOut="this.start ( )">，如图6-54所示。

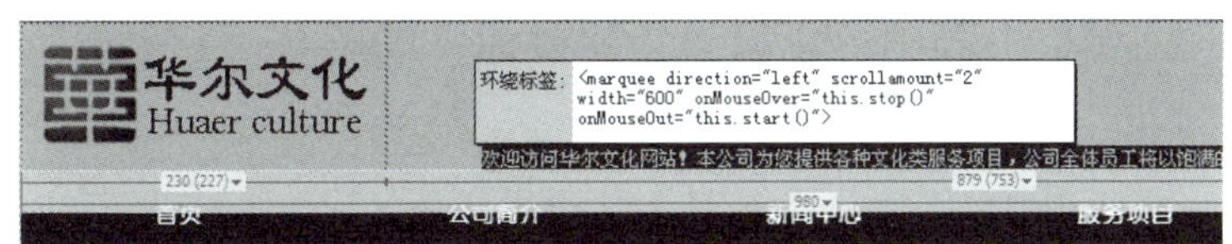

图6-54 输入环绕标签内容

步骤4： 按快捷键“Ctrl+S”保存设置，按F12键预览文字滚动效果。

知识链接

一、超链接的路径

要正确创建链接，必须使用路径，即从链接源到链接目标之间的文件路径。描述路径的方式有两种：绝对路径和相对路径。这两种路径各有特点，灵活使用这些路径能起到事半功倍的效果。

1. 绝对路径

绝对路径提供了链接目标文档的完整的URL地址。例如，制作友情链接时，需要链接到另一个网站的网页，这时就要使用绝对路径。绝对路径是包含服务器协议的完全路径。

2. 相对路径

文档相对路径描述了链接源与链接目标之间的相对位置，在网站内部各页面的链接中使用相对路径最合适，因为相对路径不但描述简洁，而且与站点目录所在的位置无关，当站点根目录位置发生改变时，不会影响到站点内链接的网页。

二、超链接的目标窗口

当浏览者点击网页上的超级链接后会跳转到链接目标页面。当新页面出现时，可能会出现三种情况：（1）原有的页面被覆盖；（2）原有的网页不被覆盖，弹出一个新的窗口；（3）原有的网页内部分内容被替换。

这三种情况的出现是由于对超级链接的目标窗口进行了设置。在设置超级链接时会有一个“目标”下拉菜单，其中可以设置4种目标，如图6-55所示。

图6-55 “目标”下拉菜单

其意义分别为：

“_blank”：将文件载入新的无标题浏览器窗口中；

“_parent”：将文件载入到上级框架集或包含该链接的框架窗口中；

“_self”：将文件载入到相同框架式窗口中，此目标是默认的，当没有指定目标时采用此种方式载入文件；

“_top”：将文件载入到整个浏览器窗口中，将取消所有框架。

三、滚动文字特效的实现

文字滚动特效可以在较小的页面版块中滚动显示较多的文字内容，不但可以节约有限的网页版面，还能使文字有动态的效果，达到吸引浏览者的目的。

文字滚动特效的实现非常简单，只需在要滚动的文字两端添加<marquee>和</marquee>脚本代码即可。

滚动标记<MARQUEE>的语法如下：

<marquee direction="up" scrollamount="3" width=600 height=30 onMouseOver="this.stop ( )" onMouseOut="this.start ( )">被滚动的内容</marquee>

对<marquee>标记用法的相关说明如下：

direction：表示滚动的方向，默认为从右向左，可以取下面4个值：up、down、left、right，分别表示向上、向下、向左和向右滚动。

Scrollamount：用于设定滚动的速度，其不宜设置过大，否则滚动速度太快令人看不清文字。一般设置为1或2。

width和height：设置滚动背景的面积（即宽度和高度）。

onMouseOver="this.stop ( )"和onMouseOut="this.start ( )"：用来设置当鼠标指针指向滚动文字时它们会停止滚动，鼠标指针离开时继续滚动。

在实际应用时，滚动标记<marquee>的各个参数并不是都需要指定。如果某项参数未指定，浏览器在执行时会使用默认值。

拓展训练

在本任务中我们完成了网站首页文字超链接、图像超链接、图像热点超链接和电子邮件超链接的创建，还实现了滚动文字的特效。网站其余页面也需要创建各种超链接和文字滚动特效。下面我们就来创建“公司介绍”页面的超链接和文字滚动效果吧。

制作要求：

（1）创建“公司简介”页文字超链接。

（2）创建“公司简介”页图像超链接。

（3）创建“公司简介”页电子邮件超链接。

（4）制作“公司简介”页文字滚动效果。

任务评价

考核项目	考核标准	分值	自评分	小组评分	综合得分
创建导航区文字超链接	创建“首页”文字超链接	10			
	创建“公司简介”文字超链接	10			
	创建“新闻中心”文字超链接	10			
	创建“服务项目”文字超链接	10			
创建图像超链接	创建“公司简介”图像超链接	10			
创建图像热点超链接	创建“联系我们”地图图像热点超链接	15			
创建电子邮件超链接	创建导航区“联系我们”文字电子邮件超链接	15			
制作滚动文字效果	制作首页的滚动文字效果	20			
总分		100			
努力方向：		建议：			

郑重声明

高等教育出版社依法对本书享有专有出版权。任何未经许可的复制、销售行为均违反《中华人民共和国著作权法》其行为人将承担相应的民事责任和行政责任；构成犯罪的，将被依法追究刑事责任。为了维护市场秩序，保护读者的合法权益，避免读者误用盗版书造成不良后果，我社将配合行政执法部门和司法机关对违法犯罪的单位和个人进行严厉打击。社会各界人士如发现上述侵权行为，希望及时举报，本社将奖励举报有功人员。

反盗版举报电话 （010）58581999　58582371　58582488

反盗版举报传真 （010）82086060

反盗版举报邮箱 dd@hep.com.cn

通信地址 北京市西城区德外大街4号

高等教育出版社法律事务与版权管理部

邮政编码 100120

防伪查询说明

用户购书后刮开封底防伪涂层，利用手机微信等软件扫描二维码，会跳转至防伪查询网页，获得所购图书详细信息。也可将防伪二维码下的20位密码按从左到右、从上到下的顺序发送短信至106695881280，免费查询所购图书真伪。

反盗版短信举报

编辑短信“JB，图书名称，出版社，购买地点”发送至10669588128

防伪客服电话

（010）58582300

学习卡账号使用说明

一、注册/登录

访问http://abook.hep.com.cn/sve，点击“注册”，在注册页面输入用户名、密码及常用的邮箱进行注册。已注册的用户直接输入用户名和密码登录即可进入“我的课程”页面。

二、课程绑定

点击“我的课程”页面右上方“绑定课程”，正确输入教材封底防伪标签上的20位密码，点击“确定”完成课程绑定。

三、访问课程

在“正在学习”列表中选择已绑定的课程，点击“进入课程”即可浏览或下载与本书配套的课程资源。刚绑定的课程请在“申请学习”列表中选择相应课程并点击“进入课程”。

如有账号问题，请发邮件至:4a_admin_zz@pub.hep.cn。